맛있는 음식이란 무엇인가

맛있는 음식이란 무엇인가

김석영 지음

知&you
지앤유

저자의 말

우리 인체에서 눈, 코, 귀, 혀 등의 감각기관은 모두 머리에 모여 있고, 뇌와 밀접하게 연결되어 있다. 따라서 맛 성분은 음식에 있지만 뇌에서 인지하지 못하면 소용이 없으므로 음식 맛은 뇌에 있다고 할 수도 있다. 혀에 있는 미뢰는 임신 초기부터 만들어지기 시작하고, 맛감각은 태아기에서부터 시작해 유아기에 대부분 완성된다고 한다. 이 시기에 완성된 맛감각은 이후 우리가 흔히 알고 있는 "세 살 적 버릇이 여든까지 간다"라는 속담과 같이 일생 동안 우리의 음식 섭취와 건강에 중대한 영향을 미친다.

음식 섭취는 뇌의 시상하부와 소화관의 미주신경을 포함한 복합적인 신경계에 의해 조절된다. 흔히 식욕이라고 이야기하지만 입안의 감각에 따라 관능적으로 음식을 맛있게 느끼는 것과 생리적 필요에 따라 음식 먹기를 원하는 것은 다르다. 이 두 과정은 서로 영향을 주고받기도 하고 어느 정도 중복되는 부분도 있지만 각각 분리할 수 있다. 또 음식을 먹는 행동은 사회적·문화적인 환경 속에서 감정의 지배를 받고, 생리적으로도 맛있게 느끼고 소화를 할 수 있어야 가능하다. 내적으로 무언가가 부족해서 그러한 행동을 하는 것이 아니고, 사람을 열광시키는 즐거움이 있어서 그 행동을 추구한다는 측면에서 음식을 먹는 행동은 성행위와 유사한 점도 있다.

오늘날 현대인들이 겪게 되는 건강상의 많은 문제들은 열량이 필요해서 음식을 섭취하기보다는 혀끝의 만족을 위해 맛있는 음식을 과식하는 데서 비롯된다고 할 수 있다. 과거 오랜 기간 동안 인류는 배가 고플 때만 음식을 먹었지만, 오늘날 우리들은 공복감이 없는데도 음식을 먹는 경우가 허다하다. 이를테면 식사시간이 되어서 먹는다거나, 약속이나 모임이 있어 먹는다거나, 그도 아니면 심심한데 달리 할 일이 없어서 먹는다거나, 순전히 즐거움을 얻고자 단지 놀이 삼아 음식을 먹곤 한다. 사실 맛있는 음식을 좋은 사람들과 같이 나누는 것은 매우 즐거운 일이며, 경제적 능력이 뒷받침되어 고급식당에서 호사스런 음식을 즐기는 취미가 있다고 해도 크게 문제 삼을 일은 아니다. 음식과 요리는 한 문화의 정체성을 가장 잘 보여 주는 것으로 특정 문화를 홍보하는 수단이면서 산업이자 관광자원이기 때문이다.

하지만 맛을 느끼고 식욕을 조절하는 신체 내부기관들은 과거 먹을 것이 부족하던 시대를 살던 조상들에 비해 별반 달라지지 않았다. 따라서 크게 달라진 식생활환경이나 생활방식을 고려하지 않고, 본성에 따라 맛있는 음식만을 고집하면 결국 과식하게 되고 비만을 피할 수 없게 된다. 더불어 심혈관 질환이나 당뇨병 같은 대사질환의 발생 위험도 증가해 건강에 엄청난 부담이 될 수 있다. 비만이 마치 유행병처럼 번질 위험을 피하기 위해서 우리가 먹기를 원하는 '맛있는 음식이란 무엇인가?'를 한번쯤 진지하게 검토해 볼 필요가 있다고 생각한다.

경상도 사람이 생각하는 '맛있는 음식'과 전라도 사람이 생각하는 '맛있는 음식'은 같지 않다. 또 어릴 때나 젊었을 때는 좋아하지 않았던 음식도 나이가 들어가면서 잘 먹게 되는 수도 있다. 이와 같이 맛있는 음식은 정해져 있지 않고 나이와 성별, 사는 지역과 문화에 따라 달라질 수 있다. 따라서 우리가 흔히 생각하듯이 기름지고 열량 높은 음식들이 꼭 맛있는 음식이 되어야 하는 것은 아니다. 우리 각자가 생각하는 맛있는 음식은 언제 어디에서 유래했을까? 우리는 그 음식을 왜 맛있다고 느끼게 됐을까? 왜 밥은 매일 먹어도 물리지 않을까? 근데 김밥이나 볶음밥은 왜 두 끼만 연달아 먹어도 질릴까? 건강에 좋은 음식을 맛있게 느낄 수는 없을까? 이 책은 이런 여러 의문들에 대한 해답을 찾고자 쓰게 됐다.

이 책으로 우리는 맛을 느끼는 과정을 이해하고, 어린 자녀들이 건강한 미각을 형성하고, 우리들의 무뎌진 식욕 조절력을 다시 회복하는 계기가 됐으면 좋겠다. 또한 새로운 식품을 개발하는 데 활용하거나, 영양사나 영양교사들이 아동, 환자나 일반 국민을 대상으로 하는 식습관 교육에 활용해 건강에 유익한 음식을 즐길 수 있도록 지도하는 데 도움이 됐으면 하는 바람이다.

2017년 10월

김석영

목 차

제1장

맛이란 무엇인가

1 맛은 어떻게 느낄 수 있을까

맛과 풍미

우리가 주로 혀에서 느끼는 맛taste은 입안의 모든 감각과 후각을 비롯한 오감을 종합해 표현하는 풍미flavour와 종종 구별된다. 물론 실생활에서는 그러한 구분 없이 대부분 '맛'으로 표현한다. 저녁에 집으로 돌아와 현관문을 열고 들어설 때나 점심 식사를 위해 음식점에 들어서면서 우리는 먼저 코로 들어온 음식 냄새를 맡고, 다음으로 음식의 모양과 색깔, 음식이 담긴 그릇과 그 주변의 식탁 풍경들을 눈으로 본다. 그러면서 자연스레 음식의 맛을 기대한다. 또 음식을 먹기 시작하면서부터는 입안에 있는 미각과 후각, 혀로 음식의 다양한 질감을 느끼고, 음식이 따뜻한지 차가운지 온도를 느껴 가며 그 맛을 판단하게 된다. 이처럼 맛은 여러 감각을 포함하는 복합적인 것이다. 이것은 마치 눈으로 사물을 보면서 그것의 색과 모양, 명암과 움직임 등을 함께 알 수 있는 것과 같다. 이와 같이 우리는 음식을 먹기 전이나 먹는 도중에 앞에 놓인 음식이 보내는 갖가지 관능적인 신호들을 우리 몸의 여러 감각기관들을 통해 그 풍미를 알게 된다.

미뢰와 미각세포

현재에도 세계 곳곳에는 기아에 시달리는 나라가 있고, 그러한 곳에서는 음식이 될 만하면 무엇이건 우선 먹고 봐야 할지도 모른다. 그럴 경우에 몸속 감각기관들이 음식이 입안에 있는 1~2분 안에 탄수화물, 단백질, 지방 같은 소화 가능한 탄소 화합물들과 단백질 안의 필수 질소에 대한 정보를 알아낼 수 있어야 우리는 생명을 유지할 수 있다. 우리가 어떤 음식을 입에 넣는 그 짧은 순간에 그냥 삼켜서 소화를 시킬 것인지 아니면 뱉어 낼지를 구별하는 문지기 같은 역할을 하는 것이 바로 혀의 미뢰taste bud◆268쪽에 있는 미각세포taste receptor cell이다.

음식의 맛은 침에 녹은 비휘발성 성분을 느끼는 것이므로 천천히 잘 씹으면서 침과 고루 섞이도록 해야 한다. 혀끝에서는 단순히 단맛만 느끼는 것이 아니라 칼륨, 마그네슘과 같은 각종 이온에서부터 퀴닌이나 카페인과 같은 복잡한 유기분자까지 다양한 물질들의 맛을 감지할 수 있다. 이와 같이 혀의 모든 부분에서 기본적인 5가지 맛을 느낄 수 있다. 하지만 혀의 부위에 따라 상대적으로 민감하게 느낄 수 있는 맛은 있다. 가령 혀의 앞쪽에서는 단맛을, 양옆은 신맛을, 뒤쪽은 쓴맛을 보다 예민하게 느끼고, 전체적으로는 짠맛과 감칠맛을 느낀다고 한다. 우리가 감지할 수 있는 맛은 기본적인 5가지 맛 외에도 떫은맛, 매운맛과 여러 종류의 금속성의 맛을 감지할 수 있다. 지방 맛을 감지할 수 있느냐에 대해서는 아직까지 논란 중이지만, 최근의 연구에 의하면 유곽유두circumvallate papillae에서 길이가 긴 유리지방산을 감지해 기름 맛을 느낄 수 있다고 한다.

미각 감지와 온도

맛을 느끼는 데는 미각 수용체뿐 아니라 입속의 통각 수용체인 통점, 압점과 냉점, 온점들도 함께 작용한다. 음식 온도를 18℃로 낮추면 맛에 대한 인지가 낮아지고 30~37℃로 따뜻하게 데우면 단맛을 비롯한 기본적인 맛들을 더욱 잘 감지할 수 있다. 그러나 온도의 영향력이 모든 맛에 동일하게 적용되지는 않아서 신맛은 다른 맛에 비해 온도를 낮춰 차게 먹어도 비교적 잘 감지할 수 있다.

사람에 따라서는 온도에 따라 실제 존재하지 않는 맛을 느낄 수도 있다고 한다. 미각기관에는 온도에 민감한 신경세포가 있어서 혀끝을 20℃에서 35℃로 따뜻하게 데우면 순간적으로 단맛을 느끼고, 혀끝의 온도를 20℃ 이하로 차게 하면 신맛과 짠맛을 느낀다고 한다. 이렇게 온도 자극을 맛으로 감지할 수 있는 이유는 아직 확실하지는 않지만, 혀의 유두와 연결된 미각신경과 삼차신경trigminal nerve ◆268쪽이 뇌로 전달되는 경로에서 서로 교차되는 부분이 있기 때문이라고 한다. 이외에도 열을 가하면 음식의 점성이 영향을 받고 분자운동이 활발해지는데, 이때 음식의 휘발성 성분이 더욱 빨리 퍼져 나가서 맛을 더 잘 감지할 수도 있다. 이러한 음식의 물리적인 성질의 변화도 맛을 감지하는 데 영향을 준다.

음식 온도가 낮아지면 맛을 잘 감지할 수 없기 때문에 쓴맛이나 강한 신맛 등 불쾌한 맛을 가진 음식은 5℃ 이하로 차게 해서 먹으면 맛있게 먹을 수 있다. 간부전liver failure 환자가 먹어야 하는 아미노레반Aminoleban EN ◆270쪽이란 영양보충제는 그 맛이 매우 써서 오랫동안 먹어야 하는 환자로서는 매우 고역이다. 그래서 보통 단맛이나 신맛이 나는 가루를 섞어서 먹는데, 온도를 0~5℃로 차게 하면 훨씬 더 쓴맛을 줄일 수 있다고 한다. 같은 이유로 맥주나 소주를 냉장고에서 차게 해서 마시면 술의 쓴맛을 잘 감지할 수 없기 때문에 더 맛있게 느껴질 수 있다. 또 맛에 예민한 사람들 중에는 과일을 냉장고에서 차게 해서 먹으면 덜 맛있거나 신맛이 강해졌다고 느낀다. 이런 현상도 실온보다 낮은 온도에서는 단맛과 신맛을 느끼는 정도가 저하되고, 그 감소 정도도 단맛이 더 크기 때문에 생길 수 있다. 또 아이스크림이나 빙수 등 얼린 상태로 먹는 후식들은 액체 상태로 마시는 음료수보다 더 달게 만들어야 맛이 있다. 따라서 이러한 빙과류를 먹을 때에 우리는 예상한 것보다 더 많은 당이나 설탕을 섭취할 수도 있다.

다양한 감각기관

시끄러운 장소에서 다른 사람이 말하는 내용을 들으려면 귀로 들을 뿐만 아니라 그 사람의 입술 모양이나 표정을 눈으로 볼 때 그 정보를 더 잘 알 수 있다. 마찬가지로 음식은 입으로 먹기 때문에 입을 통해 감지되지 못한 감각들은 눈과 코, 귀 등의 여러 감각을 보완할 때 음식의 맛을 입체적으로 더 잘 느낄 수 있다. 따뜻한 국은 식으면 맛이 없는데 이것은 미각과 온도 감각체가 공동으로 작용하기 때문이다. 매운맛과 떫은맛은 미각과 통각 수용체가 함께 작용한 결과이고, 찹쌀 유과를 먹거나 총각무 김치를 씹을 때 나는 각각의 소리도 맛과 함께 이 음식들의 독특한 풍미를 이루는 데 기여한다. 또 커피를 마시거나 청국장을 먹을 때 느끼는 고소하거나 구수한 맛은 미각과 함께 휘발성 성분이 후각에 작용하여 느끼는 것이다.

맛과 냄새에 대한 정보는 각각 다른 경로로 뇌로 보내져 안와전두피질orbiofrontal cortex에서 합해진다고 한다. 이 부위는 정서emotion와 의사 결정에 관여하는 중심 부위로 알려져 있다. 단맛이 나는 딸기의 향을 달콤한 향으로 기억하는 것과 같은 방식으로 우리는 냄새를 맛과 연관 지어 기억한다. 하지만 먹지 못하는 장미꽃의 향기도 달콤하다고 느끼는데 이것은 달콤한 종류의 향을 기억했다가 그 향과 유사한 성분의 냄새를 달콤한 향으로 인식하기 때문이다. 장미의 향기 성분은 딸기나 산딸기raspberry의 향과 유사하다고 한다. 이렇게 음식을 먹으면서 맛과 향을 함께 학습하기 때문에 딸기 향이 강하면 딸기 맛을 더욱 달콤하게 인지하는 것이다. 하지만 땅콩버터 향이나 베이컨 향과 같이 단맛과 부합되지 않는 향은 단맛 감지에 영향을 주지 못한다. 또 그 음식의 맛과 어울리지 않는 향이 있을 경우에는 오히려 맛을 떨어뜨릴 수도 있다. 예를 들면 신 냄새가 강하게 날 경우 단맛을 떨어뜨리고, 달콤한 향이 강하면 덜 신 것처럼 느낀다. 한편 기름 냄새나 향신료의 냄새도 맛에 영향을 주는데, 카라멜향이나 박하향이 나면 그 음식이 더 달게 느껴진다고 한다. 이것은 혀나 코 같은 각각의 감각기관에서 성리적으로 인지된 맛이나 냄새는 달라지지 않지만, 대뇌 피질에서 그 풍미를 판단할 때 각각의 맛의 강도는 냄새에 의해 변경될 수 있기 때문이다.

모든 종류의 과일은 단맛과 신맛 밖에 없지만, 두 가지 맛이 섞이는 정도와 다양한 색과 향기와 질감의 차이가 있기 때문에 우리는 딸기와 사과의 서로 다른 맛을 즐길 수 있다. 이와 같이 음식을 씹을 때 턱이나 치아에서 전달되는 질기고, 딱딱하고, 파삭하고, 끈적끈적한 갖가지 질감도 그 음식만의 독특한 풍미를 느끼게 하는 데 기여한다. 이처럼 혀에서 감지되는 맛은 색, 모양, 냄새, 촉감, 온도, 소리 등이 한데 어우러져 보다 풍부하고 다양한 맛으로 느껴진다. 따라서 현재까지 알려진 맛은 기본적인 다섯 가지밖에 없지만, 실제로 우리가 느끼는 풍미의 종류는 먹을 수 있는 음식의 가짓수만큼 많다고 볼 수 있다.

복합적인 맛 감지

소스를 끼얹은 탕수육을 먹을 때나, 따끈한 유자차를 마실 때에 우리는 달면서 시거나, 아니면 쓴맛이 돌면서 단맛이 나는 것 같은 두 종류 이상의 복합적인 맛을 느끼고 분별할 수 있다.

오미자는 다섯 가지 맛이 난다고 해서 그런 이름으로 불린다. 오미자차를 마실 때 그 각각의 맛을 구별해 낼 수 있는 이유는 동일한 미뢰 내에 쓴맛, 단맛, 짠맛 등을 감지할 수 있는 서로 다른 종류의 미각세포들이 함께 들어 있기 때문이다. 우리는 이렇게 각각의 맛을 감지할 수 있지만, 두 종류 이상의 맛이 섞일 때는 좋아하는 강한 맛으로 불쾌한 맛을 감추거나 순화시킬 수도 있다. 맛은 일련의 연속되는 반응이기 때문에 혀에서 느낀 맛 정보가 뇌에서 중앙 처리될 때 강한 단맛과 짠맛이 신맛이나 쓴맛으로 인한 불쾌감을 누르는 방식으로 조정된다고 한다.

음식을 만들 때 이러한 맛 인식 방식을 활용하면 설탕이나 소금의 맛으로 쓴맛과 같은 불쾌한 맛을 억제할 수 있다. 우리나라 슈퍼마켓에서 가장 잘 팔리는 상품 중의 하나가 '커피믹스'인데, 이 상품은 커피의 쓴맛을 설탕으로 순화시켜 온 국민이 좋아하는 맛이 됐다. 또 최근에 텔레비전에서 인기를 모은 한 외식업체 사장은 된장찌개에도 설탕을 넣으면 맛이 좋아진다고 했다. 된장에서 약간의 단맛이 나는 것이 어색하지 않다면 된장의 텁텁하면서 약간 쓴맛을 설탕으로 가릴 수 있다. 그러나 된장뿐 아니라 요즘 식당에서 나오는 음식을 보면 설탕이나 인공감미료를 첨가한 반찬이 많고, 그 단맛의 정도도 갈수록 심해져 우려되는 것 또한 사실이다. 자연이 주는 여러 종류의 섬세한 맛을 즐길 줄 모르고, 강한 단맛에 익숙해져 음식의 맛이 점점 획일화되어 간다는 느낌이다.

슈퍼테이스터

맛을 느끼는 능력은 개인에 따라 차이가 있다. 맛을 예민하게 잘 느끼는 슈퍼테이스터supertaster가 있는 반면 맛을 잘 느끼지 못하는 미맹도 있다. 전체 인구 중에서 슈퍼테이스터[◆269쪽]가 대략 25% 있고, 중간 정도의 민감성을 가진 사람이 50% 정도 된다고 한다. 또 여성의 35%와 남성의 15%가 슈퍼테이스터라고 하며, 일반적으로 여성이 남성보다 맛을 예민하게 느끼는 편이다. 이러한 차이는 미각 수용체taste receptor 유전자의 돌연변이와 유두papillae의 밀도 차이 등에 의해 생긴다고 한다. 슈퍼테이스터는 음식 맛이 진하지 않아도 잘 느낄 수 있기 때문에 일반적으로 강한 음식 맛을 싫어하는 경향이 있다. 하지만 다른 연구에서는 이 사람들이 쓴맛도 예민하게 느끼기 때문에 음식에 설탕을 넣어 먹어 버릇해서 달게 먹는 경향도 있다고 한다.

미각 감지와 섭식 행동

어린 아기도 입안에 단맛이 나는 음식이 있으면 얼굴을 펴고 미소를 짓는다. 또 입맛을 다시는 것처럼 입을 활발하게 움직이고, 혀의 앞부분이 활성화되어 침을 흘린다. 반면, 쓴맛 때문에 혀의 뒷부분이 활성화되면 해로운 물질을 삼키지 않기 위해 캑캑거리며 토하는 것과 같은 행동을 보인다. 이와 같이 각각의 미각 수용체는 어떤 맛을 수용하거나 거부하는 행동 프로그램과 연결되어 있으며, 맛과 연결된 이러한 행동은 태어나면서부터 이미 가능하다고 한다.

2

맛을 느끼는 곳은 어디일까

유두와 미뢰

사람은 혀의 표면, 연구개soft palate와 인두pharynx에 대략 4,000개 정도의 미뢰taste buds를 가지고 있으며, 미뢰의 75%는 혀의 표면에 돌기처럼 올라온 유두papillae ◆271쪽에 있다. 하지만, 입술, 혀의 아래쪽, 경구개hard palate와 뺨 안쪽에는 미뢰가 없다. 우유를 마신 즉시 혀를 보면 분홍 빛깔의 점같이 생긴 유두를 확인할 수 있다. 혀에는 〈그림 1〉에서와 같이 세 종류의 유두가 있다. 음식이 입안에 들어오면 음식 내의 맛 성분이 제일 먼저 버섯모양유두fungiform papillae와 접촉하고, 다음으로 엽상유두foliate papillae와 유곽유두circumvallate papillae를 자극한다. 그런 다음 계속해 구개, 인두, 후두larynx와 식도상부upper esophagus에 흩어져 있는 개별 미뢰에 접촉하게 된다.

미각세포의 형태와 종류

각 미뢰는 50~100개 정도의 미각세포taste receptor cell가 모여 있는 양파처럼

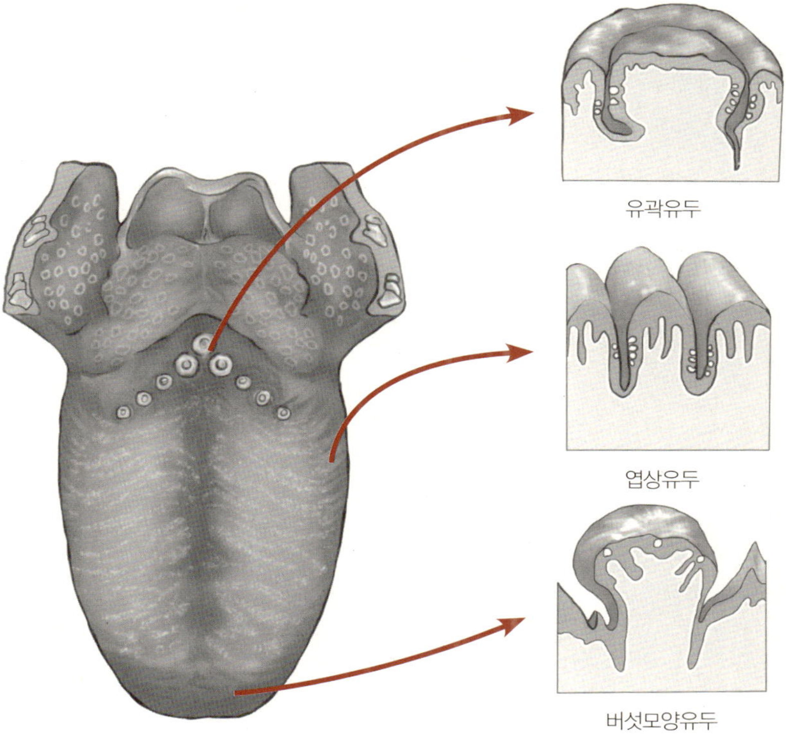

그림 1 유두의 종류와 분포

생긴 세포이다. 미각세포는 분극화polarization가 일어나고 시냅스synapse◆269쪽를 형성할 수 있는, 신경세포적인 특성을 갖고 있는 특수한 상피세포이다. 〈그림 2〉에서와 같이 형태에 따라 네 종류로 분류할 수 있는데, 타입 Ⅰ, Ⅱ, Ⅲ세포는 미공taste pore과 접해 있고, 타입 Ⅳ세포는 미뢰의 바닥에 있다. 각 미각세포는 혀의 표면으로 나 있는 미공을 통해서 음식 맛을 인지하게 되는데, 이를 위해 미각세포의 위쪽 끝에 있는 미세 융모가 미공을 향해 뻗어 있다. 미각 수용체는 이 미세 융모의 가장 끝부분에 위치해 있고, 미각세포의 아래쪽 옆면에 위치한 세포막에는 여러 종류의 이온 통로ion channels들이 있다. 또 구심성 신경afferent nerve◆266쪽과 연결된 시냅스는 미각세포의 아래쪽 바닥에 있으며, 시냅스 소포synaptic vesicle◆269쪽에는 신경전달물질과 신경조정 물질들이 들어 있다.

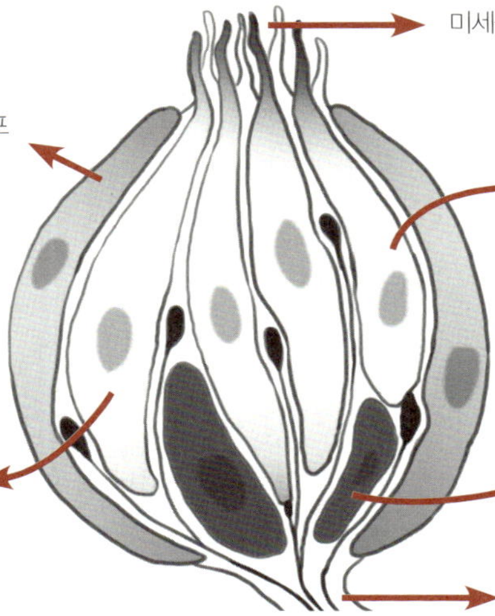

그림 2 미뢰에 있는 미각세포의 종류

미각세포에서의 맛 감지 작용

신경세포와 마찬가지로 미각세포의 내부는 음전기, 외부는 양전기로 하전荷電되어 있다. 짠맛은 타입 Ⅰ미각세포에서, 신맛은 타입 Ⅲ미각세포에서 각각 감지된다. 맛 성분들은 두 미각세포 모두 이온 통로를 통해서 세포 내로 들어온다. 한편, 단맛, 쓴맛, 감칠맛은 타입 Ⅱ미각세포에서 감지되는데, 맛 성분은 우선 미각세포의 표면에 있는 미각 수용체와 결합한다. 이것을 시작으로 세포 내부에서 일련의 반응이 진행되어 결국 어떤 이온 통로는 닫히고,

다른 이온 통로는 열려서 세포 내 양이온의 농도가 증가한다. 그 결과 미각 세포 내부가 양전기로 하전되면서 점차 세포 내외의 전기적 차이가 없어진다. 이렇게 되어 탈분극depolarization이 일어나면 미각세포에서 신경전달물질이라 불리는 화학신호가 분비된다. 미각세포들은 조직상 신경세포는 아니지만 미뢰의 기저에서 구심성의 축색돌기axon◆272쪽와 연결되는데, 신경전달물질들은 구심성 신경을 거쳐 뇌간brainstem◆267쪽과 시상thalamus◆270쪽으로 전달된다.

90% 이상의 미각세포들은 두 개 또는 그 이상의 기본 맛에 반응하는데, 이는 미각의 전달 과정에서 맛을 처음 감지하는 세포가 맛 성분을 선택할 수 없기 때문이다. 그러나 미각세포 중에는 오직 하나의 기본 맛에만 반응하는 것도 있다. 이렇게 미각세포마다 자극을 받을 수 있는 맛 성분에 차이가 있는 것은 세포마다 갖고 있는 독특한 변환 기전이 있기 때문이다. 미각세포들은 구강 내에서 끊임없이 외부에서 들어온 질기고, 삼투성이 강한 음식물과 접촉한다. 따라서 같은 감각세포라도 시각이나 청각세포와는 달리 계속하여 죽고 재생되는 과정을 거친다. 이들의 수명은 약 2주 정도이며 성인기에도 활발하게 새로 생겨난다. 이러한 과정은 감각 신경의 조절하에 있기 때문에 감각 신경이 절단되면 세포가 죽게 된다. 즉 미뢰가 재생되지 않아 맛을 볼 수 없게 된다.

• 타입 II미각세포에서의 맛 감지 작용

타입 Ⅱ세포는 〈그림 3〉에서 보는 바와 같이 G-단백질과 짝지어진 미각 수용체G protein-coupled receptors를 가지고 있는 방추형의 세포spindle shaped cell로, 큰 계란 모양의 핵과 밝은 세포질을 가졌다. 단맛, 쓴맛, 감칠맛을 감지할

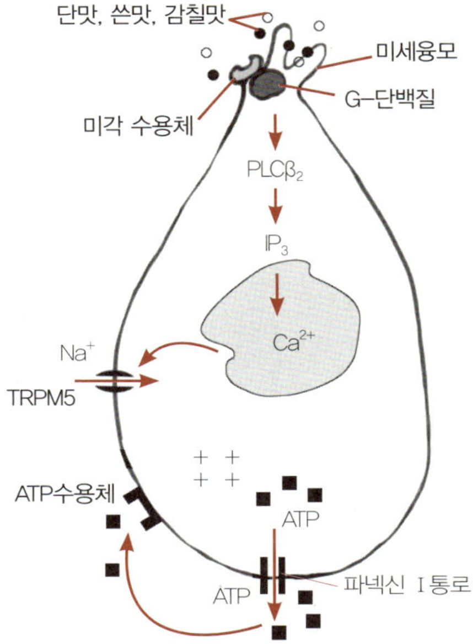

그림 3 타입 II미각세포에서의 맛 감지 작용

수 있으며, 미각 수용체 단백질에는 T1R1, T1R2, T1R3의 세 종류가 있다. 단맛 수용체에는 T1R2+T1R3 단백질들이, 감칠맛 수용체에는 T1R1+T1R3 단백질들이 각각 배열되어 있다. 단맛 수용체는 포도당, 과당 같은 열량을 가지고 있는 단당류는 물론이고, 약간 경로가 다르기는 하지만 단맛 나는 아미노산들과 아스파탐aspartame 같은 인공감미료도 감지할 수 있다. 만약 T1R3 수용체가 결핍되면, 단맛과 감칠맛 모두를 감지할 수 없게 된다.

단맛이나 감칠맛 성분이 미각세포 표면에 있는 미각 수용체에 닿으면, 마치 자물쇠에 열쇠를 넣은 것처럼 가스트듀신α-gustducin 같은 G-단백질이 일련의 화학 변환을 일으키며 활성화된다. 이는 다시 PLCβ2 phospholipase C-β2를 활성화시킨다. 이 효소에 의해 막의 인지질은 디아실글리세롤diacylglycerol과 IP3inositol triphosphate로 분해된다. IP3는 미각세포 내의 칼슘 저장소로 확산

되어 들어가서, Ca^{2+}이 세포질로 해리되어 나오게 한다. 세포 내에 Ca^{2+}의 농도가 높아지면, TRPM5이온 통로transient receptor potential cation channel M5가 활성화되어 열리고, 원형질 막을 탈분극depolarization 시킨다. 막의 탈분극으로 인해 PANX1 통로Pannexin1 hemichannel가 열려서, ATPadenosine triphosphate가 세포질에서 활성화된 세포를 싸고 있는 세포외 공간으로 빠져나간다. 그리하여 세포질보다 바깥쪽의 ATP 농도가 더 높아질수록 점점 더 세포질 바깥으로 유출될 수 있는 강력한 농도기울기가 형성된다. 타입 Ⅱ세포에서 분비된 ATP가 인접 미각세포를 자극하기도 하지만, 다시 자기 자신의 세포 활성을 북돋우기도 한다. 이 정적인 되먹임positive feedback◆ 과정은 맛을 감지하는 데 필요한 전달물질들을 성공적으로 분비하는 데 매우 중요하다. 또 이렇게 타입 Ⅱ세포에서 유출된 ATP는 타입 Ⅲ세포로 하여금 신경전달물질을 분비하게 하여 구심성 감각 신경을 활성화한다.

미각세포 간의 상호작용

왜 종류가 다른 여러 미각세포들이 이처럼 한 미뢰에 모여 있을까? 우리는 흔히 미각세포들이 입안에 들어온 맛을 피동적으로 감지하는 것으로 알고 있다. 하지만 실제로는 〈그림 4〉에서와 같이 서로 다른 미각세포들이 가까이 모여 있으면서 ATP와 신경전달물질을 주고받으며, 미각세포들 간에 상호작용이 일어난다. 타입 Ⅰ세포는 얇은 막lamellae 구조를 하고 있기 때문에 다른 미각세포들을 감쌀 수가 있으며, 다른 미각세포들을 지원해 주는 역할을 한다. 타입 Ⅰ세포의 표면에는 강력한 ATP 분해효소를 가지고 있어서 타입 Ⅱ미각세포에서 분비된 ATP를 분해할 수 있다. ATP는 미뢰 내에서 신경전달물질처럼 작용할 수 있기 때문에 특정 맛으로 인해 생성된 ATP가 미뢰에 계속 남아 있으면 다른 맛을 느끼는 데 혼선을 줄 수도 있다. 그래서 타

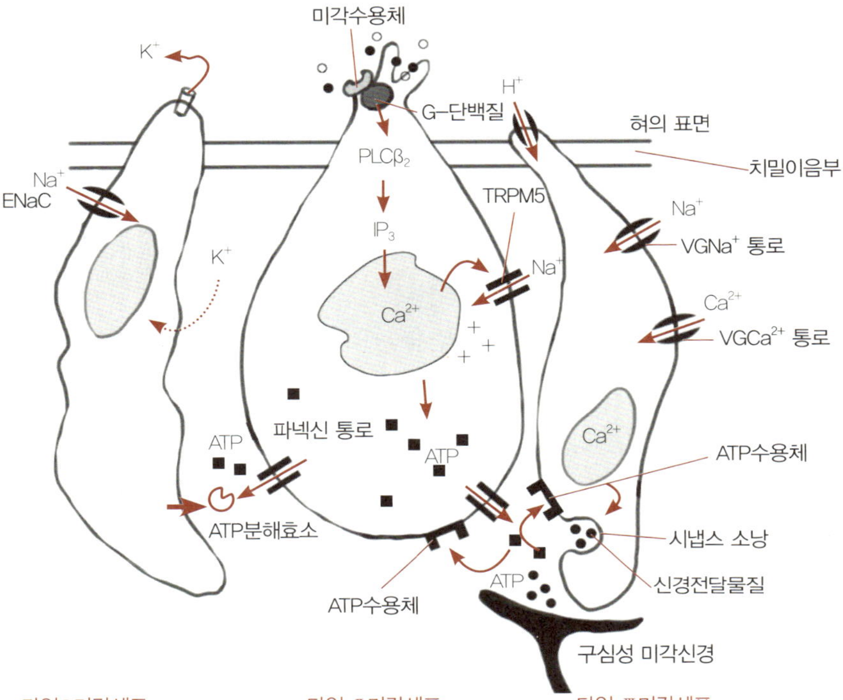

그림 4 미각세포들 사이의 상호작용

입 I세포가 ATP를 분해하여 그 맛 정보가 더 이상 주변 세포로 번지는 것을 막는다. 이 밖에도 타입 Ⅱ세포와 타입 Ⅲ세포가 맛을 감지하는 동안 미각세포의 외부에 축적된 칼륨이온$_{K^+}$을 흡수하여 타입 I세포의 정점 부분에 있는 통로를 통해 제거한다. 이렇게 하여 타입 I세포가 미뢰 내의 칼륨이온의 농도를 일정하게 유지하는 역할도 한다.

타입 Ⅱ미각세포는 단맛, 짠맛, 감칠맛을 보면 미각세포를 활성화시켜 파넥신 I 통로pannexin I hemichannel를 통해 ATP를 분비한다. 이렇게 분비된 ATP는 자신뿐 아니라 인접한 다른 미각세포와 신경섬유에 있는 ATP 수용체들을 흥분시킨다. 타입 Ⅲ세포는 시냅스 전 세포presynaptic cell라고도 하는

데 구심성 신경 말단과 시냅스로 연결되어 세로토닌serotonin 같은 신경전달물질들을 분비하기 때문이다. 타입 Ⅲ세포는 단맛, 쓴맛, 감칠맛의 자극이 있으면 수용체가 없음에도 불구하고 흥분한다. 왜냐하면 타입 Ⅱ세포가 맛을 감지하는 동안 분비된 ATP가 타입 Ⅲ세포를 경유하여 구심성 미각신경을 흥분시키기 때문이다. 타입 Ⅳ세포는 성숙한 미각세포로 분화되어질 수 있는 미성숙세포이다. 이와 같이 미각세포들은 미뢰 내에서 각각 역할을 분담하고, 서로 보완하여 작용하기 때문에 함께 모여 있다고 볼 수 있다.

• 호르몬과 신경전달물질의 차이

아세틸콜린acetylcholine, 세로토닌serotonin, 노르에피네프린norepinephrine 같은 물질들은 인체 내에서 호르몬이나 신경전달물질로 작용할 수 있다. 호르몬이나 신경전달물질은 둘 다 구조나 기능이 유사하고, 적은 양으로 인체 내부 환경을 일정하게 유지하거나 물질대사를 조절하는 화학적 메시지들이다. 호르몬으로 작용할 때는 이들이 내분비샘에서 합성되고 분비되어 관duct이나 혈액을 따라 표적 세포로 가서 그 표적 기관에만 작용한다. 따라서 호르몬은 멀리 떨어져 있는 세포나 기관 간의 조절에 관여하며 신경전달물질보다 작용하는 시간이 조금 길다. 반면 신경전달물질은 신경세포에서의 정보 전달에 쓰이는데, 신경세포들은 시냅스synapse라는 작은 간격을 사이에 두고 서로 분리되어 있다. 신경전달물질은 시냅스 이전 뉴런presynaptic neuron의 신경 말단에 있는 시냅스 소포synaptic vesicle에 들어 있고, 따라서 분비된 신경전달물질이 시냅스를 지나서 뒤쪽의 시냅스 후 뉴런postsynaptic neuron으로 전달되어야 인접해 있는 두 신경세포 간에 신경전달이 일어날 수 있다. 활동 전위가 앞쪽에 있는 시냅스 전 뉴런의 축색 말단axon terminal에 이르면 신경전달물질이 시냅스로 분비된다. 그러므로 뇌는 신경전달물질로 식욕을 조절할 수 있지만, 위나 장은 그 속에 든 음식물에 관한 정보를 뇌에 알리기 위해서 호르몬을 분비해야 한다. 물론 내장에도 자율신경이 분포해 있으므로 구심성 신경을 통해 신경전달물질로 소화관의 정보를 뇌로 전달할 수도 있다.

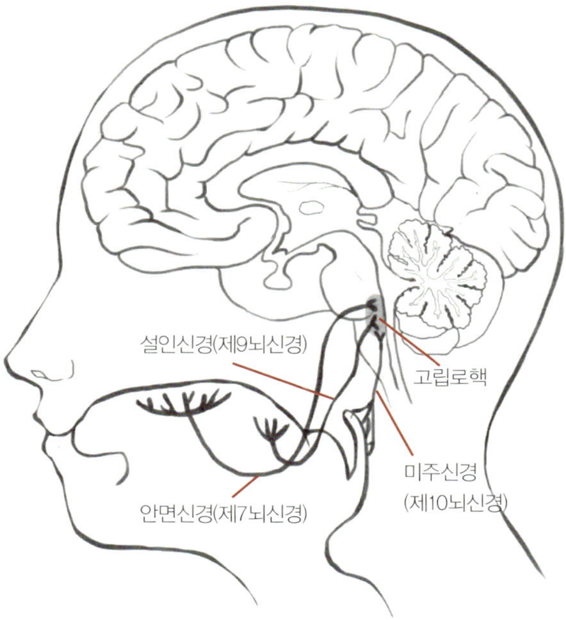

그림 5 맛감각을 뇌간까지 전달하는 구심성 신경

구심성 미각코드

미각세포에서 감지한 맛 정보는 구심성 미각신경을 거쳐 어떻게 뇌로 전달될까? 타입 Ⅱ미각세포가 접촉한 맛 성분에 의해 활성화되면 ATP가 분비되고, 이를 타입 Ⅲ미각세포가 받아들여 흥분한다. 이에 따라 타입 Ⅲ미각세포의 시냅스 소낭에서 세로토닌 같은 신경전달물질이 분비된다. 이외에도 타입 Ⅲ미각세포의 정점에 있는 통로를 통해 신맛을 내는 성분인 수소이온$_{H^+}$이 세포 내로 들어오면 탈분극이 일어난다. 이에 따라 전위 의존성 나트륨 이온 통로$_{\text{votage gated } Na^+ \text{ channel}}$가 열리고, 순차적으로 전위 의존성 칼슘 이온 통로$_{\text{votage gated } Ca^{2+} \text{ channel}}$도 활성화되면서 시냅스 소낭의 신경전달물질들이 구심성 미각신경으로 분비된다〈그림 4〉. 이들이 시냅스 후 1차 감각

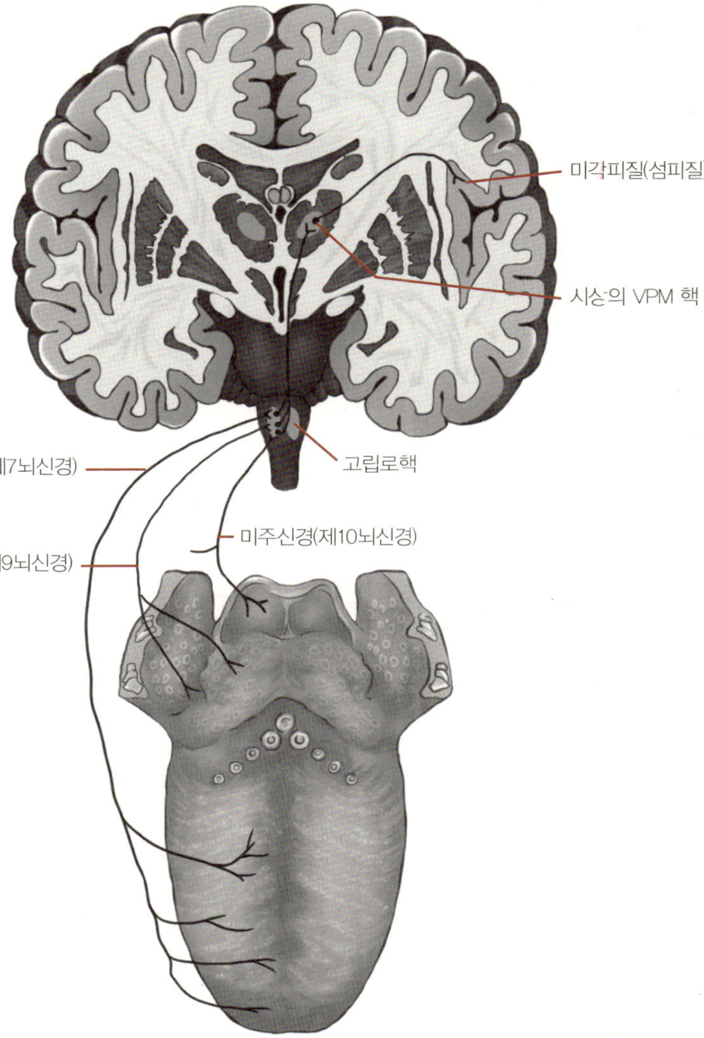

그림 6 뇌간에서 미각 피질까지의 미각 정보 전달

뉴런의 축색돌기를 흥분시켜 활동 전위를 발생하게 함으로써 혀에서 감지된 미각신호가 〈그림 5, 6〉에서와 같이 미뢰의 기저부분에서 안면신경제7뇌신경, 설인신경제9뇌신경과 미주신경제10뇌신경의 구심성 축색돌기를 경유하여 뇌

간까지 전달된다. 뇌간의 고립로핵◆266쪽을 거친 미각 정보는 〈그림 6〉에서와 같이 시상의 VPM핵ventral posteromedial nucleus으로 전달되고, 이는 다시 섬insula의 일차 미각피질primary gustatory cortex로 전달된다. 또 고립로핵의 신경은 무의식적인 반사 행동을 일으킨다. 예를 들면 단맛을 보면 침을 흘리고, 쓴맛을 보면 삼키지 않으려고 구역질을 하게 만든다. 이것은 방금 먹은 화학 물질의 생리적 효과에 대해 긍정적 반응이나 부정적 반응으로 알리는 것이다. 구심성의 미각신호가 뇌간에서 피질 쪽을 향해 올라갈 때 미각 정보의 흐름은 기억, 학습, 정서 및 보상을 담당하는 해마hippocampus, 편도체amygdala와 선조체striatum를 경유하는 배쪽 경로ventral pathways와 여러 감각으로부터의 맛 정보를 통합하고 의사결정을 하는 전전두피질prefrontal cortex이 포함되는 등쪽 경로dorsal pathways로 나뉘어져 전달되다가 최종적으로는 이 두 경로가 통합된다.

후각

코로 들어온 커피나 와인의 냄새 성분은 코 안의 점액에 녹아들면서 샤프롱chaperone이라고 하는 냄새 결합 단백질odorant-binding protein에 의해 후각 수용체olfactory receptor에 전달된다. 샤프롱은 냄새를 재빨리 후각 수용체의 표면으로 전달하고, 그 후에는 깨끗이 제거함으로써 냄새를 분명하게 인지하도록 도와주는 역할을 한다. 이렇게 냄새가 후각 수용체와 결합하면 후각 수용체 세포의 G단백질이 활성화되고, 그 결과 후각 세포의 이온 통로가 열려서 칼슘과 나트륨 같은 양이온들이 세포 내로 들어와 탈분극이 일어난다. 이렇게 화학에너지가 전기에너지로 바뀌면서 활동전위가 시작된다. 이렇게 형성된 활동전위에 의해 냄새 정보는 제1뇌신경인 후각신경과 제5뇌신경인 삼차신경을 통해 뇌로 전달된다. 뇌에서는 조롱박 피질piriform cortex, 편도체, 내후각피질entorhinal cortex 같은 일차 후각영역primary olfactory region을 거쳐 2차 후각영역secondary olfactory areas인 해마, 시상하부hypothalamus, 시상thalamus, 안와전두피질orbitofrontal cortex ◆270쪽 등에 전달된다.

이렇게 되면 예전에 그 음식의 냄새를 맡아본 경험이 있는 사람은 뇌로 전달된 이 신호의 패턴으로 어떤 음식인지 알 수 있게 된다. 이 밖에도 후각은 기분이나 정서에 영향을 주고 기억 등 다양한 중앙신경계 기능에 관여한다. 냄새를 맡을 수 있는 능력은 코의 후각 수용체의 활성에 좌우된다. 이 관능적 활성은 개인의 영양적 요구 상태와 무관하며, 인지된 후각의 질은 배고픔이나 포만에 의해 영향을 받지 않는다. 또 탄수화물, 단백질, 지방은 특별한 냄새가 없다는 사실에서 냄새의 종류와 강도는 음식의 영양적 특성과 관련이 없다는 것을 알 수 있다. 개나 다른 동물에 비해 인간의 후각기능은 그리 발달하지 못했는데, 이것은 사람의 후각이 멀리 있는 먹을거리를 찾는 용도보다 주로 가까이에 있는 음식 맛을 구별하거나 질을 판단하는 용도로 사용됐기 때문이다.

사람은 냄새로 상한 음식을 구별할 줄 안다. 또한 밋밋한 탄수화물 위주의 음식이나 냄새 나는 육류에 허브나 향신료를 가미해 더욱 풍부하고 진한 맛을 만들어 음식 먹는 즐거움을 높일 줄도 안다. 보통 혀가 맛을 본다고 알고 있지만 구개, 후두와 후두개 같은 입안의 다른 부위들도 맛을 느낄 수 있다. 또 입에서 씹고 있는 음식물의 냄새도 후두를 통해 비강으로 들어가 후각 수용체에 감지된다. 이와 같이 후각은 미각의 큰 부분을 차지하기 때문에 미각을 잃었다고 불평하는 사람들 중 대부분은 후각에 결함이 있는 경우가 많다고 한다. 코에는 후각신경 외에도 교감신경과 부교감신경 같은 자율신경이 분포하여 혈액 흐름이나 점액 분비, 재채기 같은 반사 작용 등을 조절한다.

음식의 냄새는 수많은 순수 냄새가 섞여 있는 복합물이다. 훈련을 받은 전문적인 포도주 감별사는 포도주 한 모금을 입안에 머금고 넘기는 동안 적어도 수십 가지 냄새를 구별할 수 있다고 한다. 즉, 사람은 음식 냄새를 맡을 때 한 종류의 복합물로 인식하지 않고 그 각각의 냄새로 구분하여 인식한다. 이처럼 우리는 맛을 느낄 때 눈, 코, 혀 같은 여러 감각기관을 동시에 사용하면서, 각 감각기관별로도 여러 감각을 동시에 감지할 수 있다. 이러한 사실로 볼 때 우리 신체는 가능한 많은 감각을 느낄 수 있도록 만들어져 있다고 할 수 있다.

삼차신경에 의한 감각 수용

얼굴, 두피, 각막, 구강과 비강의 점막으로부터 전달되는 물리화학적 감각과 온도감각은 삼차신경의 주된 세 개의 감각지를 통해 전달된다. 삼차신경trigeminal nerve은 설인신경제9뇌신경과 미주신경제10뇌신경의 통각 수용체가 포함되긴 하지만, 주로 제5뇌신경의 통각 수용체로 이루어져 있으며, 시신경, 상악신경, 하악신경 등 3개의 가지를 가지고 있기 때문에 삼차신경이라고 불린다. 고추의 매운 맛 성분인 캡사이신capsaicin은 삼차신경세포에 있는 TRPV1 transient receptor potential vanilloid type I 수용체를 활성화시켜 타는 듯한 열감과 얼얼한 매운 느낌을 일으킨다. 또 겨자나 계피의 톡 쏘거나 싸한 청량감과 마늘의 아린 맛은 TRPA1transient receptor potential A1 통로를 통해 전달된다. 이외에도 TRPM8 수용체transient receptor potential menthol receptor를 통해서 박하의 차가운 냉감을 느낄 수 있다.

사람이 느낄 수 있는 맛, 냄새, 소리, 시각과 촉각의 오감 중에서 촉감은 대개 피부로 느낀다. 하지만 음식물을 섭취할 때와 같이 눈, 코, 입안의 점막에 닿는 물질의 촉감을 느끼려면 다양한 TRP 통로를 가지고 있는 삼차신경을 통해서, 온도, 통증, 물리적 자극, 맛과 페로몬pheromones◆273쪽을 감지함으로써 촉감을 알 수 있다. 이러한 자극들이 있을 때 TRP 통로를 통해 삼차신경세포로 들어가는 칼슘과 나트륨 같은 양이온의 흐름을 자극하여 탈분극이 일어난다. 삼차신경세포에서의 이러한 전기적 변화는 척추 삼차핵spinal trigeminal nucleus과 뇌간을 경유하여 시상의 VPM핵ventral posterior medial nucleus of the thalamus에 전달된다. 이후 전방대상피질anterior cingulate cortex, 섬피질insula,◆269쪽 일차 체감각피질primary somatosensory cortex과 화학감각정보를 다루는 안와전두피질에 전달되어 우리가 그 감각을 인식할 수 있게 된다.

이외에도 삼차신경은 양성자protons나 강한 산성 물질, 아황산가스 같은 공해 물질, 암모니아, 지질산화물, 엔도카나비노이드endocannabinoids,◆271쪽 펩타이드 형태의 독성 물질peptide toxins과 43℃보다 높은 열과 전기 자극 같은 물리적 자극에도 반응함으로써 해로운 성분이나 자극이 신체를 손상시키지 못하도록 감시하는 역할을 한다. 많은 자극성 물질은 냄새와 맛으로 인식된다. 하지만 삼차신경에서 감지되는 화학성분의 역치농도는 코나 혀에서 느끼는 냄새나 맛의 역치보다 높다. 따라서 냄새를 맡지 못하는 사람은 그 물질의 냄새를 인식할 수 있는 정상인에 비해 대략 100배 정도 농도가 높아야 겨우 그 물질을 인지할 수 있다. 유사하게 소금을 짠맛으로 인식하기 위해서는 0.1M정도면 된다. 하지만 맛을 인식하지 못하고 자극성 물질로 인지하려면 1.0M정도는 되어야 인식할 수 있다고 한다. 에탄올도 자극성 물질

중 하나인데 보드카 같은 고농도 에탄올을 혀에 두면 타는 것 같은 감각을 느낀다.

캡사이신같은 자극성 물질을 섭취하면 이를 감지한 신경세포에서 SP substance P[◆275쪽]나 CGRPcalcitonin-gene-related peptide[◆274쪽]같은 펩타이드를 분비하여 침 분비가 증가하고 혈관 확장, 눈물, 콧물, 땀, 호흡율 저하, 기관지 수축 등의 생리적 반응이 일어난다. 이것은 인체에 해로운 성분이 체내로 진입하는 것을 막고자 하는 방어 반응인데, 이런 방어 작용으로 자극성 물질을 희석시키고, 더 이상 섭취나 흡입이 진행되지 못하게 막을 수 있다. 혀의 상피세포를 캡사이신으로 처리하면 몇 가지 맛을 잘 인지할 수 없다. 반대로 다른 맛에 의해 캡사이신 감지력도 영향을 받는다. 단맛을 먼저 맛보고, 캡사이신을 맛보면 구강 내에서 캡사이신 민감도가 떨어지며, 박하도 일시적인 저감 효과가 있어서 고추의 매운 맛이 덜 맵게 느껴진다.

3
뇌는 어떻게 미각 정보를 인식할까

앞에서 살펴본 바와 같이, 혀의 미각 수용체 세포에서 제7뇌신경, 제9뇌신경과 제10뇌신경에 의해 전달된 미각신호는 뇌간의 고립로핵으로 전달된다. 여기에서 삼차신경을 통해 전달된 체감각 정보들과 결합되고 합쳐진 정보가 다시 시상의 VPM핵으로 전달된다. 하지만 아직까지 고립로핵에서 후각정보와 미각신호가 결합되는지는 확실하지 않다. 섬피질은 시상의 VPM핵을 거쳐 온 통합된 미각 및 촉각신호와 개별적으로 감지된 미각, 후각, 온도감각과 점성viscosity이나 수렴성astringency 같은 다양한 촉감 정보들이 합쳐지는 부위로 알려져 있다. 이와 같이 미각, 후각, 촉각 등 여러 감각들은 감각신호가 전달되는 뇌의 여러 영역에서 서로 통합되어 인식된다.

아밀로라이드amiloride◆270쪽는 이뇨제인데, 혀를 아밀로라이드로 처리하면 미각세포에서 상피성 나트륨 통로를 통해 들어오는 나트륨 이온을 봉쇄해 소금NaCl 맛을 감지할 수 없게 된다. 그리고 그 효과는 일차적으로 소금에 가장 잘 반응하는 신경세포NaCl-best neuron에까지 영향을 주지만, 염화칼륨KCl의 맛도 잘 인지할 수 없다. 이러한 결과는 이 신경세포가 소금 맛에만 반응하는 것이 아니고 염화칼륨 맛의 인지에도 관여하고, 그 때문에 아밀로라이드의 영향을 받았음을 보여 준다. 이러한 사실은 맛의 인지가 신경 패턴 방식으로 이루어진다는 사실을 보여 주는 사례 중의 하나이다. 이를 더 알기 쉽게 설명하자면, 시각에서 세 종류의 빛 수용체가 광범위한 파장의 빛에 반응해 우리가 무지개와 같이 수많은 색을 볼 수 있는 것과 같다고 할 수 있다. 여기에 노란색의 빛 수용체에 연결된 신경을 봉쇄하면, 노란색뿐 아니라 주황색이나 초록색도 잘 감지하기 어려운 현상이 생길 수 있다. 이와 같이 뇌는 미각세포에서 전달된 미각 정보를 활동전위의 패턴patterns of action potentials으로 받아들인다.

혀도 부위에 따라 더 민감하게 인지되는 맛이 있듯이 마찬가지로 제7뇌신경, 제9뇌신경과 제10뇌신경의 1차 구심성 감각 축색돌기에도 그런 차이가 있다. 안면신경의 고삭신경은 소금과 설탕의 맛에 민감하다. 즉 더 많은 축색돌기가 활성화된다. 설인신경은 산과 퀴닌에 최적이며, 미주신경◆268쪽의 상후두신경은 산과 물에 최적이다. 하지만 설탕에 최적인 신경세포라 할지라도 과당이나 소금, 아세트산 같은 다른 맛 성분에도 활성화된다. 혀에서 느낀 구심성의 미각 정보가 뇌간에서 피질 쪽을 향해 전달될 때, 두 갈래로 나뉘어 뇌의 여러 영역을 통과한다. 이때 그 미각 정보와 관련된 감정이나 인지적 기능도 포함되어 최종적으로 느끼거나 행동하는 데 관여한다. 그래서 미각세포에서는 '달다'라는 감각으로 출발했지만, 뇌의 여러 영역을 통과하면서 '딸기 향은 언제나 달콤해', '어머니도 딸기를 좋아하셨지' 같은 감정이나 과거 기억이 포함되고, "사 가지고 가서 식구들과 함께 먹자"와 같은 최종 판단을 하게 된다.

뇌가 미각을 인식하는 방식

최종적으로 뇌가 어떻게 맛을 인식하는가는 다음의 두 가지 가설로 설명하고 있다. 한 가지는 '표식 선 가설labeled line hypothesis'인데, 중앙신경계의 개별 신경세포는 한 가지 맛에 최적화되어 있다는 가설이다. 이것은 단맛을 담당하고 있는 신경세포와 신맛을 담당하고 있는 신경세포가 각각 따로 있다는 의미이다. 그래서 고립로핵, 시상과 대뇌피질의 각 단계에서 그 미각에 해당하는 최적의 신경섬유가 있음을 증명해야 하기 때문에, 그 타당성을 입증하기가 사실상 불가능하다.

한편 '신경 패턴 이론across-fiber pattern theory'은 각 신경세포는 한 가지 맛에 가장 강하게 반응하지만, 여러 다른 맛에도 반응할 수 있다고 본다. 따라서 각각의 맛 성분은 많은 신경세포들의 반응을 조합한 특징적인 반응 패턴으로 인식된다는 이론이다. 즉 설탕 맛에 활성화됐든 그렇지 않든 간에 설탕과 접촉된 모든 신경세포에서 일어난 반응이 모두 합해져 독특한 패턴을 형성하고, 그 패턴을 맛으로 인식한다는 가설이다. 고립로핵에 있는 축색돌기나 세포들은 혀에 있는 미각세포들보다 더 광범위한 맛 성분에 반응하는데, 이러한 사실도 이 이론에 부합되는 증거이다.

쓴맛 물질과 쓴맛 감지 능력

쓴맛 물질인 PTCphenylthiocarbamide는 오이나 참외 등에 들어 있는 쓴맛 성분으로 이 쓴맛의 역치閾値에 따라 PTC 맛을 강하게 느끼면 쓴맛, 단맛, 매운맛과 냄새 감지에 민감한 사람으로 볼 수 있다. 식품업계나 향수 제조업체에는 이렇게 맛을 예민하게 느낄 수 있는 사람이 필요하다. 그런데 사람들 중 약 30%는 유전에 의해 PTC 맛을 감지할 수 없다고 하는데 이런 사람을 PTC 미맹◆275쪽이라고 한다. 하지만 이런 사람들은 강한 맛을 견뎌 내는 능력이 있어서 다른 면에서 유리한 측면도 있다. 퀴닌도 쓴맛이 나지만 PTC와 감지 경로가 다르기 때문에 PTC 맛을 감지할 수 없는 사람도 퀴닌의 쓴맛은 느낄 수 있다. 퀴닌으로 측정한 쓴맛의 역치는 0.008mM로 다른 맛에 비해 매우 낮아서 사람들이 민감하게 독성 물질을 잘 감지할 수 있음을 알 수 있다. 퀴닌quinine과 카페인 같은 쓴맛 물질은 타입 Ⅱ세포의 정상에 있는 G-단백질과 결합해 IP3 경로가 활성화되어 맛을 감지할 수 있다. 또 세슘염Cs^+이나 마그네슘Mg^+염과 관련된 쓴맛은 이 염의 양이온들이 미각세포의 칼륨K^+ 통로를 봉쇄한 결과로 느낄 수 있다. 이와 같이 쓴맛 감지 경로는 매우 다양한데, 그 이유는 자연에 존재하는 수많은 독성 물질들을 감지해 낼 수 있어야 안전하게 생명을 유지할 수 있었기 때문이다. 한편 아세술팜 케이acesulfame K와 사카린saccharin은 저농도에서는 단맛, 고농도에서는 쓴맛이 나는데, 그것은 이 맛의 성분들이 단맛 수용체를 활성화시킬 뿐 아니라 고농도에서는 쓴맛 수용체를 활성화시킬 수 있기 때문이다. 이와 같이 한 종류의 화학성분이 여러 미각 수용체를 활성화시켜 한 가지 이상의 맛을 낼 수도 있다.

다양한 짠맛 감지 경로

ENaCepithelial-type Na channels는 타입 Ⅰ미각세포에 있고, 이외에도 신장, 폐, 결장에도 ENaC가 있어서, 바소프레신vasopressin과 알도스테론aldosterone 같은 호르몬의 조절하에 소금NaCl과 수분의 균형을 조절한다. 대표적인 짠맛인 소금을 섭취하면 ENaC를 통해 나트륨 이온이 미각세포 내로 들어온다. 이에 따라 세포가 탈분극되어 이온 개폐성 칼슘 통로가 활성화되고, 일차 구심성 신경으로 신경전달물질을 분비한다. 또 타입 Ⅲ세포도 나트륨 이온에 의해 활성화될 수 있다. 칼륨 절약 이뇨제인 아밀로라이드amiloride는 ENaC를 봉쇄함으로써 나트륨 이온이 들어오는 것을 막는다. 실험동물을 대상으로 아밀로라이드 처리 후 짠맛 감지 능력을 실험한 결과, 염도가 낮을 때에는 쥐도 소금물을 먹었다. 이런 정도의 약한 짠맛은 대부분 아밀로라이드에 의해 봉쇄되어 쥐가 짠맛을 느낄 수 없기 때문이다. 반면 높은 염도에서는 태생적인 혐오를 보였고, 이런 혐오반응은 아밀로라이드로도 막을 수 없었다. 또 아밀로라이드는 소금과 염화리튬LiCl의 짠맛 강도를 약 50% 정도 낮추지만, 염화칼륨KCl의 짠맛에는 영향을 주지 못했다. 이것은 중앙신경계에서 짠맛이 전달될 때, 소금 최적 신경세포NaCl-best neuron에서는 아밀로라이드가 소금과 염화칼륨, 둘 다를 봉쇄할 수 있었지만, 설탕 최적 신경세포sucrose-best neuron에서는 소금만 봉쇄하고 염화칼륨은 봉쇄할 수 없기 때문에 염화칼륨의 짠맛이 부분적으로 감지될 수 있는 것이다. 이외에도 짠맛을 감지하는 몇 개의 메커니즘이 가능하므로 소금과 같은 일가一價의 염소염monovalent chloride salts이라고 해도 그 감지 경로가 모두 같지는 않다.

4

인간은 왜 맛을 느끼게 됐을까

인간이 여러 종류의 미각세포를 가지고 있는 이유

육식동물은 단맛을 감지할 수 없고 자이언트 판다는 감칠맛을 느낄 수 없다. 마치 '계란이 먼저냐 닭이 먼저냐'의 논쟁처럼, 자이언트 판다가 유전자 돌연변이로 감칠맛을 느낄 수 없게 되면서부터 대나무만 먹고 살게 된 것인지, 아니면 대나무만 먹고 살다 보니까 감칠맛을 느낄 필요가 없어진 것인지는 정확히 알 수 없다. 확실한 것은 동물이 가지고 있는 미각 기능에 따라 그들의 먹이가 제한된다는 사실이다. 판다가 멸종위기의 보호동물이라는 사실을 생각해 보면 맛을 느끼는 능력이 얼마나 중요한지 알 수 있다. 만약 인간이 맛을 느낄 수 없고 체내 영양소의 고갈에 의해서만 식욕을 일으킨다면 인간의 진화 단계나 인구수, 먹고 있는 음식 등이 지금과는 완전히 다른 양상으로 전개됐을 것이다. 그러나 다행히도 인간의 미각세포는 많은 종류의 맛을 감지할 수 있다. 왜 그럴까? 인간은 잡식동물이어서 필요한 열량, 단백질, 비타민, 무기질과 같은 영양소를 여러 종류의 음식으로부터 섭취해야만 했기 때문이다. 옛날 우리 조상들은 혹시 독이 들어 있을지도 모르지만 영양소를 섭취하기 위해 위험을 감수하고 많은 종류의 음식물의 맛을 봐야만 했다. 그리고 그러한 음식을 맛보는 데 여러 종류의 미각세포가 필요했을 것이다.

음식을 기억할 수 있게 하고 식욕을 촉진하는 '맛'

인공감미료는 열량은 없지만 단맛이 나고, 복합 탄수화물은 에너지원이 되지만 단맛이 없다. 또 단맛을 느끼는 관능적 활성은 개인의 영양 상태나 영양적 요구와는 무관하다. 즉 배고픈 사람과 마찬가지로 배부른 사람에게도 단맛은 단맛이며, 인지된 강도는 여전히 동일하다. 이러한 사실로 미루어 볼 때 우리가 영양을 얻기 위해서 반드시 맛을 감지해야만 하는 것은 아니라는 것을 알 수 있다. 하지만 밋밋한 음식에 설탕이나 소금으로 간을 하거나, 고추나 마늘 같은 양념을 하면 맛있게 느껴진다. 맛있다는 것은 음식의 감각적 자극이 우리의 뇌에 쾌감을 불러일으킨다는 것을 의미한다. 이런 자극적인 맛 때문에 배가 부른데도 다시 식욕을 일으켜 비축해 둘 열량을 추가로 섭취할 수 있는 것이다. 이렇게 신체에 지방을 저장해 두면 비상시에 생존율을 높일 수 있다.

또 맛을 감지할 수 있으면 부족한 영양소를 보충하는 데 유리하다. 평소 탄수화물 위주의 식사를 하고 있었다면 어느 날에는 감칠맛이 나는 단백질 식품이 먹고 싶어진다. 이것은 우리 뇌가 3대 영양소인 탄수화물, 단백질, 지방이 각각 단맛, 감칠맛, 기름진 맛과 관련이 있다는 것을 경험적으로 학습했기 때문에 가능한 일이다. 맛뿐만 아니라 음식의 외관이나 냄새까지도 기억하고 있기 때문에 보기만 해도, 냄새만 맡아도 무슨 맛인지 안다. 이러한 기억에 의해서 신체가 필요로 하는 영양 성분이 있는 음식의 맛을 원하게 되는 것이다.

쓴맛, 짠맛, 감칠맛을 감지할 수 있어 유익한 점

초기 인류가 살았던 열대의 숲 속 환경은 탄수화물 식품이 드물고, 독성 식물이 많았을 것으로 추정된다. 이런 환경에선 쓴맛을 거부하고 단맛을 수용하는 감각기관이 발달해야 생존할 수 있었을 것이다. 쓴맛은 매우 낮은 농도에서도 느낄 수 있는데, 대부분의 독성 물질이 거의 모두 쓴맛을 띄고 있기 때문이다. 만약 해로운 독을 감지하지 못하고 삼키게 되면 건강에 치명적이거나 생명이 위태로울 수 있으므로 쓴맛을 예민하게 느낄 필요가 있었다.

마찬가지로 신맛은 상하거나 덜 익은 과일의 맛이다. 과하게 섭취할 경우 속 쓰림, 여드름이나 구진 같은 피부 질환, 관절 염증, 치아 손상, 구내염이나 구취 등 여러 가지 좋지 않은 증세를 겪을 수 있으므로 신맛을 감지할 필요가 있었다. 이 밖에 소금의 짠맛은 우리 몸의 전해질 균형을 위한 무기질 섭취에 필요했고, 글루타민산glutamic acid과 이노신산inosinic acid의 감칠맛을 좋아하는 것은 단백질 합성에 필요한 필수 아미노산이 든 음식을 찾아 먹는데 유리했기 때문이다. 이렇게 인간은 맛을 감지할 수 있는 편이 더 나은 건강 상태를 유지하고 생존에 유리했기 때문에 다양한 미각세포를 유지하고 있는 것으로 보인다.

5

미각세포는 위와 장, 기도에도 있다

G-단백질과 짝지어진 미각 수용체G-protein-coupled taste receptor는 구강뿐 아니라, 소화관과 호흡기에도 있다. 입에서는 주로 맛을 식별하고 식욕을 일으키는 작용을 하지만, 입을 지나서부터는 영양소 흡수 및 조절과 식욕 억제 작용을 한다. 이들은 구강, 장관, 호흡기관에서 화학성분을 감지하고 내분비 세포enteroendocrine cell와 같은 역할을 한다. 우리가 어떤 음식을 입에 넣으면 내장에 있는 모든 미각세포가 음식물이 통과할 때 이를 감지한다. 그런 다음 구강 내의 미각세포와 마찬가지로 세포 내에서 일련의 변환 과정이 일어나고, 미주신경vagus nerve을 경유해 신경전달물질이나 호르몬 등이 분비되도록 한다.

장내 미각세포에 의한 소화 작용 조절

우리가 어떤 음식의 맛을 볼 때 위로 음식이 들어오기 전부터 코와 입에 있는 미각세포에 의해 감지가 되어 일련의 반응이 일어나는데 이것을 뇌상 반응cephalic-phase response이라고 한다. 이러한 반응은 우리 몸 안으로 곧 들어오게 될 많은 양의 음식에 우리 몸이 대비할 필요가 있기 때문에 일어난다.

사람의 경우에 입안에 들어온 포도당에 의해 위액이 분비되고, 뇌상 인슐린 분비cephalic phase insulin release라고 불리는 인슐린 분비도 일어난다. 이 분비량은 전체 인슐린 분비량에 비해 매우 적은 양이지만, 장에 도달한 포도당을 즉각적으로 처리할 수 있도록 해 주어서 곧이어 본격적으로 들어올 음식 속의 포도당을 처리할 시간을 벌게 한다. 식사를 하는 도중에 일어나는 혈당 감소의 50% 정도는 이러한 흡수 전 인슐린에 의해 일어난다. 만약 이러한 흡수 전 인슐린이 분비되지 않으면 혈당 조절이 잘 되지 않고, 이 때문에 많은 양의 인슐린이 한꺼번에 분비되어야 하므로 췌장에 부담을 준다.

장내 미각세포에 의한 해로운 물질의 제거 작용

장내에 있는 쓴맛을 감지하는 T2R 수용체는 CCKcholecystokinin ◆274쪽 같은 호르몬을 분비하게 해 장운동을 감소시킨다. 만약 잘못해 독성 물질이 함유된 음식을 먹으면 T2R 수용체가 활성화되어 독성의 효과를 최소화시키기 위해 반사적으로 구토를 일으켜 몸 밖으로 배출시킨다. 또 위장의 수축 운동을 비정상적으로 이루어지게 해 구역질이 나고 위장이 아플 수 있으며 위와 장의 통과 속도를 지연시켜 음식을 계속 먹지 못하게 막는 역할도 한다. 이러한 고통스런 경험은 일종의 처벌 효과를 내서 다시는 그런 해로운 음식을 먹지 않도록 한다.

CCK를 분비하는 장 내분비세포는 장 상피신호계local epithelial signaling system에 속하는데, 이 신호계는 독성 물질이 장에서 순환계로 전달되는 속도를 늦춘다. 장 상피세포는 소장에서 혈액으로 가는 영양 성분 흡수를 조절하는데, 이들 세포에 있는 CCK2 수용체가 활성화하면 전달자인 ABCB1ATP-binding cassette B1의 표현이 증가해 세포질로부터 독성 물질이나 원하지 않는 성분을 배출시킨다. 따라서 소장에서 T2R 신호가 활성화되면 장 상피에서 흡수된 독성 물질이 순환계에 들어가지 못하고 잘 제거될 수 있다. 장의 아랫부분에서 T2R 수용체가 활성화되면 여러 경로를 통해 독성 물질과 전쟁을 한다. 어떤 쓴맛 물질은 결장 상피에 도달하면 음이온anions 분비를 유도해 장으로 수분이 분비되도록 함으로써 설사를 하게 만든다. 이렇게 하여 결장에서 해로운 물질을 씻어 낼 수 있다.

실수로 음료수가 기도로 흡입된 경우에는 기도 내에 있는 화학감각 세포chemoreceptor cells에서 일련의 미각 변환 과정taste transduction cascade이 시작되는데, 이때는 맛감각을 일으키기보다는 기침과 재채기 등을 유발한다. 코는 먼지나 병균 같은 해로운 것이 포함된 공기를 끊임없이 흡입하는 곳이므로 비강 내에 있는 T2R 수용체가 활성화되면 시냅스로 연결된 삼차신경trigeminal nerve을 통해 재채기와 같은 반사적인 방어행동을 하게 한다. 이와 같이 활성화된 삼차신경은 흡입물질에 대한 정보를 뇌로 전달할 뿐 아니라 비강과 인접 혈관으로 SPsubstance P와 CGRPcalcitonin gene-related peptide 같은 조절물질들을 분비하는 식으로 면역계를 활성화하여 우리 몸을 방어하는 역할을 한다.

• 장내 미각 수용체에 의한 영양 성분 흡수 및 조절 작용

미각 수용체는 유방관ductal이나 췌장의 베타세포와 장 내분비세포entero-endocrine cells of the gut 같은 분비세포나 내분비기능을 가진 세포에도 있다. 장의 내분비계에 위치한 미각세포들은 세로토닌serotonin, CCK, GLP-

1glucagon-like peptide 1◆274쪽, 그렐린ghrelin, NPYneuropeptide Y◆275쪽 같은 호르몬을 만들고 분비한다. 이렇게 분비된 호르몬들은 분비한 그 세포 자체나 인접한 세포의 기능을 변화시키고, 더 나아가 혈액으로 들어가 온몸으로 전달되어 호르몬과 같은 효과를 발휘한다.

혀와 구강 외에도 소장의 상피조직에 있는 브러시 세포brush cell는 키가 큰 원주 모양의 상피세포로, 그 끝에 빽빽한 미세융모의 다발을 가지고 있다. 이 세포들은 장에서 영양소를 감지하는 역할을 한다. 예를 들면 포도당 섭취 후 췌장에서 인슐린 분비가 일어나는 과정도 포도당이 소장에 있는 단맛 수용체와 결합하고, 연이어 신호체계가 활성화됨으로써 가능하다. 단맛 물질은 호르몬을 만드는 장 내분비세포에 의해 감지되고, 이 세포에서 분비된 GLP-1은 췌장의 베타세포에서 인슐린이 분비되도록 한다. 그리하여 순환하고 있는 혈액 속의 인슐린에 의해 신체 여러 조직으로 포도당이 들어갈 수 있게 된다. 또 소장에서 단맛 수용체가 활성화되면 SGLT1sodium-glucose transport protein-1과 GLUT2glucose transporter 2 같은 포도당 전달자에 의해 포도당이 소장 내로 들어가는 것을 촉진한다.

제2장

미각기호의 형성

1

우리는 왜 단맛을 선천적으로 좋아할까

어떤 음식을 좋아한다는 것은 그 음식을 맛보았을 때 쾌감이나 즐거움을 느낀다는 것이다. 우리는 태어나면서부터 단맛을 좋아하는데, 이것은 조건화되지 않은 기호이다. 조건화되지 않았다는 것은 배운 적이 없다는 의미이며 먹어 본 적이 없어도 좋아하게끔 뇌에 새겨져 있다는 뜻이기도 하다. 단맛을 내는 물질에는 포도당, 과당 같은 단당과 아미노산들D-amino acids이 있다. 또 아스파탐 같은 펩타이드peptides, 사카린 같은 유기 음이온organic anions과 모넬린monellin, 타우마틴thaumatin 같은 단백질 등 그 종류가 많다. 이렇게 종류가 다른 단맛 물질 각각에 대한 수용체가 따로 있어서 대부분의 사람들은 이러한 다양한 단맛을 구별할 수 있다. 예를 들면 단당은 타입 Ⅱ미각세포의 cAMP 경로◆274쪽를 따라 감지할 수 있다. 반면에 단당류가 아닌 감미성분은 IP_3 경로를 활성화시킨다. 이렇게 우리 신체는 단맛을 잘 느끼기 위한 준비가 되어 있다.

또 모유 속에는 어머니의 식사에서 유래한 수많은 향미성분이 들어 있고, 신생아는 모든 감각 중 미각이 가장 발달한 상태로 태어난다. 마늘이나 알코올은 섭취 후 30분~1시간 이내에 모유에서 검출될 수 있다고 한다. 신생아들은 어머니의 모유에서 맛을 감지하게 되므로 어머니의 식사가 어린아이들의 미각기호 형성에 중대한 영향을 미친다. 많은 초식 동물의 유즙 속에는 유당lactose이 들어 있어 어린 새끼들이 그 단맛 때문에 유즙을 더 잘 먹게끔 되어 있다. 신생아들도 젖을 먹을 때 모유 속의 단맛을 느낄 수 있어서 편안하고 만족스런 표정을 짓는다. 또 단맛을 보게 되면 입맛을 다시며 혀와 입술의 움직임이 활발해진다. 사회에 따라서는 단맛을 볼 때처럼 혀를 내밀거나 입술을 핥는 것과 같은 행동이 즐거움이나 호감의 상징으로 의사소통의 수단이 되기도 한다.

뇌에서는 포도당만이 에너지원으로 사용될 수 있는데, 포도당은 단맛이 난다. 따라서 단맛을 감지하는 능력은 동물의 두뇌활동이나 생존에 필수적이다. 그래서 사람은 단맛을 잘 느낄 수 있도록 진화해 왔을 것이다. 단맛이 나는 음식을 먹으면 내인성의 오피오이드opioid가 분비되어 즐거움을 느끼고 배고픈 상태가 아니더라도 더 먹게 만든다. 물론 단맛이 나는 식물 성분만으로 생존에 필요한 에너지를 모두 충당할 수는 없지만, 단맛을 감지할 수 있으면 쉽게 흡수될 수 있는 영양이 풍부한 음식을 더 잘 선택할 수 있다. 예를 들면 잘 익은 과일은 단맛이 많이 나는데, 단맛이 나는 과일은 당분뿐 아니라 각종 비타민과 무기질도 풍부하다. 그렇게 잘 먹은 후 에너지를 비축해 두면 식량이 생산되지 않는 계절에도 살아남을 수 있다.

또 스트레스를 받을 때에도 단 음식을 선호한다. 실험동물이 상처를 입었거나 스트레스와 싸울 때 몰핀morphine이나 설탕을 주면 동물은 통증이나 외로움을 극복하고 안정되는 효과가 있다. 이와 같이 입안에 단맛을 느끼면 배가 부른 상태에서도 적극적으로 영양을 더 취할 수 있고, 스트레스도 더 잘 극복할 수 있어서 생존에 유리하다.

단맛에 대한 민감성에는 개인차가 있어서 민감도가 높은 사람은 티스푼 하나 정도의 설탕만 먹어도 자신의 커피에서 충분한 단맛을 느낄 수 있지만, 단맛 감지 능력이 둔한 사람은 여러 스푼의 설탕을 넣어야 비로소 만족스런 단맛을 느낄 수 있다. 한 연구에서 껌에 아스파탐과 같은 인공감미료를 넣어 가장 식욕을 촉진시키는 당의 농도를 측정했더니 개인마다 다 달랐다고 한다. 그러나 비만 여성에게 12주 동안 다이어트를 실시해 체중을 감량했더니 단맛에 대한 역치가 낮아지고 단맛 감지 능력이 향상됐다고 한다. 이러한 연구들을 종합해 보면 단맛의 민감도는 유전적 요인 외에 나이나 실제 섭취하는 식사와 같은 환경적인 요인에 따라서도 달라질 수 있음을 알 수 있다. 즉 환경을 개선하면 단맛이 강하지 않아도 만족할 수 있다.

푸딩 같은 음식에 설탕을 넣거나 아스파탐 같은 인공감미료를 넣어 먹는 실험을 해 보면, 어른은 열량 함량에 상관없이 일정한 양의 음식을 먹는다. 그렇지만 2~5세 되는 아이들은 열량 함량이 낮은 음식을 더 많이 먹는 '에너지 보상'을 어른보다 더 잘한다. 어른들은 음식의 열량 함량에 따라 먹는 양을 조절하기보다 습관적으로 먹던 양만큼 먹는 데 반해, 아이들은 이런 경험이 적고 아직 습관이 되지 않아서 음식 속의 열량 함량에 따라 반응을 달리하는 것이다. 그래서 설탕을 넣은 음식은 적게, 인공감미료를 넣은 음식은 더 많이 먹는다. 하지만 일반적으로 성장기에 있는 아이들은 어른들보다 더 진한 단맛을 좋아한다.

쥐에게 사카린 용액을 마시게 하면 물을 주었을 때보다 더 많은 먹이를 먹었다고 한다. 열량이 없는 단맛이라도 입에서 단맛을 보면 본격적으로 음식이 들어오기 전이지만 인슐린 반응cephalic insulin response을 활성화시키고, 혈중 인슐린 농도를 높여 식욕을 증진시킬 수 있다. 인공감미료가 든 음료수는 에너지를 제공해 포만감을 줄 수는 없지만, 위를 채워서 위가 늘어나게 한다. 마치 설탕물을 마셨을 때와 유사하게 인슐린 분비를 자극하는 것이다. 또 사카린 용액을 마셨기 때문에 액체 섭취량이 증가해 혈액이 희석되어서 식품 섭취를 자극할 수 있다고 한다. 이러한 이유 때문에 인공감미료가 든 음료수를 마셔도 식욕을 자극할 수 있는 것이다. 동물실험에서 12주 동안 물 이외에 사카린 용액을 마음대로 먹게 했을 때, 물과 먹이를 먹은 집단에 비해 사카린 용액과 먹이를 먹은 집단에서 유의미한 체중 증가가 있었다고 한다.

2
타고난 쓴맛 감지 능력

원시생활환경에서 독이 있는 식물을 감지하지 못하면 생존할 수가 없었다. 따라서 쓴맛 감지 능력은 생존에 필수적이었고, 우리는 태생적으로 쓴맛을 싫어한다. 신생아는 진한 쓴맛은 거부하지만, 묽은 쓴맛은 잘 느끼지 못하다가 생후 14~180일 사이에 쓴맛을 더 잘 감지할 수 있게 된다. 젖을 먹는 아기들이 기어 다니기 시작하면서부터는 쓴맛이 나는 독성분을 먹을 수도 있기 때문에 이 시기에 쓴맛 감지 능력이 더욱 예민해질 필요가 있는 것이다.

이렇게 쓴맛을 싫어하고 쓴맛에 예민해지는 현상은 유아들뿐만 아니라 임신부에서도 볼 수 있다. 임신부는 흔히 임신 전에 비해 음식기호가 달라진다. 싫어하는 음식이 많아지고 쓴맛 나는 음식으로 인해 구역질을 하기 쉽다. 평상시 우리가 먹는 음식 중에는 미미하지만 인체에 해로운 독성분이 있을 수 있다. 임신부가 입덧을 하는 것은 이렇게 낮은 농도의 쓴맛도 감지하여 구역질을 일으킴으로써 태아 성장에 해로울 수 있는 성분이 체내로 들어오지 못하도록 하는 일종의 방어 작용이라고 볼 수 있다. 이렇게 입덧을 하는 임신부는 그런 증세가 없는 임신부에 비해 유산이 적고 더 크고 건강한 아이를 낳는다고 한다.

모든 종류의 푸른 잎채소는 정도의 차이는 있지만 약간의 쓴맛이 있다. 대부분의 어린아이들이 잎채소를 비롯한 향미가 강한 채소를 잘 먹으려 하지 않는다는 사실은 매우 흥미로운데, 특히 18~24개월의 유아들이 이렇게 음식을 가려 먹는 것이 심하다. 잎채소의 쓴맛이나 마늘과 양파의 강한 향기는 해당 식물들이 동물이나 미생물로부터 자신을 보호하기 위해 만든 성분들이다. 어린 아이들도 독성 식물로부터 자신을 보호할 수 있도록 채소의 독특한 맛과 향기를 예민하게 거부하도록 진화해 왔는지도 모른다.

이런 관점에서 보면 아이들이 채소를 가려 먹는 것은 자연스러운 행동이다. 그러므로 아이들이 채소를 잘 먹게 하려면 먹기를 강요하기보다 어른들이 먼저 즐겁게 먹는 행동을 보여 주어야 한다. 또 아이 몫의 채소를 최소한 5~10번 이상 따로 주어 아이가 채소를 먹을 수 있도록 느긋하게 기다려 주어야 한다. 하지만 아이들에게 채소 맛을 보게 하는 시기는 이르면 이를수록 좋다. 두 살이 되기 전부터 채소를 먹이면 그 이후에 먹기 시작하는 것보다 효과가 좋아서 채소를 좋아하게 되고 섭취량도 증가한다.

혀에 있는 버섯모양유두fungiform papillae의 밀도가 높은 사람이 맛을 민감하게 감지할 수 있다고 하는데, 이런 사람들은 케일이나 새싹채소, 양배추, 오이 같은 채소를 싫어하고, 음식을 달고 짜게 먹는 경향이 있다고 한다. 그 이유는 다른 사람이 느끼지 못하는 쓴맛도 감지할 수 있다 보니 음식에서 느껴지는 쓴맛을 가리기 위해 설탕이나 소금을 더 넣어 먹어 버릇한 결과이다. 이런 사람 중에는 자몽 같은 과일도 쓴맛 때문에 소금을 뿌려 먹거나 꿀을 얹어 먹기도 한다.

핀란드 성인을 대상으로 쓴맛을 예민하게 느낄 수 있는 사람들의 비율을 조사했더니, 쓴맛을 예민하게 느낄 수 있는 사람이 11.3%였고, 쓴맛에 둔한 사람이 39.5%였다. 입맛이 예민한 사람들은 입맛이 둔한 사람에 비해 채소 섭취량이 적었고, 반대로 단맛이 나는 음식의 섭취는 많았다고 한다. 이렇게 입맛이 예민한 사람에게 무조건 채소 섭취를 권장한다고 해서 잘 먹을 수 있는 것은 아니다. 채소의 종류를 바꾸거나 조리법을 달리해 잘 먹을 수 있는 방법을 찾아야 한다. 또 어떤 사람은 어릴 때는 쓴맛을 예민하게 느끼다가도 나이가 들면서 점차 민감성이 사라진다고 하는데, 아직 그 이유는 확실히 밝혀지지 않았다.

3

우리가 좋아하는 그 맛, 어떻게 좋아하게 됐을까

우리가 좋아하는 맛은 우리들의 부모님이나 친구들이 좋아하는 맛을 따라 배운 것이다. 그래서 어떤 사람이 선택하는 음식을 보면, 그 사람의 식생활 환경이나 문화, 현재 먹고 있는 음식들을 대략 추측해 볼 수 있다. 주변 사람들로부터 배우는 일은 일생 동안 계속되지만 어린 시절이 가장 중요하다. 모유를 먹는 아이들이 조제분유를 먹는 아이들보다 새로운 식품을 받아들이기가 더 수월하다고 한다. 여러 가지 식품을 먹는 어머니의 모유를 통해 다양한 음식의 풍미를 익힐 수 있기 때문이다. 또 음식기호는 나이가 들어가면서 자연스럽게 변한다. 어린 시절에는 누구나 단맛을 좋아하지만, 성인이 되면 거의 모든 사람이 아이 때만큼 좋아하지는 않는다. 반대로 채소 섭취는 어린 시절보다 어른이 됐을 때 더 잘 먹게 된다. 채소의 쓴맛을 감지할 수 있는 미각세포가 어릴수록 더 예민하기 때문에 성장을 해야 하는 어린이들은 쓴맛보다 단맛을 좋아할 수밖에 없다. 물론 나이가 들수록 채소를 잘 먹는 이유는 교육의 효과나 채소가 먹을 만한 것이라는 자신의 경험이 더해지고 채소를 먹으려는 의식적인 노력도 더해 졌기 때문일 것이다. 이와 같이 나이에 따라 미각기호가 변화하는 데는 생리적이고 문화적인 여러 요인들이 함께 작용한다.

감칠맛

감칠맛은 아미노산인 글루타민산glutamic acid, 아스파라긴산aspartic acid, 핵산ribonucleic acid 등에 의한 짭짤한 맛인데, 화학조미료의 맛이기도 하다. 감칠맛은 음식과 함께 섭취하면 누구나 좋아하는 맛이지만, 화학조미료처럼 순수 결정체의 형태로 맛보면 결코 좋아할 수 있는 맛은 아니다. 대나무를 주로 먹고사는 자이언트 판다giant pandas는 T1R1유전자가 없어서 감칠맛을 느끼지 못하는데, 감칠맛을 느끼지 못하면 육류섭취를 할 수 없게 된다. 따라서 감칠맛을 감지하는 능력은 단백질 식품을 포함한 영양적인 음식을 섭취하는 데 필요하며, 오피오이드opioids계의 활성에 따라 섭취할 때에 즐거움을 느낄 수 있다.

그런데 갓 잡은 신선한 고기는 감칠맛이 나지 않는데, 그 이유는 우리가 단백질 상태로는 맛을 인지할 수 없고, 아미노산으로 분리되어야 맛을 감지할 수 있기 때문이다. 아미노산은 고기를 구워서 익혔거나 숙성시켰을 때, 아니면 발효식품으로 만들었을 때 비로소 단백질이 분해되면서 생성된다. 그리고 그 아미노산의 일부분인 글루타민산 등이 감칠맛을 내는 것이다. 생선회나 육회 등 신선한 고기를 좋아하는 것은 맛에 의한 화학적 자극도 있겠지만, 맛을 학습해 생선이나 쇠고기가 맛있는 음식이라는 것을 알기 때문에 가능하다. 생선회를 처음 먹게 되는 사람들의 반응을 살펴보면 그리 맛을 못 느낀다는 것을 알 수 있다. 따라서 이런 감칠맛을 감지하고 본격적으로 즐길 수 있게 된 것은 인간이 요리를 하고 소금 등을 사용할 줄 알게 되면서부터라고 볼 수 있다.

기름맛

쥐를 대상으로 실험한 결과, 쥐는 기름이라고 해서 모두 좋아하지는 않았다. 쥐는 리놀레익산linoleic acid 같은 식물성 기름에 들어 있는 길이가 긴 지방산long chain fatty acid을 좋아했고, 중간 길이의 지방산이나 메틸 에스테르methyl esters는 좋아하지 않았다. 또 저장 형태의 중성지방보다 대사적으로 활성화된 형태인 지방산을 좋아했다. 사람의 경우에도 탄수화물이 입안으로 들어와도 무미일 뿐, 탄수화물이 분해된 당이라야 단맛을 느낄 수 있다. 마찬가지로 단백질의 맛은 느낄 수 없고 몇몇 아미노산의 감칠맛을 느낄 수 있을 뿐이다. 따라서 중성지방의 맛은 느낄 수 없고 몇몇 길이가 긴 지방산의 맛을 느낄 수 있는 현상은 이상할 것이 없다. 기름 맛은 주로 혀의 뒤쪽에 있는 엽상유두foliate papillae와 유곽유두circumvallate papillae에서 감지된다. 미각세포에서 감지된 기름 맛은 설인신경제9뇌신경등을 통해서 뇌로 전달된다. 일반적인 다른 맛과는 달리, 뇌에서 직접적으로 보상계reward system를 자극해 베타 엔돌핀β-endorphin이나 도파민dopamine이 분비되기 때문에 지방맛이 유난히 맛있게 느껴지는 것이라고 한다. 인간은 요리 과정 중에 음식을 썰어서 조각을 내거나 가열함으로써 지방이 잘 분리되어 나오도록 만들고, 이렇게 했을 때 입안에서 침과 잘 섞일 수 있어서 미각세포의 표면에까지 도달할 수 있다. 따라서 음식이 식어서 지방이 음식 위에 들러붙어 있을 때는 식욕이 나지 않는다. 지방은 이렇게 미뢰에서 화학성분으로 감지되기도 하지만, 미끈하고 부드러운 감촉이 맛을 북돋아 주는 면도 있어 이런 질감 때문에 지방 식품을 좋아한다.

신맛

신맛을 감지할 수 있으면 독이 있는 과일이나 상하거나 덜 익은 과일을 피하는 데 유용하다. 따라서 쓴맛과 마찬가지로 신맛은 혐오하는 맛이며, 몸에 해로운 성분을 섭취하지 못하도록 해 준다. 대부분의 다른 동물들과는 달리 유인원과 인간은 비타민 C를 몸에서 합성할 수 없기 때문에 반드시 음식으로 이 영양소를 섭취해야 한다. 사람들은 신맛과 단맛이 나는 잘 익은 과일을 좋아하는데 비타민 C와 열량이 풍부한 좋은 음식이기 때문이다. 즉 신맛은 단독으로는 좋아할 수 없는 맛이지만, 단맛과 함께 섭취할 때는 좋아하는 맛이 된다.

오늘날에는 신맛이 주로 음식과 음료수의 풍미를 더하기 위해 사용되고 있다. 또 식초는 피클이나 초절임처럼 미생물의 번식을 막아서 음식을 오래 보존할 수 있게 하고, 여러 유기산들은 잼, 젤리나 젤라틴 디저트가 겔gel형태로 엉기게 하는 데 필요하다. 이외에도 비효소적 갈변을 막고, 금속이온과 결합해 식품의 색을 변화시키고, 항산화 성분의 작용을 상승시키는 작용도 한다. 또 식품의 점성과 용해성을 변화시키고, 빵을 부풀게 하거나 응고제로 사용되기도 한다. 이렇게 사람들이 다양한 신맛 성분들을 적극적으로 활용하면서 혐오에 가까웠던 맛을 오히려 즐기게 됐다는 것을 알 수 있다.

짠맛

미각세포에서 비록 나트륨 이온보다 느릴지라도 양성자H^+도 나트륨 통로를 통해 들어올 수 있다. 따라서 요리 중에 레몬주스 같은 산을 넣게 되면 짠맛을 덜 짜게 할 수 있다. 한편 음식에 소금을 뿌리면 짠맛이 쓴맛을 가려서 잘 느끼지 못하게 되므로 음식 맛이 좋아질 수 있다. 또 소금을 넣으면 수분활성도water activity를 감소시켜 식품 내에 있는 휘발성 향미성분의 농도를 증가시키는 효과를 낸다. 이와 같이 소금은 음식의 맛을 증진시키는 데 기여하기 때문에 가공식품이나 외식업체에서 맛을 좋게 하기 위해 음식의 간을 조금 세게 한다. 가정에서도 육류 요리를 할 때 흔히 밑간을 해서 미리 재워 둔다. 이렇게 하면 고기에 있는 아미노산인 글루타민산과 소금의 나트륨이온이 만나서 화학조미료의 성분인 글루타민산염MSG:monosodium glutamate이 생성될 수 있다. 짠맛 외에도 이러한 감칠맛 성분들이 만들어 질 수 있으므로 음식에 밑간을 해 두었다가 요리를 하면 더 맛있게 느껴진다. 그러나 소금 섭취를 줄이고자 할 때는 밑간을 하지 않는 편이 좋다.

사람들은 체액과 같은 정도의 삼투성을 가진 짠맛을 좋아하지만 그보다 더 짜면 싫어한다. 짠맛이 나는 것은 우리가 필요로 하는 각종 무기질이 그 속에 들어 있다는 의미이기도 하다. 나라와 문화가 다양하지만 전 세계인은 소금을 먹고, 한 사람이 하루에 섭취하는 소금 양은 대략 비슷하다고 한다. 이러한 사실에서 볼 때 자연스런 환경에서 사람이 생리적으로 먹어야 할 소금의 양은 정해져 있는 것 같다.

육식동물은 고기를 먹을 때마다 고기에 들어 있는 나트륨을 섭취할 수 있다. 반면에 초식동물은 쉽게 나트륨이 고갈될 수 있기 때문에 짠맛을 선호한다. 잡식동물인 사람은 육식동물과 초식동물의 중간 정도로 짠맛을 좋아한다. 게다가 사람은 땀으로 소금을 배출하기도 하므로 다른 잡식동물보다 좀 더 짠맛을 좋아하는 성향을 가지고 있다. 신생아는 4개월이 될 때까지 짠맛을 잘 감지하지 못하다가 그 이후부터 짠맛을 느낄 수 있다고 한다. 어린아이들은 약 4세가 되어야 소금의 짠맛을 완전히 감지할 수 있는데, 짠맛은 다른 맛에 비해 감지 능력이 늦게 발달한다. 이후 학령 전 아동이나 10

대들은 성인보다 조금 더 짠맛을 좋아하는 성향을 보인다. 짠맛에 대한 식욕은 체내의 나트륨 균형에 따라 변한다. 나이가 들어가면 후각과 마찬가지로 미각세포의 민감도도 떨어지기 때문에 노인들은 젊은 사람보다 짜게 먹기 쉽다. 따라서 고혈압이 있는 노인들은 특히 짜게 먹지 않도록 우의해야 한다.

4
새로운 음식 맛은 어떻게 배울까

관찰하고 반복하기

쓴맛과 신맛, 매운맛은 배우지 않고서는 좋아할 수 없다. 그렇다면 우리는 어떻게 배울 수 있었을까? 우리는 단지 부모님이 먹는 것을 반복해서 봤고, 배는 고픈데 맛없는 채소 반찬밖에 없어서 먹었을 뿐이었다. 또 선생님이나 부모님으로부터 그런 채소들이 영양이 많고 건강에 좋은 음식이란 이야기도 들었다. 이런 과정들을 겪으면서 우리는 채소가 안전하고 먹을 만하다는 것을 기억하게 된다. 음식 맛을 배우려면 먼저 먹어 봐야 한다. 처음 커피를 마셔 본 사람은 커피가 이미 익숙한 사람이 느끼는 쓴맛보다 10배 이상은 쓰게 느낀다고 한다. 그러나 자주 먹게 되면 뇌는 더 이상 쓴맛을 문제 삼지 않고 대범하게 넘어간다. 그래서 우리가 아는 보통의 그 커피 맛이 된다.

이와 같이 어떤 맛을 좋아하기까지는 그 맛을 접해 본 횟수와 기간에 따라 좋아하는 정도가 달라진다. 이렇게 학습된 기호learned preference에는 개인차가 크다. 사람을 사귀려면 자주 만나 봐야 하는 것처럼 채소를 잘 먹으려면 채소의 매력을 느낄 수 있는 기회를 많이 접하는 것이 중요하다. 채소를 길러 보기도 하고, 시장이나 마트에서 직접 신선한 것을 골라서 사 보기도 하고, 직접 씻어도 보고, 요리도 하면서 배워 나가는 것이 필요하다. 아버지들과 비교해 보면, 가정에서 요리를 담당하는 어머니들은 대개 가리는 것 없이 모든 음식을 잘 먹는다. 왜 그럴까? 물론 남녀 간에 음식기호의 차이가 있을 수 있지만, 여성들은 음식 재료와 접촉할 기회가 훨씬 많기 때문이다.

그렇다면 왜 여러 번 접해 보면 잘 먹게 될까? 아직 완전히 규명되지는 않았지만, 반복해서 먹으면 미각세포의 민감도에 변화가 오고, 그 변화된 정보가 뇌간의 고립핵과 팔결핵parabrachial nucleus ◆272쪽의 미각신경으로 전달된다. 그러면 변경된 반응이 전뇌ventral forebrain에 전달되어 수용하거나 좋아하는 맛으로 인식한다고 한다.

그런데 우리는 좋아한다는 말을 음식 말고도 음악, 예술, 패션 같은 장르에서도 사용한다. 서로 연관이 없어 보이는 이런 작품들을 좋아하게 되는 과정도 맛을 좋아하게 되는 과정과 매우 유사하다. 잘 모르는 예술 작품을 처음부터 좋아할 수는 없고, 자주 접하고 익숙해져야 좋아하게 된다. 새로운 음식을 먹으려면 처음에는 아무래도 주저하게 된다. 그래서 처음에는 조금만 떼어서 먹어 보고 하루 정도 시간을 가지고, 소화관에서도 잘 받아들이는지 살핀다. 그렇게 조금씩 양을 늘여 가다 보면 그 맛을 수용하는 태도가 점차 바뀐다. 즉, 어떤 것을 좋아하게 되면 더 이상 조건을 따지지 않고 사랑하는 것과 같은 것이다. 그때부터는 마음 놓고 먹게 된다.

한 연구에 따르면 아이들은 새로운 음식에 최소 아홉 번 이상 노출되어야 그 음식을 좋아하게 된다고 한다. 이와 같이 충분한 시간을 두고 여러 번 음식을 접하다 보면 주저하거나 의심하는 마음이 사라지게 되어 잘 먹을 수 있다.

익숙한 맛과 함께 먹기

새로운 음식이라 망설여지면 이미 잘 알고 있는 맛과 함께 먹는 것도 좋은 방법이다. 부대찌개 같은 낯선 음식도 우리나라 사람에게 익숙하지 않은 치즈나 소시지를 김치찌개에 넣어서 같이 먹었기 때문에 대중적인 음식이 될 수 있었다. 부대찌개를 '동서양 발효식품의 만남'이라고 농담을 하는 사람도 있지만 은근히 어울린다. 우리나라의 양념통닭은 서양식의 닭튀김에 한국 음식의 풍미를 입혀서 창조된 음식이다. 일본인들도 익숙하지 않은 빵을 먹되, 단맛이 강한 팥앙금으로 그전의 빵과는 다른 일본식 단팥빵을 만들었다. 이와 같이 새로운 맛에 이미 익숙한 맛이나 단맛을 더해서 먹으면 받아들이기에 훨씬 수월하다.

5

싫어하는 맛은 어떻게 형성됐을까

혐오미각

새로운 음식이나 몸에 좋은 음식을 잘 먹으려고 노력해도 여전히 먹기 싫은 음식도 있기 마련이다. 아마도 대개 좋지 못한 경험을 한 적이 있는 음식들일 것이다. 좋지 못한 경험이 아무리 사소한 것이라고 하더라도, 또 무엇 때문이었는지 기억조차 나지 않는다고 하더라도 일단 한 번 형성된 '조건화된 혐오미각conditioned taste aversion'은 일생 동안 지속되기도 한다. 또 미각뿐만 아니라 후각에도 조건화된 혐오가 생길 수 있다.

점심 때 우연히 햄버거를 먹은 뒤 구토나 위통과 같은 소화 장애를 겪었다면, 반드시 그 햄버거 때문에 아팠다고 할 수는 없지만 그 뒤부터는 햄버거를 피하게 된다. 햄버거의 맛은 예전과 다름없이 그대로 느끼지만, 더 이상 맛있다고 생각하지 않게 된 현상이 조건화된 맛 혐오이며, 이는 단 한 번의 경험으로도 생길 수 있다. 즉 인과관계가 분명하지 않고 논리적으로 모순이 있더라도 자신이 그렇게 느끼면 조건화가 되는 것이다.

따라서 어린 아이들에게 생선을 줄 때는 생선가시를 잘 발라서 주어야 한다. 가시에 걸려서 고생을 하고 나면 다시는 생선을 먹지 않으려 할 수도 있다. 혐오미각은 일반화stmulus generalization 과정을 거치면서 그때 먹었던 생선뿐 아니라 이와 유사한 다른 종류의 생선도 먹지 않으려 할 수도 있다. 또 죽을 싫어하는 사람 중에는 매우 아플 때 죽을 먹으면서 환자로서 겪었던 통증이나 구역질, 무력감 등의 좋지 않았던 경험 때문에 죽에 대한 혐오미각이 형성됐을 수도 있다. 화학요법chemotherapy을 받는 환자들은 구토를 경험하기 때문에 혐오미각이 형성되기 쉽다.

혐오미각이 생기는 이유와 역할

혀와 입안에서의 미각은 제7뇌신경과 제9뇌신경, 그리고 10뇌신경을 경유하여 고립로핵에 도착한다. 이 정보는 이어서 뇌교pon의 팔곁핵parabrachial nucleus으로 전달된다. 팔곁핵의 신경은 시상의 VPM핵ventral posteromedial nucleus으로 올라가고, 다시 편도체amygdala와 시상하부의 측면을 거쳐 최종적으로 섬피질insular cortex에 도착한다. 그런데 이러한 미각 정보의 전달 경로를 따라 미각뿐 아니라 우리 신체의 내장 상황도 전달한다. 그래서 동물실험에서 혐오미각과 함께 구역질을 일으키는 염화리튬LiCl 같은 약물을 이용하여 내장에 불쾌한 자극을 주면 고립로핵, 팔곁핵, 시상, 편도체, 섬피질 부위가 영향을 받게 된다. 특히 이 중에서 섬피질과 편도체는 맛을 기억하고 학습하는 데 관여한다. 따라서 혐오미각과 내장의 불쾌한 정도에 따라 다양한 반응이 있을 수 있지만, 그 맛을 기억하고 피하는 혐오미각이 형성될 수 있다.

많은 사람들이 체중 감량을 위해 일반 콜라보다 다이어트 콜라를 마시지만, 그런 사람들도 다이어트 콜라의 맛을 더 좋아하는 것은 아니다. 인공감미료나 화학조미료의 맛은 체중 감량과 관련해 즐겁지 못한 감각, 예를 들면 먹으면 속이 쓰리거나 기운이 없다거나 다양한 허기진 감각을 겪게 해서 결국 이런 음식의 맛을 좋아하지 않도록 학습된다. 또, 단 음료수를 많이 먹고 치아가 상해서 통증 때문에 고생을 했다면 단맛 나는 음료수에 대해 혐오미각이 형성될 수도 있다. 이렇게 너무 달아서 유쾌하지 않은 경험을 했거나 단맛임에도 아무런 이익이 없을 때는 단맛에 대한 기호도 역전될 수도 있다. 이러한 기호 역전 현상을 이용해 비만을 일으킬 수 있는 위험 음식, 예를 들면 음료수나 아이스크림 같은 음식을 보다 단맛이 없는 저열량 간식으로 바꿀 수도 있다. 이렇듯 조건 반사는 우리들의 식습관이나 혐오미각을 형성하는 데 중요한 역할을 한다. 또 어떤 측면에서 보면 이렇게 조건화될 수 있기 때문에 해로운 음식을 피할 수 있게 되어 인류가 건강과 생존을 지킬 수 있다.

• 조건화된 혐오미각이 일어나는 뇌 부위

조건화된 혐오미각이 생기는 것은 좋지 않았던 그 맛을 오랫동안 기억하기 때문이다. 맛을 인식하는 데는 영향을 주지 않고, 좋지 않았던 기억 때문에 그 맛에 대한 '맛있음' 정도가 달라진 것이다. 그러한 기억이 일어나는 뇌의 부위는 변연전피질prelimbic cortex, 편도체의 기저측부basolateral amygdala, 무과립 섬피질agranular insular cortex 들이다. 어떤 음식을 먹고 한참 후에 배가 아프고 구토를 했다면, 먹은 행동과 구토를 한 행동은 동시에 일어난 것이 아니다. 변연전피질은 이와 같이 다른 시간대에 일어난 행동들을 연관 지어 생각할 수 있게 한다. 이러한 변연전피질이 활성화될 때, 이 부위와 편도체 및 섬피질과의 연결이 강화된다고 한다. 편도체는 미각이나 내장으로부터 다양한 감각정보를 받아들이고, 조건화된 혐오미각의 학습과 기억에 관여한다. 또 섬피질은 혐오미각의 획득과 유지, 소멸에 있어 중요한 역할을 한다. 변연전피질은 내측 전전두피질 medial prefrontal cortex에 속하는데, 내측 전전두피질은 이외에도 학습과 학습에 따른 행동 및 의사결정에도 관여한다. 또 조건화된 혐오미각을 소멸시킬 수 있는, 미각 학습과 관련된 모든 데이터를 가지고 있다.

'오이를 싫어하는 모임'

최근 페이스북에 '오이를 싫어하는 모임'이 만들어졌는데 가입자가 무려 9만 명이나 됐다. 이를 두고 사회학을 전공한 모 교수님은 "우리 사회가 다름을 인정하지 않고 차별하기 때문에 이를 지적하는 문화현상"이라고 했다고 전한다. 다른 사람보다 입맛이 예민한 사람은 모든 맛을 예민하게 잘 느낀다기보다 대체로 쓴맛을 민감하게 느끼는 경우가 많다. 이렇게 입맛이 민감한 사람들은 오이에 들어 있는 쓴맛 성분을 남보다 예민하게 느낄 수 있다. 또 다른 사람들은 좋아하는 오이의 독특한 향을 특히 싫어할 수도 있다. 어린아이 때 오이를 먹다가 어쩌다 구역질이라도 한 번 한 경험이 있으면 아마도 평생 먹기를 거부할 수도 있다.

인터넷에 모여 오이가 먹기 싫었던 경험들을 공유하면서 즐거워할 수도 있겠지만, 오이를 잘 먹을 수 있는 방법을 찾아보는 것이 본인들에게 여러모로 도움이 되지 않을까 생각해 본다. 오이는 비교적 값이 싸고 열량이 적으며 상쾌한 향이 있는 건강에 좋은 채소이다. 만약 본인이 먹지 않는다면 먹지 못하는 음식 수가 많아져 음식을 사 먹는 데 불편할 것이고, 사람들과 맛을 공유할 수 있는 음식이 그만큼 줄어든다.

이런 쓴맛이 나는 식물은 진화과정에서 두 가지 전략 중 하나를 택했을 것이다. 그중 하나는 동물들에게 먹히지 않기 위해 점점 더 쓴맛이 강해지는 것이다. 독초나 약초류가 여기에 해당한다. 다른 하나는 독성을 줄이고 쓴맛이 약해짐으로써 더 많은 동물들에게 먹히도록 해 종자를 널리 퍼뜨리는 방식을 선택하는 것이다. 여기에 사람이 인위적인 품종개량을 해서 이런 현상을 촉진시킬 수도 있다. 아마도 대부분의 식용채소가 이런 경로로 만들어졌을 것이다.

그러나 현대에 이르러서는 쓴맛이 나는 식품이 건강에 유익한 성분을 많이 함유하고 있다는 사실을 알게 됐고, 맛은 쓰지만 매력적인 향을 가지고 있는 경우도 있어서 반복 경험을 통해 적극적으로 수용할 수도 있다. 커피, 초콜릿, 와인, 맥주, 여주, 봄나물, 인삼, 도라지, 더덕 같은 음식들은 쓴맛이 나지만 그 쓴맛을 즐기도록 후천적으로 학습이 됐다고 볼 수 있다.

이상한 맛의 학습

과일에서 약간의 신맛이 나는 것은 맛있는 것으로 받아들일 수 있지만, 커피에서 신맛이 강하게 나는 것은 썩 유쾌하지는 않다. 물론 약간 신맛이 나는 품종이 있고 그걸 즐기는 사람도 있다. 또 맥주에서 쓴맛이 나는 것은 바람직하지만 우유에서 쓴맛이 도는 것은 혐오스럽다.

이처럼 특정 식품과 잘 어울리는 맛이 있고, 그러한 풍미를 좋아하게 된 것은 여러 번 경험하면서 학습됐기 때문이다. 그래서 논리적으로도 타당하다고 느껴져야 우리는 맛있게 느낄 수 있다. 하지만 세상은 넓고 여러 음식들이 있다 보니, 특정 지역이나 문화권에서는 수용되지만 외국인들에게는 도저히 먹을 수 없는 음식들도 있다. 그중 잘 알려진 것으로는 중국의 취두부, 스웨덴의 수르스트뢰밍Surstromming, 캐나다의 에스키모인들이 먹는다는 키비악Kiviak, 우리나라의 김치, 청국장과 홍어, 유럽의 각종 강미 치즈들 등이 그러한 음식들이다. 그러나 이런 음식은 처음 맛보는 사람에게는 혐오스런 맛이지만, 익숙해지면 받아들이게 되고 오히려 좋아하기까지 한다. 이런 음식을 좋아하는 것도 학습된 미각기호로 볼 수 있다. 예를 들어 갓 지은 윤기 흐르는 쌀밥의 맛이나, 엿이나 떡을 먹을 때 치아에 달라붙는 쫀득거리는 질감의 맛은 한국인으로 태어났기 때문에 즐길 수 있게 된 풍미들이다.

6
입맛은 어릴 때부터 배운다

어렸을 때 먹어 본 맛은 일생 동안 기억된다. 생후 1개월에 단물을 먹어 본 영아는 생후 6개월, 그리고 생후 2~10년 동안 단물의 경험이 없는 아동에 비해 단맛에 대한 기호도가 높았다고 한다. 아동들이 매우 달게 먹는 식사에 길들여지면 과일의 단맛 정도는 충분히 달지 않다고 느끼게 된다.

아이들은 맛을 두 가지 경로로 배운다. 첫 번째는 특별한 기억이나 사건과 연관 지어 기억하는데, 행복하고 좋은 기억과 연관된 음식을 좋아한다. 요즘에는 그런 글도 보기가 어렵지만, 유명 원로가 예전에 자기 어머니가 만든 시래깃국이나 된장찌개 같은 그다지 특별할 것도 없는 음식을 세상에 다시없는 음식처럼 묘사하면서 어머니를 회고하는 글을 본 적이 있다. 실제로 그 어머니의 음식 솜씨가 아주 특별했는지는 알 수 없지만, 그 아들은 그렇게 여길 수가 있다. 가난하고 배고프던 시절에 어머니가 따뜻하게 차려 준 음식은 일생 가장 맛있는 음식으로 기억될 수 있기 때문이다. 두 번째 방법은 사회적 학습으로 배우는 것이다. 아이들은 가정과 학교에서 다른 사람의 먹는 행동을 보고 따라 하면서 배운다. 학교 급식은 단지 배고픈 아이들에게 점심만 제공하는 것이 아니다. 오늘날 우리나라 가정의 어머니들은 바쁘다. 그러다 보니 아이들은 집에서 건강한 음식 맛을 배울 기회가 충분하지 않거나, 간혹 모든 음식을 허용하는 부모 밑에서 입맛이 잘못 길들여지기도 한다. 그럴 경우 학교 급식은 선생님의 지도로 친구들과 함께 먹으면서 건강한 입맛을 다시 배울 수 있는 좋은 기회를 제공한다.

아이들은 처음 보는 음식을 먹기 싫어한다. 여러 종류의 음식을 먹어야 생존할 수 있는 잡식성인 인간이 처음 본 독성 식물을 잘못 먹게 되면 살 수가 없다. 그래서 낯선 음식을 보면 두려운 반응이 일어나고 선뜻 먹으려 하지 않는 속성을 가졌을 것이다. 아동들이 어떤 음식을 거부할 때는 먹어 보고 거부하는 경우는 드물다. 대개는 먹어 보지도 않고 거절부터 한다. 이것은 음식의 외관이나 냄새가 거부 반응과 관련되어 이미 학습됐기 때문이다. 비슷한 음식을 먹고 좋지 않은 경험을 해 봤던 것이 가장 크다. 그리고 나이와도 상관이 있어서 학령 전인 2~6세 사이에 새로운 음식에 대한 거부 반응이 가장 심하다고 한다. 이 이후에는 인지력이 발달하고 기타 좋은 경험을 할 수 있는 기회도 증가해 차츰 거부 반응이 줄어든다.

아이들은 혼자 먹게 하지 말고 집이나 유치원, 학교 등에서 다른 사람들과 어울려 함께 먹으면서 사회적인 영향을 받게 하는 것이 좋다. 아동이 주변 사람들과 강한 심적 연대감이 있으면 다른 사람들이 먹는 것을 좋아하기 쉽고 자신의 입맛을 극복하려고 노력한다. 따라서 어떤 음식을 잘 먹게 하려면 꾸준히 몇 번이고 음식을 제공하고 어른들이 잘 먹는 모습을 보여 주어야 한다. 아이는 좋아하는 사람을 따라 하기가 쉽기 때문에 부모나 친한 친구의 입맛을 따라가기가 쉽고, 만화나 영화 속의 캐릭터나 유명 운동선수처럼 인기인도 좋은 롤 모델role model이 될 수 있다.

입맛은 아이들이 이유식을 먹기 훨씬 전부터 어머니의 영향을 받는다. 어머니의 입맛에 따라 양수의 맛이나 모유의 맛이 달라지기 때문이다. 모유를 먹이는 젊은 엄마들 중에는 아기를 생각해서 매운 음식을 먹지 않는다고 하는데, 그럴 필요까지는 없다고 생각한다. 너무 맵게만 먹지 않는다면 모유를 먹으면서 자연스럽게 우리나라 음식의 풍미flavor에 익숙해질 수 있기 때문이다. 김치 같은 음식은 우리가 매일 먹고 있고 또 건강식으로 인정받고 있다. 그런데 한국인으로 태어나서 김치를 먹을 줄 모르면 개인적으로 볼 때 상당히 불편한 일이 될 수 있다. 가족들과 식사를 할 때나 외식을 할 때 함께 먹을 수 있는 음식이 그만큼 줄어든다. 또 사람들이 김치를 좋아하고 즐겨 먹을 수 있어야 관광, 산업, 문화적인 면에서 김치를 더 활용하고 발전시킬 수 있기 때문이다.

요즘은 너무 일찍부터 이유식을 주는 것을 권하지 않는다. WHO세계보건기구에서도 6개월 이전에 고형식을 주지 않도록 권고하고 있다. 이유식이 시작되고부터 두 살이 되기 전에 경험한 맛의 세계는 그 이후의 다른 기간보다 훨씬 강력하게 아기의 장래 입맛을 좌우한다. 새로운 음식을 아기에게 소개할 때, 평균적으로 10번 이상은 그 맛을 봐야 익숙해진다고 한다. 6, 7개월이 된 아기는 한 번 먹어 본 음식이면 그다음에는 곧잘 먹을 수 있지만 나이가 올라가면 더 많이 먹어 봐야 더 잘 먹을 수 있다. 다양한 음식의 맛을 소개하되 너무 조급해하지 말고 천천히 반복해 맛을 경험하게 하는 것이 중요하다. 새로운 음식을 소개할 때 이미 익숙하게 잘 먹는 음식을 활용하면 새로운 맛을 받아들이기 쉽다. 만약 채소를 너무 먹기 싫어하는 아동이라면 간장으로만 요리하지 말고, 참기름, 치즈, 케첩, 마요네즈, 설탕 등을 활용해 우선 채소 맛을 보게 한 다음, 점차 채소 자체의 맛에 익숙해지도록 단계적인 접근 방법을 시도하는 게 좋다.

7

미각은 어떻게 길들일 수 있을까

곁들여 먹기

어린이뿐 아니라 어른이 되어서도 자신의 잘못된 입맛을 고치고는 싶은데 잘 되지 않는 경우가 많다. 건강에 좋은 채소를 먹고 싶은데 손이 잘 가지 않는다고 생각하는 사람들이 있다. 보통 우리가 좋아하는 음식은 우선 외관상 먹음직스러워 보이고, 그 맛은 선천적으로 인류가 좋아하는 맛이거나 후천적으로 학습되어 좋아하는 맛을 가지고 있는 음식이다. 그래서 눈, 코, 입의 감각기관에서 시키는 대로 먹고 나면 소화 흡수 후에 우리가 느끼는 보상도 훌륭하다. 즉 기분이 좋아지고 배가 든든하며 힘이 생기는 것 같다. 그러나 건강에 좋은 채소로 만든 음식은 대개 비타민이나 무기질은 많지만 열량은 그렇게 많지 않은 경우가 대부분이다. 그러한 음식은 감각기관에서도 크게 매력을 끌지 못하고, 먹고 나서도 그 보상이 크지 않다. 그래서 우리가 그렇게 먹어 보려고 애를 써도 잘 되지 않는 것이다.

채소를 잘 먹으려면 우선 공복 상태에서 식사를 해야 한다. 배가 고플 때 먹어야 맛이 있게 느껴지기 때문이다. 또 식후 보상이 큰 조리법이나 식사법을 활용해 볼 수 있다. 포만감이 큰 고기 요리에 채소를 많이 사용하거나, 자신이 좋아하는 음식과 함께 먹어 봄으로써 조건화할 수 있다. 잘 먹고 나면 우선 기분이 좋아지고 든든한 느낌과 함께 비타민의 중요성을 인지적으로도 알고 있기 때문에 긍정적 강화positive reinforeement ◆266쪽가 일어나서 점차 잘 먹을 수 있게 된다. 삼겹살을 줄이기 어렵다면 고기를 먹으면서 함께 먹는 파 무침이나 상추 겉절이를 많이 먹는 방식으로 채소를 곁들여 먹는 습관을 들이도록 한다.

다양한 채소 선별과 조리법 시도

새로운 음식은 평소 잘 먹는 음식과 함께 조리하면 받아들이기가 수월하다. 서양 채소인 브로콜리를 데쳐서 초고추장에 찍어 먹거나 브로콜리 두부무침, 브로콜리 계란말이, 브로콜리 느타리 볶음 등이 그러한 예이다. 이런 방식으로 새로운 식재료의 섭취량을 늘여 가면 점차 브로콜리 자체의 맛도 좋아할 수 있게 된다. 또 과일이나 채소를 더 잘 먹고 싶은데 실제로는 과자나 케이크를 간식으로 먹고 있다면 과일과 채소에 꿀이나 설탕, 소금을 넣어서 먹어 보기 시작한다. 그런 다음, 과일과 채소를 잘 먹게 됐을 때 첨가하는 설탕이나 소금의 양을 조금씩 줄여 나간다.

잎채소 하면 깻잎과 상추밖에 모르는 사람도 있을 것이다. 진정으로 채소를 잘 먹고 싶으면 새로운 채소를 볼 때마다 조금씩 맛을 볼 필요가 있다. 우리나라에서도 다양한 잎채소를 구입할 수 있다. 쌈이나 샐러드로 먹을 수 있는 잎채소로는 청경채, 레드치커리red chicory, 코스타마리costamary, 케일kale, 비트beet, 로메인Romaine lettuce, 버트헤드butter head lettuce, 쌈추 등 다양한 종류가 있다. 어떤 종류가 쓴맛이 덜한지, 또 부드럽고 연한지, 질기지만 씹히는 맛이 좋은지 등을 확인해 가면서 먹기 좋은 것을 찾아본다. 이렇게 채소의 이름을 알고 맛보는 것 자체가 채소와 접해 보는 경험이 되어서 점차 거부감이 없어질 수 있다. 뭐 그렇게까지 해서 채소를 먹어야 하느냐고 생각하면 결국 먹을 수 없을지도 모른다. 그러나 모든 일에는 대가가 따르기 마련이라서 때마다 채소 없이 고기반찬만 먹는다면 언젠가는 비만이나 고혈압, 당뇨병 등을 걱정해야 할지도 모른다.

자신의 반응 관찰

앞에서 '오이를 싫어하는 모임'에 대해서 언급했지만, 그들이 인터넷상에 모여 그동안 겪은 불만을 토로하면서 카타르시스catharsis를 느끼는 것은 그동안 받았던 강제력에 대한 반발이 있음을 의미한다. 아이든 어른이든 이렇게 강제하면 잘 먹게 되지 않는다. 따라서 남이 뭐라고 하기 전에 자기 자신이 보상을 주면서 자신의 반응을 살펴보는 것도 재미있고 유익한 방법이다. 즉 오이를 조금이라도 먹게 됐다면 영화를 본다든지, 경치 좋은 곳에 산책이나 드라이브를 가고 그 좋은 기분을 만끽한다. 하지만 오이를 먹었다고 고기를 구워 먹거나 케이크와 같이 바람직하지 않은 음식으로 보상을 하면 안 된다. 이외에도 각자의 형편에 맞게 보상을 주면서 점차 오이를 먹는 것이 괜찮아지는지 관심을 가지고 자신을 지켜본다. 오이 한 종류는 별일이 아니겠지만, 인간에게는 연상학습associative learning ◆271쪽 작용이 있어서 잘못하면 호박과 박, 피망처럼 초록색이나 원통 모양인 채소는 먹어 보기도 전에 싫어질 수 있기 때문이다.

8

생리적 요구에 따른 미각기호의 변경

공복감과 포만감이 맛에 미치는 영향

음식의 맛이나 냄새가 얼마나 즐거움을 주는가 하는 정도는 우선 그 사람이 얼마나 배가 고픈가에 좌우된다. 공복 시에는 음식에 대한 기호가 증가하고 특히 달고 기름진 음식을 먹고자 한다. 실험 대상자들에게 50ml의 물에 설탕 10g을 녹여 매 3분마다 마시게 했더니 30분 후, 대략 400kcal를 섭취한 이후부터 설탕 맛으로 인한 즐거움이 감소하기 시작했다고 한다. 하지간 설탕물을 삼키지 않도록 하면 단맛으로 인한 즐거움에는 변함이 없었다. 공복 시에는 음식 섭취 후보다 단맛과 짠맛의 역치가 낮아져 더 낮은 농도에서도 맛을 감지할 수 있었다. 하지만 쓴맛 감지는 공복여부에 의해 영향을 받지 않았다고 한다. 이렇게 음식의 쾌락적 가치hedonic value가 공복이나 포만감 등 사람의 생리적 상태에 따라 변하는 현상을 '감각의 전도alliesthesia'◆266쪽라 한다. 음식을 좋아하는 것은 입안의 맛감각이 뇌간에 전해져 그 영향을 받는 단순한 과정이다. 하지만 앞에서와 같은 감각의 전도가 일어나는 이유는 뇌간의 고립로핵이 시상하부로부터도 신호를 받고, 이 경로를 통해 그 사람이 배가 고픈 상태인지 부른 상태인지에 따라 맛감각의 전도가 달라지기 때문이다.

위에 음식이 차서 위가 늘어나 있거나 포도당이나 인슐린을 투여하면 섭취량이 감소하며, 단맛에 대한 민감성도 낮아진다. 또 사람의 위가 음식물로 채워지고 혈당 수준이 상승할수록 미각세포에서의 맛 수용체 활성taste receptor activity은 감소한다. 이러한 효과는 중앙신경계에도 영향을 주어서, 배가 부를 때는 고립로핵nucleus tractus solitarius에서 맛을 느끼는 활성도 선택적으로 억제되었다고 한다.

우리는 흔히 영양상태가 고갈되었기 때문에 음식이 맛있고, 더 먹기를 원한다고 생각한다. 하지만 사람은 배가 고프지 않더라도 즐거움을 얻기 위해 얼마든지 음식을 먹을 수 있다. 음식을 먹을 때, 우리가 느끼는 '맛있음'만이 식욕을 조절하는 유일한 조절 매카니즘이라면, 배가 부르면 '맛있음'은 감소해야 한다. 그러나 실제로는 배가 부른데도 불구하고 음식이 여전히 맛있게 느껴지는 일도 흔하다. 그렇다면 어떤 요인이 우리로 하여금 '즐거움 고픔hedonic hunger'을 야기하여 배가 부른데도 불구하고 음식을 먹게 할까? 식품 내에 우리가 필요로 하는 영양소가 많아야 맛있게 느껴지는 것일까? 아니면 영양과 무관한 어떤 다른 요인 때문일까? 음식의 감각적 요인들이 식욕을 자극하는 과정에 대한 최근의 여러 연구들을 살펴보면, 음식 먹기를 원하는 것은 중뇌 피변연계의 도파민 활성mesocorticolimbic dopamine activity에 의한 것이지만, 맛있는 음식으로 인해 쾌감을 느끼는 부위는 중격의지핵의 가운데 껍질the medial shell of the nucleus accumbens과 배쪽 창백핵◆268쪽의 뒷부분posterior ventral pallidum 등이라고 한다. 특히 단맛에 대한 기호도는 오피오이드의 활성 증가와 관련이 있으며, 번연계의 다른 신경전달물질계 예를 들면 카나비노이드계endocannabinoid system와 가바GABA: gamma aminobutyric acid도 음식의 맛을 좋아하는 데에 영향을 준다.

이와 같이 사람들이 느끼는 감각적 즐거움은 생리적으로 필요해서 음식 먹기를 원하는 과정과 구별된다. 따라서 맛있는 음식을 섭취하면서 느끼는 쾌감 때문에 만복에서 오는 생리적인 신호가 무시될 수 있는 것이다. 이러한 사실에서 배고픔뿐 아니라 '즐거움 고픔'도 식욕을 일으키는 데 중요하며 이 때문에 과식할 수 있음을 알 수 있다. 또 그런 쾌감을 자극할 수 있는 음식의 종류도 감각전도에 영향을 준다. 디저트처럼 맛있는 음식은 만복 상태일 때에도 기호도가 크게 낮아지지 않는다. 따라서 배가 불러도 많이 먹을 수 있다. 지방음식에 대한 식욕을 기호도와 먹기를 원하는 정도로 나누어 측정해 보았을 때, 배가 부를 때 지방음식은 다른 음식보다 먹기를 원하는 정도는 더 크게 감소하였다. 하지만 좋아하는 정도는 비슷하게 감소하였다고 한다. 즉 기름진 음식은 배가 불러 먹지 못할 정도가 되어서도 좋아하는 정도는 그만큼 감소하지 않았음을 알 수 있다.

따라서 요요현상◆271쪽 없이 오래 지속할 수 있는 다이어트 방법을 원하는 사람들은 무조건 음식을 적게 먹으려 애를 쓰기보다는 일상적으로 먹는 음식을 잡곡밥과 나물반찬 같은 종류로 바꾸어 보는 것도 좋은 방법이 될 수 있다. 이밖에도 음식 맛을 느끼는 데는 생리적인 내적 상태 뿐 아니라 심리적인 상태에 따라서도 달라질 수 있다. 따라서 살이 찔까 봐 걱정이 많은 사람은 태생적으로 맛이 있다고 느껴야 할 설탕물도 맛이 없게 느끼거나 혐오할 수도 있다. 이러한 특수한 심리상태에 있을 때의 음식 맛은 그 자체가 가지고 있는 관능적 본질과는 관련이 없는 경우도 있다.

짠맛이 식욕에 미치는 영향

신체의 나트륨 균형과 적절한 나트륨 섭취를 위해서는 레닌 안지오텐신계 renin–angiotensin system ◆267쪽와 부신의 알도스테론aldosterone ◆270쪽이 작용해 짠맛에 대한 식욕과 섭취를 조절한다.

한동안 소금 섭취를 제한하면 중격의지핵nucleus accumbens, 시상하부 측면과 편도체 중심부의 신경세포에 변형을 초래해 소금에 대한 식욕이 상승한다. 하지만 짠맛이 나는 음식을 맛있게 먹었다고 반드시 우리 몸에서 소금 성분이 부족한 것은 아니며, 더 이상 소금이 필요하지 않은 상태에서도 소금이 든 음식을 일상적으로 섭취한다. 중간 변연의 오피오이드계mesolimbic opioid systems는 소금이 부족하지 않아도 짠맛에 대한 식욕이 상승하는 것과 관련이 있다. 이와 같이 우리는 소금 성분이 부족한 경우와 부족하지 않은 경우에서도 자발적으로 짠맛에 대한 식욕이 일어날 수 있다. 두 경우 모두 선천적인 것으로 소금 성분이 부족하지 않아도 짠맛에 대한 식욕이 있으면 탈수, 설사나 구토와 같은 응급 상황에서 나트륨 필요에 대비할 수 있기 때문이다. 또 이와 같이 병이나 사고로 인해 소금 결핍을 경험하게 되면 더욱 짠맛에 대한 욕망이 강화될 수 있다. 동물은 음식이 약간 짜면 맛있게 느껴져 과식하게 되는데 '맛있음'은 '몸의 필요성'이라는 단일 조건에 따라 나타나는 반응이 아니며, 생리적인 요구 외에 과거의 섭취 경험과 심리상태 같은 여러 요인이 작용하는 보다 복잡한 신체의 조절작용계에 의해 일어난다.

9

먹지 못하는 음식에 대한 욕망

감각 특이성 포화sensory-specific satiety를 한마디로 정의하자면, 배부르게 먹고 있으면서도 내 입안에 없는 음식을 더 먹고 싶어 한다는 것이다. 이런 특성을 통해 인간이 얼마나 식욕이 강한지를 알 수 있지만, 감각 특이성 포화를 가진 이유는 아마도 다양한 영양분을 취하기 위해서 일 것이다. TVN에서 방영됐던 〈알쓸신잡〉이란 프로그램에서 네 명의 출연자들이 경주의 해장국집에서 해장국을 먹다가 맛 칼럼니스트인 황교익 씨가 "왜 우리는 해장국을 먹으면서 해장국에 대해 이야기하지 않고 냉면 육수에 대해서 이야기를 할까?" 하며 궁금해 했다. 우선 그분의 날카로운 관찰력이 놀라웠다. 그러면서 그 이유가 "음식에 음식 이야기를 더해 쾌락을 높이는 것 같다"고 했고, 다른 분들은 딱히 그 이유를 아는 것 같지는 않았다. 그러한 현상이 감각 특이성 포화를 가장 잘 설명해 준다. 이미 내 입안으로 들어 온 뜨거운 해장국은 더 이상 내 욕망의 대상이 아니다. 따라서 그 순간에는 다시 언급하고 싶은 마음이 생기지 않는다. 하지만, 아직 먹어 보지 않은 다른 음식,

이를 테면 차가운 냉면 육수에 대한 식욕은 줄어들지 않고 여전히 살아 있기 때문에 냉면 육수 이야기를 하면 즐거운 것이다.

감각 특이성 포화가 얼마나 오래 지속될지는 상황에 따라 다르겠지만 대략 식후 한 시간 이상 지속될 수 있다고 본다. 포만감satiation과 포화satiety가 일어나는 동안에는 감각적, 인지적, 생리적 또는 호르몬적인 여러 변화가 일어난다. 아무리 먹고 싶어 하던 음식이라도 일단 먹기 시작하면, 점점 맛이 없어지면서 먹는 즐거움이 줄어드는 것은, 음식을 먹어도 더 이상 오피오이드opioid와 도파민dopamine이 분비되지 않기 때문이다.

피험자들에게 과당과 아스파탐을 각각 넣은 푸딩을 먹인 뒤 기호 변화를 봤더니 비슷하게 섭취량이 감소했다고 한다. 아스파탐처럼 열량이 없는 단맛이라도 먹고 나면 단맛에 대한 기호가 떨어지는 현상도 감각 특이성 포화로 설명할 수 있다. 다이어트 음료에 사용되는 인공감미료가 설탕보다는 칼로리가 낮지만 뇌 속의 단맛 수용체를 자극할 수 있기 때문에 인공감미료를 섭취한 후에도 단 음식의 '맛있음palatability'이 감소한다. 단맛이 나는 음식은 포만감과 포화 둘 다를 불러일으킨다. 설탕물을 먹으면 다른 당 섭취의 즐거움은 감소하지만 소금물이나 다른 종류의 '맛있음'에는 영향을 주지 않는다. 용액이 아닌 음식의 경우에도 유사해 먼저 먹은 음식과 동일한 음식을 먹을 경우 '맛있음'은 크게 감소한다. 종류가 다른 음식들이라도 유사한 감각적 특성을 가졌거나, 같은 유형의 음식이거나, 동일한 3대 영양소 함량을 가지는 등 두 음식 간에 어떤 유사점이 있을 경우, 역시 맛있음이 감소한다. 하지만 단 음식 섭취 후 다른 종류의 맛을 가진 음식, 예를 들면 고기 맛이 나는 음식은 영향을 받지 않는다.

이런 감각 특이성 포화 때문에 식사에서 같은 종류의 음식을 계속 섭취하면 섭취량이 줄어든다. 이를 이용해 원 푸드 다이어트one food diet 같은 다이어트 방법이 가능하다. 식욕을 억제하고 싶은 사람은 건강에 좋지 않더라도 동일한 음식을 반복해 먹으면 물려서 더 이상 먹기 싫게 되고 섭취량을 줄일 수 있다. 그러나 모든 음식이 이런 효과가 있는 것은 아니어서 사람에 따라서 단 음식이나 과자류는 3주 동안 매일 먹어도 질리지 않는 사람도 있다고 한다. 또 음식에 따라서도 포화도가 다른데, 곡류나 주식 종류는 반복 섭취해도 잘 물리지 않는 특성이 있다. 또 명절이나 잔칫날 온종일 음식을 준비하느라고 냄새를 맡은 사람이 정작 식탁에서는 식욕이 생기지 않는 현상도 감각 특이성 포화로 설명할 수 있다.

한편 서양 여러 나라의 음식 접대 방법은 매 코스마다 다른 음식을 제공하는 방식으로 매번 새로운 음식을 맛보게 하여 식욕을 돋울 수 있다. 반면에 우리 한식은 한 상에 모든 음식을 벌여 놓고 먹는 방식이므로 감각 특이성 포화가 작용할 여지가 있다. 하지만 현대처럼 비만이 염려되는 사회에서는 우리 전통의 상차림이 일찍 포만감을 주어서 오히려 과식하지 않도록 하는 효과가 있다고 할 수 있다.

satiation, satiety와 sensory-specific satiety

영어로 satiation은 포만감이다. 이것은 음식을 먹는 도중에 시작되는데, 식사를 끝마치도록 하는 배부름을 느끼는 감각이다. 반면 satiety는 포화, 물림 등으로 번역할 수 있을 듯한데, 식사를 끝낸 후부터 시작되어 다음 먹는 행동이 시작되지 않게끔 하는 감각을 말한다. 그래서 끼니를 먹는 행동은 '배고픔, 포만감, 포화, 배고픔, 포만감…'으로 이어지는 연속선상에 있다고 볼 수 있다.

또 지금 먹고 있는 특정 음식의 맛있는 정도는 점점 줄어들지만, 아직 먹지 않은 다른 음식에 대한 즐거움은 변함없이 그대로 남아 있다. 감각 특이성 포화 sensory-specific satiety는 이렇게 이미 먹은 음식보다 아직 먹지 않은 음식을 더 먹고 싶어 하는 성향을 말하는데, 우리 몸의 감각기관들의 정보를 뇌가 기억하기 때문에 가능하다. 이런 성향이 있기 때문에 같은 종류의 음식을 계속해 먹으면 질리게 되어 다양한 음식을 먹게 된다.

10

식품첨가물과 화학조미료, 인공감미료 사용의 문제점

세계적으로 비만 인구가 급증하다 보니 설탕 대신에 단맛은 있으면서 열량은 거의 없는 인공감미료를 쓰면 비만 인구가 줄어들 줄 알았다. 그러나 다이어트 콜라처럼 인공감미료가 들어간 음식은 다른 음식의 섭취를 자극해 섭취 열량이 크게 줄어들지는 않는다고 한다. 단맛은 구강과 소화관, 뇌에서 감지할 수 있다. 입안에서 단맛을 느끼면 곧 에너지가 들어온다는 신호이므로 소화관과 뇌는 이를 대비하게 된다. 그러나 실제로 섭취한 음식에 열량이 없다면 배고픔을 느낄 수밖에 없고, 그렇게 느낀 공복감을 다른 음식으로 채워야 한다. 따라서 인공감미료 자체는 열량이 없지만, 단맛 때문에 오히려 보상계가 활성화되어 더 먹으려는 식욕이 생긴다.

열량을 함유한 단맛이 나는 음식이 입안으로 들어오면 미각세포에서 전기적 자극electrical impulses이 생겨 구심성 신경을 거쳐 뇌로 전달된다. 구강 내에서 확인된 단맛은 소화관에서도 작용해 포화감satiety을 증가시킨다. 입안에 있는 미각세포와 마찬가지로 소화관에도 미각 수용체를 가진 미각세포가 있어서 단맛이 나는 음식이 장내로 들어오면 맛을 감지하고, GLP1glucagon-like peptide 1 같은 포만 호르몬satiety hormones을 분비한다. 이 포만 신호가 미주신경vagal nerve을 거쳐 뇌로 전달된다. 또 췌장에서는 인슐린이 분비되도록 해서 영양소 대사를 조절하고 포만감을 느끼도록 한다. 그러나 인공감미료가 든 음식을 먹으면 구강 내에서는 단맛을 인지할 수 있지만, 소장에서는 어떤 포만 신호도 일으키지 못한다. 또 뇌에서도 설탕과 같이 열량을 함유한 당과 인공감미료에 대한 반응이 다르다고 한다. 특히 보상 경로에 포함되는 선조체striatum ◆268쪽의 활성에 있어 차이가 있는데, 인공감미료를 섭취했을 때는 선조체가 활성화되지 않는다고 한다. 또 다른 연구에서는 열량을 함유한 당과 인공감미료는 모두 일차미각경로primary taste pathway는 활성화시킬 수 있으나, 보상을 담당하는 뇌의 영역은 열량을 함유한 당만이 활성화시켰다고 한다. 뇌의 보상 경로는 열량을 많이 섭취하기 위해 진화되어 온 영역이므로 열량이 없을 경우 활성화되지 않는다는 것을 알 수 있다.

하지만 습관적으로 다이어트 콜라를 마시는 사람들의 경우에는 그렇지 않은 사람에 비해 인공감미료가 든 음료수를 마셨을 때나 설탕 같은 열량이 함유된 음료수를 마셨을 때의 차이 없이 뇌의 보상영역이 활성화됐다고 한다. 이것은 인공감미료가 든 음료수를 습관적으로 오랫동안 마시면 뇌의 보상계가 비정상적으로 활성화되어 과식할 수 있음을 의미한다.

현대 식품 산업의 발달로 다양한 첨가물을 사용해 식품을 가공함으로써 실제 음식의 영양 함량과 입에서 느끼는 맛, 냄새 같은 관능적 특성이 일치하지 않는 경우가 많아졌다. 예를 들면 어떤 식품의 당 함량이 높을 때 단맛이 나야 하지만, 다이어트 콜라처럼 인공감미료를 사용하게 되면 열량이 거의 없어도 매우 달게 느껴진다. 또 대중적인 식당에서 흔히 하는 것처럼 열량이 거의 없는 콩나물국부터 불고기 같은 육류 음식까지 거의 모든 음식에 화학조미료를 넣는데, 이렇게 되면 우리 입에서 뇌로 올라오는 미각 정보와 위와 장에서 올라오는 실제 그 식품의 영양 함량에 대한 정보가 일치하지 않는다. 이럴 때 우리의 식욕이나 포만감을 조절하는 메커니즘이 교란될 가능성이 높다. 각종 첨가물이 많이 든 가공식품을 자주 먹는 것은 첨가물의 직접적인 독성뿐 아니라 우리의 식욕을 관장하는 뇌의 중추를 혼란스럽게 함으로써 식욕이나 포만감을 잘 조절할 수 없게 만들어 점차 비만이 되게 할 위험이 있다.

11

미각기호 형성에 미치는 인지적인 영향

가치체계나 신념에 따라 음식을 선택한다

사람은 동물과 다르기 때문에 먹을 것이 있다고 아무 것이나 그냥 먹지는 않는다. "맛있게 잘 먹고 건강하게 살면 되지"라는 평범한 생각을 가진 사람들이 많지만, 어떻게 살아야 올바른 삶인가 하며 자신만의 신념을 고수하는 사람들도 있다. 그런 사람들에게 음식 선택은 개인의 개성과 신념, 가치체계가 결합된 정체성의 표현일 수도 있다. 채식주의자나 불교도의 경우 전체 음식을 아우르는 가치체계가 있고 육식을 피하려는 의식적인 판단이 뒤따른다. 그런 경우에는 고기 맛도 혐오스러울 수가 있다. 또 환경오염, 동물 복지와 같은 생태적인 관점을 가진 사람들은 농약을 사용하지 않는 유기농 식품을 먹는다든지, 유전자 변형 작물을 피한다든지, 공정무역에 의해 수입된 상품만을 구입한다든지 하는 그들만의 선택기준이 있다.

현재 대다수 우리나라 사람들이 음식에 대해 가지고 있는 이데올로기 ideologie는 '건강에 좋은 음식'과 '즐거움을 주는 음식'인 것 같다. 노인 인구와 비만 인구의 비율이 높아지고, 당뇨병, 고혈압 등의 발생률이 증가함에 따라 건강에 좋은 음식에 대한 관심은 식을 줄 모른다. 하지만 건강에 좋은 음식을 먹겠다고 하는 열망은 높지만, 실제 섭취하는 음식은 그렇게 건강에 유익한 것 같지는 않다. 왜 그럴까? 영양에 대한 지식이 많다고 해서 반드시 몸에 좋은 건강한 음식을 선택하는 것은 아니기 때문이다. 그보다는 오히려 어떤 음식에 대한 태도가 호의적일 때 대체로 그 음식의 섭취가 높아진다. 그리고 호의적인 태도는 그 음식이 맛있고 자주 먹을 수 있고 익숙해야 생긴다. 이 밖에도 특정 음식 맛을 좋아하는 데는 맛이 주는 즐거움 외에 건강에 유익하다거나 먹기 편리하거나 경제적으로 자신의 형편에 잘 맞는다거나 하는 여러 인지적 요인들이 함께 작용한다. 이러한 요인들이 그 음식에 대한 태도를 변화시키고 변화된 태도에 따라 특정 음식이 선택된다.

'맛있는 음식'이 '건강에 좋은 음식'을 이긴다

단맛이 나는 음료수를 과도하게 섭취할 경우 건강에 좋지 않다는 것은 우리 모두가 잘 아는 사실이다. 그런데 실제 음료수 섭취에 관한 조사를 보면 그러한 사실과는 상관없는 결과가 나타나는 경우가 많다. 벨기에 성인을 대상으로 조사한 한 연구에서는 나이가 젊고 영양에 대한 지식이 많은 쪽이 오히려 음료수 섭취량이 많았다. 우리나라의 경우에도 설탕을 싫어하고 먹지 않겠다고 생각하는 사람들은 많지만, 그런 사람들도 천연주스나 매실 설탕 침출액, 케첩이나 탕수육과 같은 음식에 당이 많이 들어 있다는 사실을 잘 믿으려 하지 않는다. 어떤 사람은 설탕은 해롭지만 벌꿀은 자연식품이라서 몸에 좋다고 생각한다. 또 매실의 성분이 워낙 건강에 좋아서 첨가한 설탕이 설령 건강에 좋지 않더라도, 그 효과를 감하고도 남을 정도로 매실 추출액은 건강에 좋을 것이라고 생각하는 사람도 있다. 천연주스에도 당이 들어 있어 단맛이 나는 것인데, 천연주스는 많이 먹더라도 해롭지 않을 것이라고 생각하는 사람도 많다.

이와 같은 여러 사례들은 '건강에 좋은 음식'과 '맛있는 음식'이라는 두 이데올로기가 실생활에서 부딪힐 때는 결국 자신도 모르게 '건강에 좋은 음식'보다는 '맛있는 음식'을 선택하게 된다는 것을 보여 준다. 달고 맛있는 음식의 매력은 너무 강렬해서 대부분의 경우에 사람들의 경계심을 무장해제 시키고 선택받게 된다. 또 잘못 알고 있는 영양에 대한 지식 때문에 '맛있는 음식'이 곧 '건강에 좋은 음식'인 줄 알면, 아무런 의심 없이 '맛있는 음식'의 섭취량이 높아질 수밖에 없다. 초등학생들을 대상으로 음료수 섭취 실태를 조사한 적이 있었는데 초등학교 5학년 여학생들이 오렌지 주스 등 단맛이 나는 과일 주스가 건강에 좋은 음식이라고 생각해 남학생보다 섭취량이 훨씬 높게 나타났던 적이 있었다. 그래서 학생들을 대상으로 어릴 때부터 주스보다는 생과일 자체를 먹어야 한다는 영양 교육이 필요하다.

기억할 수 없으면 음식 맛도, 자신의 섭취량도 모른다

생리적으로 포화satiety를 느끼는 것과 함께, 직전에 음식을 먹은 시간과 먹은 음식을 기억하지 못하면 지금 현재 먹으려는 음식의 종류나 식사량도 알맞게 정할 수 없다. 직전의 식사행동이나 먹은 음식을 기억하지 못하는 치매나 기억상실증anterograde amnesia에 걸린 사람들 중에는 누가 말리지 않으면 식사가 끝나자마자 곧바로 다음 음식을 먹으려고 한다. 또 미각기호를 학습할 수 있는 것도 우리가 그 맛이나 음식을 먹고 난 뒤의 좋은 기분이나 포만감 같은 것을 기억하기 때문에 가능하다. 이와 같이 공복감을 느껴 식사를 시작하거나 어떤 맛을 선호하거나 어떤 음식을 선택할 때에도 우리들의 기억과 신념, 가치체계를 포함한 인지력이 중요한 역할을 한다.

제3장

미각기호에 미치는 역사적·경제적인 영향

1
고대 및 중세 시대의 설탕의 역사

현대사회에서 대개 단맛은 섹스와 마찬가지로 즐거움을 추구하는 중요한 수단 중의 하나로 간주되고 있다. 최근 들어 우리 사회에서도 성적인 즐거움을 추구하는 것에 대해 과거에 비해 많이 관대해진 측면이 있다. 이에 비해 단맛은 과거에는 그렇게 문제될 것이 없었으나 오히려 현대로 오면서 건강이나 외모를 중시하는 경향 때문에 과도한 섭취에 대한 경계심이 높아지고 있는 실정이다.

사탕수수는 기원전 8000년경부터 뉴기니New Guinea 원주민들에 의해 재배되기 시작했다고 한다. 이후 점차 아시아 남동부, 중국 남부, 인도 등으로 전파됐고, 350년경 인도의 굽타Gupta 왕조시대에 사탕수수의 즙을 짜내어 설탕 결정을 만들 수 있게 됐다고 한다. 설탕은 이후 6세기경 페르시아로 전파됐고 아랍에 의해 지중해 지역으로 전해졌다. 또 7세기에는 북인도로부터 중국의 당나라로 전파됐다. 유럽에는 13세기에 영국에 전파된 것을 시작으로 15세기에는 스페인과 포르투갈로 각각 전해졌으며, 1493년에는 콜럼버스에 의해 신대륙으로도 전해졌다고 한다.

초기의 설탕은 사탕수수에서 즙을 내어 끓이거나 햇볕에 건조시켜 만들었다. 그렇게 건조된 설탕의 모양이 마치 자갈처럼 보였기 때문에 처음에는 산스크리트어Sanskrit로 자갈 또는 모래를 의미하는 'sharkara'라 했고, 이것이 오늘날의 'sugar'로 바뀌었다고 한다. 유사하게 중국에서는 모래처럼 보인다고 '砂糖사당'이라고 했다. 사탕수수는 열대작물이고, 재배하는 데에 물도 많이 필요하다. 또 결정 형태로 만드는 마지막 공정에서도 많은 연료와 노동력이 필요했기 때문에 가격이 비쌀 수밖에 없었다. 고대 그리스와 로마의 문헌에 의하면 설탕은 주로 상류층의 의약품으로 쓰였다고 한다. 중세에는 아랍 상인들이 인도의 설탕 제조기술을 배워서 대량생산을 시도했으며, 이후 이탈리아의 시칠리아 섬이나 스페인 등 유럽 남부에서 재배됐다.

서양에서는 13~18세기 약 500년 동안 향신료와 의약품을 약제상에서 팔았다. 설탕은 쓴맛이 나는 약재들의 복용을 수월하게 했고 다른 약재들과 결합시킬 수 있었다. 또 그렇게 설탕을 이용해 당의정 형태로 만들었을 때, 인체 내에서 약 성분이 서서히 고르게 배출되는 효과도 있었다. 설탕은 이렇듯 여러모로 쓸모가 있었기 때문에 향신료 중에서도 가장 중요한 품목 중의 하나로 취급됐다.

도로 사정이나 수송 장비가 보잘 것 없던 과거에는 상인들이 소형이지만 이윤이 많이 남는 품목을 취급하길 원했다. 따라서 기본적인 식품보다 설탕이나 향신료 같은 품목이 그들의 주요 상품이었다. 설탕은 처음에는 비싼 약으로 간주되어 일부 특권층에서만 소비하다가 점차 환자식에 이용됐다. 그러다가 14세기로 오면서 일반 요리에도 사용하게 됐지만 가격은 여전히 비싼 편이었다. 하지만 그에 따른 수요도 많았으므로 스페인, 포르투갈과 네덜란드를 비롯한 유럽인들은 쿠바, 카리브 해의 여러 섬들과 브라질 같은 중남미 지역에서 아프리카인 노예를 사용해 대규모 사탕수수 농장을 만들고 설탕 장사를 했다.

대량생산으로 설탕 가격이 내려가자 18세기에는 모든 계층의 사람들이 일상적으로 설탕을 사용할 수 있게 됐고, 설탕을 이용한 가공식품과 음료수들이 점차 개발됐다. 설탕과 레몬즙을 섞어 마시는 레모네이드lemonade는 16세기에 이집트에 사는 유대인들이 안식일에 마시면서 시작됐다고 한다. 또 영국에서는 처음에는 차에 설탕을 넣어 마셨고, 점차 잼, 캔디, 커피, 코코아, 초콜릿 등과 함께 이용하게 됐다.

2
현대사회의 설탕 과다 사용과 설탕 혐오

서양에서 설탕이 사용되던 초기에는 흰색 가루였기 때문에 좋은 이미지를 갖고 있었지만, 현대로 오면서 오히려 흰색 가루이기 때문에 해롭다는 이미지를 갖게 됐다. 마치 해로인heroin이나 모르핀morphine처럼 정제된 흰색 가루이기 때문에 사람에게 해를 끼칠 수 있다는 것이다. 설탕 혐오saccharophobia는 루소식의 자연숭배적인 채식주의nature-worshipping Rousseauist vegetarianism에서부터 19세기 미국과 영국의 채식주의 운동을 거쳐 현대의 채식주의로 이어져 오고 있다.

현대의 많은 책에서도 설탕을 죄악시하는 경향이 있는데, 그 이유 중에는 쾌락을 주는 섹스와 설탕은 부도덕한 것이라는 금욕주의적인 생각이 깔려 있는 것 같다. 우리의 경우에도 불교도가 아니더라도 고기나 생선회를 먹을 때 약간의 죄지은 느낌을 가질 때가 있다. 이와 마찬가지로 너무 맛있는 음식을 먹을 때에는 죄책감이나 미안함과 같은 부정적인 감정이 생기기도 한다. 한편 설탕은 약이나 독, 쾌감과 관련된 물질, 이를 테면 커피, 초콜릿, 차, 럼주 같은 술 등을 먹기 좋게 하기 위해 첨가되기도 하므로 더욱 부정적인 이미지를 얻게 됐다. 설탕을 먹으면 비만해지기 쉬운데, 극히 일부이기는 하지만 비만해지는 것이 도덕적으로 타락한 것처럼 느끼는 사람도 있다.

하지만 같은 단맛이라도 벌꿀은 설탕과 매우 다른 이미지를 가지고 있다. 우리나라에서는 옛날부터 꿀은 약으로 쓰일 만큼 귀한 음식이었다. 반면에 서양에서는 꿀이 덜 정제된 듯 보이고 끈적거리는 액체라서 설탕보다 하찮게 취급됐다. 하지만 밀랍은 수도원 등에서 초를 만드는 재료로 쓰여서 오히려 밀랍 때문에 양봉이 장려되기도 했다. 16세기 초 독일에서 시작된 종교개혁운동으로 수도원의 세력이 약화되고, 양봉이 줄어들자 대중들 사이에서 꿀을 대체해 설탕이 널리 쓰이게 됐다. 현대에서는 꿀의 이미지가 많이 향상됐고, 전혀 영양이 없는 것은 아니라고 여겨지고 있다. 이와 같이 인류에게 단맛을 제공하는 꿀이나 설탕은 시대에 따라 그 사용량이나 이미지가 변해 왔다.

설탕을 만들기 시작하던 초기에는 매우 귀하고 비싸서 일부 특권층에서 약으로나 겨우 사용할 수 있을 정도였지만, 현대로 오면서 대량생산할 수 있었기 때문에 일반인들도 일상적으로 섭취하게 됐다. 이에 따라 설탕은 인류 식생활의 여러 모습을 바꾸었는데, 우선 차, 커피, 초콜릿, 다양한 음료수 등을 일상적으로 먹을 수 있게 됐다. 이외에도 빵, 과자, 케이크, 아이스크림, 사탕, 여러 후식류 등을 개발하는 데도 지대한 영향을 주어 인류의 식생활을 풍요롭게 했다. 하지만 설탕이 여러 음식물에 사용되다 보니 과잉섭취를 하게 되어 현재는 건강상의 여러 문제를 야기하기에 이르렀다. 18세기 영국에서는 1년에 일인당 2㎏ 정도의 설탕을 소비했는데, 이후 19세기 초에는 일인당 약 5㎏으로 설탕 소비가 증가했다고 한다. 하지만 1870년대에는 일인당 21㎏ 정도를 소비했다고 하니 현대로 올수록 설탕 섭취가 급격히 증가했음을 알 수 있다. 한편, 미국인의 경우 2000년에 일인당 하루 설탕 섭취량이 185g이었고, 이후 매년 조금씩 감소했지만 2015년에도 160g이었다고 한다. 이를 1년간의 섭취량으로 환산해 보면 일인당 대략 58.4kg을 섭취한 것이다. 21세기에 살고 있는 현대인들이 1800년대에 살았던 사람보다 약 2.8배 정도 많은 설탕을 섭취한다는 사실을 알 수 있다. 우리나라는 2013년에 72g이었고, 2016년에는 이보다 조금 줄어서 64g을 섭취했다. 이러한 섭취량은 미국보다는 적지만, 세계보건기구WHO에서 권장하는 하루 권장 섭취량인 25g에 비하면 2.5배 이상을 섭취하고 있는 셈이다. 또 연령별로도 아동, 청소년, 20대의 젊은 연령층에서 하루 섭취 열량의 10% 이상을 당으로 섭취하고 있어서 일부 계층에서 일어나는 과다한 설탕 섭취도 걱정거리이다.

이와 같이 전 세계적으로 지나치게 당 섭취량이 높기 때문에 세계보건기구WHO는 '설탕과의 전쟁'을 선포했고, 당 섭취량을 하루 총 열량 섭취량의 5~10% 이내로 할 것을 권장하고 있다. 이는 성인 일인당 하루에 대략 2,000~2,500kcal를 섭취한다고 가정했을 때 하루에 25~60g 정도의 당을 섭취할 것을 권장하고 있는 셈이다. 선진국에서는 정부가 나서서 당도 높은 음료수에는 '설탕세'까지 부과하면서 '설탕 줄이기' 정책을 펴고 있다. 이제 설탕은 마약처럼 쾌감은 높지만 기피해야 할, 건강에 해로운 물질로까지 취급받기에 이르렀다.

3

콘 시럽의 역사와 이용

1957년에 처음 개발된 콘 시럽corn syrup의 상업적인 대량생산은 1970년대 일본에서 이루어졌다. 1977년에 미국에서 수입 설탕에 대해 관세와 쿼터sugar quotas제가 도입됨에 따라 설탕 가격이 국제 시세의 2배 정도로 높아졌고, 이에 따라 미국 식품업계가 값싼 대체품을 찾고자 했다. 당시 옥수수는 정부 보조금을 지급받아 낮은 가격을 유지하고 있었기 때문에 이를 원료로 한 콘 시럽은 가격이 싼 편이었다. 그래서 미국에서는 1984년부터 청량음료에 콘 시럽을 사용하기 시작했다. 미국의 콘 시럽 섭취량을 살펴보면, 1987년에는 미국인 일인당 콘 시럽 섭취량이 85g 정도였다. 이는 같은 해 미국인 당 섭취량이 189g인 것과 비교해 볼 때 전체 당 섭취량의 45%에 해당되는 양이었다. 이미 설탕 섭취량의 상당 부분을 콘 시럽으로 대체해 사용했던 것이다. 이후 2000년에는 콘 시럽 섭취량이 78g으로, 2015년에는 53g으로 감소했다. 2000년대 이후로 콘 시럽의 섭취량이 줄어드는 추세이기는 하지만 여전히 섭취량이 많다. 우리나라의 경우는 콘 시럽의 섭취량을 따로 발표하지 않아서 알 수 없으나 음료수나 가공식품에 사용되는 양이 많아서 상당히 많은 양을 섭취하고 있을 것으로 추측된다.

4
콘 시럽과 비만 및 대사 증후군

최근 들어 콘 시럽을 많이 섭취하는 것이 대사 증후군◆267쪽, 고혈압, 지질대사 이상, 지방간, 인슐린 저항증과 비만 같은 여러 가지 건강 문제를 일으킬 위험이 높다는 주장이 대두되고 있다. 콘 시럽에는 과당의 비율이 높은데, 과당은 다른 단당에 비해 대사과정 중에 체지방을 우선적으로 합성할 수 있기 때문이다.

설탕은 같은 양의 과당과 포도당으로 분해되기 때문에 설탕 맛과 유사한 정도로 달게 하려면 콘 시럽 속의 과당과 포도당의 비율이 대략 1:1 정도가 되도록 옥수수 전분을 분해하면 된다. 하지만 식품가공업계에서는 설탕보다 더 단맛을 내기 위해 포도당에 비해 과당의 비율이 훨씬 높은 HFCShigh fructose corn syrup를 만들어 사용한다. 과당 비율이 42%인 HFCS의 당도를 100이라고 했을 때 과당비율이 90%인 HFCS의 당도는 120~160 정도라고 한다. 좌식생활을 하면서 이렇게 과당비율이 높은 콘 시럽을 사용한 음료수나 단맛 나는 음식을 자주 먹을 경우 비만이 될 위험이 높다. 또 콘 시럽을 제조할 때에 수은에 오염된 가성소다를 사용하면 그렇게 만든 콘 시럽 속에 미량의 수은이 함유된다. 오랜 기간 동안 이러한 콘 시럽과 이를 이용해서 만든 가공식품을 섭취할 경우, 자폐증과 주의력 결핍 과잉행동장애ADHD를 유발할 가능성이 있다는 보고도 있다.

미국과 우리나라의 경우에도 비만이 마치 전염병처럼 증가하기 시작한 것은 값싼 콘 시럽을 다량으로 가공식품에 사용하기 시작한 이후부터라고 한다. 우리나라에서는 콘 시럽을 올리고당이라는 이름으로 판매하기도 한다. 이름이 무엇이건 간에 올리고당, 물엿, 조청과 같이 곡류를 분해해 당으로 만든 이러한 제품들은 곡류보다 훨씬 쉽게 우리 몸에 흡수되어 혈당을 올리고, 설탕과 마찬가지로 음식을 달고 맛있게 만들어 과식을 하게 만든다. 또 '효소액'이라고 하는, 매실이나 유자 등의 과일이나 열매에 설탕을 넣어 만든 침출액을 몸에 이로운 식품으로 알고 있는 사람들이 많다. 이런 종류의 단맛 나는 감미료들이 설탕보다 나은 점이 있다고 해도 대다수의 우리나라 사람들은 단맛 나는 식품을 과잉 섭취해 이미 심각한 상태에 처해 있다. 이러한 것들은 설탕과 별 차이 없이 쉽게 몸에 흡수되어 혈당을 상승시키고 식욕을 촉진하므로 가능한 사용하지 않는 편이 건강에 좋다.

이와 같이 단맛과 단맛을 제공하는 감미료가 시대에 따라 변화해 왔고, 이에 따라 식문화와 식습관, 그리고 건강에 미치는 영향도 달라졌다. 현재 우리는 대사 증후군과 비만 때문에 설탕뿐 아니라 각종 감미료의 섭취를 최대한 줄여야 하는 단맛 과잉의 시대에 살고 있다.

5
소금의 역사와 역할

기원전부터 소금을 만들어 사용했다는 기록이 구약성서와 시경 등 동서양의 고문헌에 남아 있지만, 실제로 인류가 소금을 사용한 역사는 그보다 훨씬 더 오래됐을 것이다. 수렵과 채취를 하던 인류의 조상들은 농사를 짓고 살면서부터 모여 살게 됐다. 그런데 농경시대에는 농사로 얻은 곡식과 채소를 위주로 식생활을 했기에 동물성 식품은 거의 먹을 수 없었다. 고기 등 동물성 식품은 본래 나트륨을 함유하고 있지만, 식품성 식품에는 칼륨이 많고 나트륨은 거의 없었다. 따라서 당시 사람들은 생리적으로 소금이 필요했다. 게다가 소금은 식품을 저장하여 계절에 따라 생산되지 않는 식품도 오랫동안 먹을 수 있도록 해 주었고, 상하기 쉬운 식품도 소금에 절여 장거리 이동을 가능하게 해 다른 지역의 농산물도 이용할 수 있게 됐다.

이렇게 소금은 생존에 필수적인 영양 성분이자 원초적인 조미료로 다양한 식품의 섭취를 가능하게 했기 때문에 오늘날 우리가 먹는 음식 중에도 샐러드salad, 소스sauce 및 소시지sausage처럼 소금과의 관련성을 암시하는 이름들이 남아 있다. 또 오스트리아의 'Salzburg'와 미국의 'Salt Lake City' 같은 도시의 이름에서도 해당 도시가 소금의 제조나 공급과 관련이 있었음을 알 수 있다.

이와 같이 인류는 수천 년 전부터 직접 소금을 만들거나 소금을 구하기 쉬운 곳에 모여 살았다. 신석기 시대에 이미 중국은 발해渤海만 남서쪽 해안가에서 지하의 염수를 이용해 소금을 생산했고, 청동기 시대인 상商나라에서는 소금 생산을 담당하는 관리를 두고 만들어진 소금을 내륙으로도 공급했다고 한다. 이탈리아의 청동기 시대에도 이미 로마와 아드리아해 사이에 소금 수송을 위한 도로가 있었고, 오늘날의 'salary봉급'란 말의 어원도 로마 군대에서 때때로 군인들에게 급료처럼 소금을 준 데서 비롯됐다. 그러나 실제로 소금을 구하기는 어려웠기 때문에 소금은 상당히 귀한 교역품으로 간주됐고, 지역에 따라서는 오늘날의 화폐와도 같은 역할을 했다고 한다. 또 소금에 부가한 세금은 나라의 중요한 수입원이 되기도 했다.

13세기 말에 유럽에서 고기를 소금에 절여 보관하기 위해서는 고기 값의 40% 정도 되는 소금 값을 들여야만 했다. 소금이 비쌌지만 겨울철에 동물을 계속 먹여 살리려면 사료 비용도 만만치 않았으므로 경제적인 이유로도 소금은 사용할 만했다. 그래서 기름지고 질이 좋은 육류에 한해서만 소금에 절여 보관했다고 한다. 또 14, 15세기에 한자동맹Hanseatic League◆273쪽의 도시들은 발트해와 북해에서 잡히는 청어를 비롯한 생선들을 소금에 절여 거래함으로써 거의 2백 년간 번영을 누릴 수 있었다. 청어는 산패가 잘되는 지방 함량이 높은 생선이므로 잡은 지 24시간 이내에 소금으로 절여야 했다. 그래서 대량생산된 소금이 없었다면 잡힌 생선을 교역 가능한 상품으로 가공할 수 없었을 것이다.

냉장고가 사용되기 전 유럽에서는 이처럼 육류나 생선을 짜게 절여 보관했기 때문에 요리사들은 짠맛을 제거할 수 있는 갖가지 방법을 궁리해야만 했다. 재료 손질 과정에서 오랫동안 물에 담가 두거나 약한 불로 끓이면서 감자나 콩과 같은 부재료를 함께 넣어 짠맛을 흡수하도록 했다. 좀 더 솜씨 있는 요리사들은 냄비 안에 오트밀oatmeal을 넣은 린넨 주머니를 넣고 같이 끓이다가 나중에 주머니를 들어냄으로써 짠맛을 줄였다. 중세 유럽에서 허브나 향신료가 많이 사용된 것도 짠맛을 빼기 위해 물에 넣어 두었거나, 미리 데쳐서 윤기 없는 퍼석한 고기나 생선을 식재료로 사용해야 했기 때문일 것이다. 또 오래 보관한 탓에 상하기 직전인 짜고 딱딱한 고기나 생선의 냄새를 줄이고 풍미를 돋우기 위해서는 오늘날보다 훨씬 많은 양의 향신료나 허브가 필요했다. 또한 이런 고기를 찍어 먹을 수 있도록 향신료가 듬뿍 들어간 소스도 필요했다.

이렇게 사람들이 음식을 만들 때나 식재료 저장에 소금을 사용할 수 있게 됨으로써 발효에 의해 생성된 새로운 맛을 알게 됐을 것이다. 즉 발효로 인한 신맛과 단백질 분해로 생성된 감칠맛, 그리고 이와 어우러진 소금의 짠맛은 음식에 복합적인 풍미를 부여했다. 또 상하기 쉬운 채소와 생선, 육류 등을 오래 저장해 먹음으로써 계절에 상관없이 안정적으로 영양을 얻을 수 있게 됐다. 그 밖에 부수적으로 장 건강에 유익한 유산균을 포함한 프로바이오틱스probiotics◆273쪽를 먹을 수 있게 됨으로써 이전 시대보다 건강이 획기적으로 좋아졌을 것으로 생각된다.

6
현대사회에서의 소금 과다 사용과 개선 방안

오늘날 우리나라를 비롯한 대부분의 선진국에서 저염식을 권장하고 있다. 저염식을 권장하는 이유는 인류가 오랫동안 짠맛에 길들여져 필요 이상으로 소금을 많이 섭취하기 때문이다. 또 외식이나 가공식품의 섭취 빈도가 높아진 것도 소금 섭취를 부추긴다. 그러나 가장 큰 요인은 주식의 비율이 줄고 부식의 섭취 비율이 늘어난 식습관의 변화 때문으로 볼 수 있다.

과거에는 하루 총 섭취 열량 중 주식으로 섭취하는 열량의 비율이 80~90% 이상으로 높았고, 부식은 주식을 먹기 위해 적은 양만 섭취했다. 그러나 현대로 올수록, 또 경제 상황이 좋아질수록 점점 주식으로 열량을 섭취하는 비율이 낮아지고 부식의 섭취량이 많아졌다. 심지어 젊은 사람들 중에는 밥은 먹지 않고 고기만 구워 먹고 식사를 대신하는 식으로 반찬만 섭취하는 경우도 흔하다. 인류가 수렵과 채집하는 시대에서 농경사회로 바뀌면서 생리적으로 소금 섭취가 필요했던 것과는 달리 오늘날에는 밥이나 빵, 찐 감자 등의 주식 섭취 비율은 매우 낮아지고 부식, 그중에서도 동물성 식품을 많이 먹는 식습관의 변화가 일어나고 있다. 이러한 식사 패턴의 변화도 소금 섭취량이 높아진 중요한 요인 중의 하나이다.

소금 섭취를 줄일 수 있는 방법

우리가 음식을 먹을 때 맛, 냄새, 온도, 촉감 같은 여러 종류의 감각들을 느끼고 이 모든 감각들이 제각각 뇌의 여러 영역으로 전달된다. 그리하여 대뇌피질에 전달된 전반적인 감각정보가 함께 모여 '맛있다'라고 판단한다. 따라서 건강을 위해 소금 섭취를 줄이고자 할 때는 다른 맛이나 향신료를 활용하는 것이 좋다.

예를 들면 고추·후추·겨자와 같은 매운 향신료나 미나리·쑥갓·들깨·방아·고수 같은 향미 채소, 레몬·라임·식초 같은 신맛 나는 재료를 활용하면 이러한 맛 성분에 자극되어 맛있게 먹을 수 있다. 또 음식의 온도에 변화를 주는 것도 하나의 방법이다. 예를 들면 더운 국은 더 뜨겁게 해서 먹고, 냉국이나 냉채 요리는 더 차게 해서 먹으면 싱거운 음식도 맛있게 먹을 수 있다. 이 밖에도 신선하지 않은 싸구려 재료일수록 진하고 자극적인 양념을 사용해야 겨우 먹을 만한 음식이 된다. 따라서 신선한 제철 재료를 사용하면 재료가 가진 진한 풍미 덕분에 염도가 낮아도 맛있게 먹을 수 있다.

7

감칠맛의 역사와 이용

인류는 오래전부터 요리할 때 감칠맛을 낼 수 있는 다양한 소스를 만들어 왔다. 발효시킨 생선 소스fish sauces는 글루타민산이 풍부한데, 생선 소스는 콩이 잘 자라지 않는 지역에서 만들어져 단조로운 식사에 식욕을 자극하는 풍미와 고농축 아미노산을 제공했다. 생선 소스는 수천 년 전부터 중국 남서부와 메콩강 유역에서 만들어졌고, 고대 로마와 지중해 지역에서도 널리 이용됐으며, 스칸디나비아에서도 만들어졌다. 또 비잔틴과 아랍 요리에 사용된 발효된 보리 소스barly sauces에도 글루타민염이 풍부했다. 중국에서는 3세기경부터 글루타민염이 풍부한 생선장과 간장을 사용했다고 한다.

감칠맛은 1908년 일본인 이케다Kikunae Ikeda에 의해 다시마 육수의 맛 성분이 글루타민산염인 것을 확인함으로써 알려졌다. 또 1913년 그의 제자 고다마Shintaro Kodama는 말린 가다랑어 포에서 또 다른 감칠맛 성분인 이노신 모노포스테이트IMP: inosine monophosphate를 발견하였고 1957년에는 쿠니나카Akira Kuninaka가 표고버섯에서 감칠맛을 내는 핵산성분인 구아노신 모노포스페이트GMP: guanosine monophosphate를 확인하였다. 또 쿠니나카는 글루타민산염이 있는 식품에 IMP와 GMP 같은 핵산성분을 첨가하면 맛의 상승 작용이 일어나 각각의 맛 성분이 내는 효과를 더한 것보다 훨씬 더 높은 강도의 감칠맛이 생긴다는 사실도 발견했다.

음식문화에 따라 주로 이용하는 육수의 종류가 다른데, 서양식의 맑은 닭 육수chicken bouillon에는 글루타민산염glutamate을 포함한 많은 종류의 아미노산이 들어 있다고 한다. 하지만 다시마를 우려낸 일본식의 '다시dashi'에는 글루타민산염이 가장 많고 다음으로 아스팔테이트aspartate가 많지만, 이 두 아미노산염을 제외하면 기타 다른 아미노산은 거의 없다고 한다. 그래서 서양식 육수는 무언가 모를 깊은 맛이 있고, 일본식 육수는 깔끔한 맛이 나는 것이다. 이렇게 동서양의 대표적인 육수의 아미노산 조성을 분석해 보면 확연한 차이가 있고, 이를 통해 동서양의 미각기호가 다른 것을 확인할 수 있다.

최근의 연구에 의하면 감칠맛이 나는 육수가 신맛보다 오히려 침 분비를 자극하는 효과가 있어서 입 마름 증세가 심한 노인들에게 육수를 사용해 본 결과 개선되는 효과가 있었다고 한다. 또 감칠맛이 음식의 맛을 좋게 하기 때문에 양로원에 거주하는 노인들의 식욕이 부진할 때에도 육수를 활용해 음식을 만들면 식사를 더 잘 받아들였다고 한다.

하지만 아직 우리나라에서는 감칠맛을 외식업 분야 외에 적극적으로 활용한 사례는 드문 편이다. 외식업계에서는 경쟁이 치열하고 맛있는 음식을 먹으려는 손님들의 열망이 높아서 감칠맛은 여러 가지 새로운 조리법에 활용되고 있다. 가장 흔한 방법은 소위 '육해공'이 다 들어갔다는 식으로 온갖 재료를 다 함께 사용해 감칠맛의 상승효과를 노리는 것이다. 다시마 외에 표고버섯이나 토마토 같은 식품도 식물성이지만 감칠맛이 난다. 그래서 여러 종류의 육수 재료를 혼합해 감칠맛을 상승시키는 나름의 '비법 육수'를 만드는 경쟁이 치열한 것으로 보인다.

8

향신료의 역사와 이용

허브가 식물의 잎을 이용한 것이라면 향신료는 식물의 씨앗, 껍질, 뿌리 등의 여러 부위를 이용한 것이다. 향신료는 미생물의 번식을 막아 주고 특히 육류가 상하는 것을 막아 주기 때문에 예부터 더운 지역에서 많이 사용했다. 또한, 음식물의 보존용도 외에도 음식의 맛을 좋게 하거나 채소로 이용되기도 했는데, 기원전부터 향신료를 사용했다는 기록과 관련 유적지가 세계 곳곳에 남아 있다. 구약성경 창세기의 요셉Joseph은 그의 형들에 의해 향신료 상인에게 노예로 팔렸다. 대략 기원전 2600~2100년에 이집트에서는 피라미드를 만드는 데 동원된 노동자들의 건강을 위해 양파와 마늘을 먹였다고 한다. 특히 이집트인들은 미라mirra를 만들 때 쿠민cumin, 아니스anise, 마조람marjoram, 계수나무cassia, 계피cinnamon 등을 사용하여 방부 처리를 했고, 계수나무와 계피는 중국과 남아시아에서 수입했다. 또 이집트의 상류층은 베델리엄bdellium, 발삼balsam, 몰약myrrh과 유향frankincense 같은 나무에서 채취한 수지를 태워서 그 연기로 집을 훈증했다. 이러한 방향성을 지닌 연기는 좋은 냄새로 그들의 신을 기쁘게 했고, 집을 소독했으며, 해로운 곤충과 좋지 못한 냄새를 없애줬다. 당시에는 식용 향신료와 의료용이나 종교 행사에서 사용되는 향료 사이에 명확한 구분은 없었다고 한다. 또 기원전 1000년 전부터 중국이나 인도, 우리나라에서는 허브와 약초를 의약품으로 사용했다. 이와 같이 향신료는 예부터 의약품, 종교의식물품, 화장품, 향수의 원료로 사용되어 왔다.

그런데 향신료의 주요 생산지가 인도와 동남아시아 등에 한정되어 있었기 때문에 일찍부터 수요가 있었던 다른 지역과의 거래가 이루어졌다. 기원전 2000년 전부터 남아시아와 중동지방에는 계피와 후추가, 동아시아에는 허브와 후추의 거래가 있었다고 한다. 육두구nutmeg◆272쪽는 동남아시아의 반다Banda섬이 원산지로 기원전 6세기경에 유럽에 소개됐다. 인도네시아 상인들은 중국과 인도, 중동과 아프리카 동해안까지 다녔고, 아랍 상인들은 중동에서 인도로 이어지는 경로를 따라 활발하게 향신료 거래를 했다. 이집트의 항구도시 알렉산드리아는 이때의 향신료 무역의 중심지였다. 유럽인들은 몬순monsoon 바람을 이용해 동양의 생산지에서 유럽으로 향신료를 가져갔다. 뱃길을 이용한 이러한 향신료 무역은 이후 점차 중동 아랍인들의 낙타를 이용한 대상caravans 무역◆267쪽으로 대체됐다.

향신료는 중세 유럽에서 가장 수요가 많았고 비싼 상품이었는데, 후추, 계피, 쿠민, 육두구, 생강, 정향clove◆272쪽 등이 주로 소비됐다. 중세 유럽에서는 큰 유행병이 반복됐기 때문에 허브와 향신료는 좋은 건강을 유지하는 데 없어서는 안 되는 식품이자 약품이었다. 게다가 모든 향신료는 아시아와 아프리카의 농장에서 수입됐기 때문에 비싼 편이었다. 따라서 12세기 무렵에는 유럽의 왕과 귀족 등 상류층들은 돈을 벌기 위해 향신료 무역에 대규모로 투자를 했다. 8세기부터 15세기까지 베니스 공화국Republic of Venice은 중동과의 향신료 무역의 독점권을 가지고 있었는데, 중세 후반에는 매년 후추

1,000톤과 기타 향신료 1,000톤씩을 유럽으로 들여왔다고 한다. 그리고 그들은 이러한 엄청난 양의 향신료를 수입해 부를 축적할 수 있었다. 스페인과 포르투갈은 베니스에게 향신료의 대가로 고액을 지불해야 하는 것이 불만이었다. 그래서 1499년에 바스코 다가마Vasco da Gama가 향신료 생산지와 무역로를 확보하기 위해 인도로 항해 길을 개척해 후추 시장을 발견했고, 베니스보다 훨씬 싼값으로 후추를 가져올 수 있었다고 한다. 또 포르투갈의 군인이었던 알부케르케Afonso de Albuquerque는 1506년에 홍해 입구에 있는 소코트라Socotra 섬을, 1507년에는 페르시아만의 오뮤즈 섬Ormuz을 각각 차지하여 인도로 가는 해상 루트를 확보했다. 포르투갈의 해상 루트는 실크로드를 보완했고, 그 때문에 동양에서 향신료를 포함한 많은 귀중품을 유럽으로 가져올 수 있었다.

1300년대는 유럽에서 흑사병과 전염병이 창궐했고, 전쟁과 기근으로 인구가 급격히 줄어든 시기였다. 이에 따라 살기가 어려워진 농민들의 크고 작은 폭동이 잇달아 일어났다. 프랑스에서는 1358년에 유명한 '자크리Jacquerie의 난'으로 불리는 농민 반란이 있었고, 또 영국에서도 귀족에 대항하는 농민 반란이 있었다. 인구 감소로 노동력이 부족했기 때문에 농업 노동력에 대한 임금을 올려야 했지만 의회를 장악한 귀족들은 1300년대 초기 수준으로 임금을 동결하려고 했다. 또 백년전쟁Hundred Years' War◆268쪽의 막바지 비용을 충당하기 위해 농지 임대료를 올리고 새로운 세금을 부과하려고 했다. 이에 농민, 소상공인, 도시 빈민들이 반란을 일으켜 당시 영국 왕인 리처드 2세Richard Ⅱ의 개선 약속을 받아 냈다. 그러나 반란군들이 왕의 약속을 믿고 해산하자마자 약속은 지켜지지 않았고 주동자들은 처벌됐다. 이에 다시 농민과 시민들이 모여 대항한 결과 임금과 농지 임대료에 대한 개선은 이루어졌으나 농노제 폐지는 끝내 이루어지지 않았다. 하지만 넓은 영지를 기반으로 유지되던 봉건제도와 농노제는 유럽의 사회경제적인 변화에 따라 차츰 사라져 갔다.

1400년대 들어서도 유럽에서는 흑사병이 주기적으로 발생해 인구가 감소했지만 1400년대 중반부터 서서히 안정됐다. 한 세기 동안의 전염병, 그리고 기아와 전쟁 때문에 인구는 줄어들게 되고 식량의 수요도 감소했다. 하지만 이후 농업 생산성은 회복되기 시작해 수요보다 공급이 많아지고 곡물 가격은 하락했다. 15세기가 되자 노동력의 부족으로 노동자들의 임금이 급격히 상승했고, 노동계층의 수입이 올라가자 그들의 생활환경과 식사의 질도 지속적으로 개선됐다. 곡물 값이 하락하자 빵에 대한 지출이 줄어들게 되고, 이에 따라 도시민들은 와인, 육류와 다른 사치품에 돈을 쓸 여력이 생겼다. 또 농부들은 가격이 하락한 곡물 대신 포도주 생산을 위한 포도 재배나 맥주 생산을 위한 홉 재배 등 특용 작물을 재배했다. 농촌으로 피난을 갔던 사람들이 다시 도시로 되돌아오고 상업이 활발해져 이탈리아의 여러 도시들은 향신료와 비단 및 모직 같은 고급 섬유를 수입했다.

유럽에서 향신료의 수요가 급증한 것은 이와 같이 1300년대에 유럽에 닥친 여러 재난 때문에 급격히 줄어든 인구, 다시 살아난 농업 경제, 그리고 극적으로 확장된 상업이 계기가 되어 일반 서민들의 생활수준과 식사의 질이 개선되던 시기였다. 한편 아메리카 대륙의 발견과 함께 많은 새로운 향신료도 소개됐는데, 올스파이스allspice, 고추, 바닐라vanilla, 초콜릿 등이 대표적이다. 이 덕분에 미국은 이러한 향신료 무역으로 많은 이익을 남기며 19세기를 맞이할 수 있게 됐다.

9
식초의 역사와 이용

식초는 영어로 vinegar비니거라고 한다. 'vinegar'는 프랑스의 'vin'과 'aigre'에서 유래했는데, 각각은 'wine'과 'sour'를 의미한다. 이러한 어원에서 볼 때 식초는 지나치게 발효한 와인이 시면 식초가 된다는 걸 우연히 발견하면서 사용하게 된 것 같다.

기원전 4000년경 바빌로니아 사람들은 대추야자 술, 건포도 술, 맥주 등으로 식초를 만들었다고 한다. 또 기원전 클레오파트라Cleopatra는 식초에 진주를 녹여 마셨다고 하니 이집트에서도 식초를 사용했음을 알 수 있다. 유명한 히포크라테스Hippocrates도 상처 치료에 식초를 사용했다. 이와 같이 사람들이 식초를 만들어서 사용한 역사는 수천 년 이상이라고 볼 수 있다.

또 그리스와 로마에서는 식초와 허브, 물을 섞은 '포스카Posca'라는 음료를 마셨는데, 이 음료를 처음 마시기 시작했던 그리스에서는 의료용이었다고 한다. 그러다가 기원전 2세기경부터는 로마 군인들과 하층민들 사이에서 매일 마실 수 있는 음료가 됐다. 이것은 발효나 저장이 잘못된 와인을 이용해 만든 음료였기 때문에 상류층은 마시지 않았다. 하지만 가난한 사람들에게는 열량과 비타민 C를 제공해 괴혈병을 막아 주는 건강음료이면서 나쁜 물맛을 가려 주는 용도로도 훌륭했다. 또 로마인들은 식초와 소금물로 채소를 절이는 등 요리에도 식초를 이용했다고 한다. 중세 유럽에서는 짜게 절인 생선이나 육류로 요리를 했는데, 이때 부자들은 향신료나 과일로 풍미를 돋우었지만, 가난한 사람들은 겨자와 식초를 첨가해 요리를 했다고 한다.

6세기 중반의 페르시아의 호스로 1세 아누시르반Khosrau I Anushirvan은 시크바즈Sikbāj라는 새콤달콤한 쇠고기 스튜를 가장 좋아했다고 한다. 시크sik란 페르시아어로 식초를 말한다. 페르시아뿐만 아니라 남부 메소포타미아에도 식초와 그을린 나무, 향신료 등을 넣고 조리하는 고기 스튜 요리법이 전해져 온다. 또 바그다드 사람들은 이미 중세에 아라비아 사막에서 난 송로버섯Truffle을 먹을 줄 알았다. 그러나 14세기에 와서야 송로버섯에 대해 알게 된 프랑스인들은 식초에 절이고 뜨거운 물에 불린 뒤 버터와 함께 식탁에 차려 내었다고 한다.

17세기 중엽에 요리사 바렌Pierre François de la Varenne이 발간한 요리책에도 식초 사용에 관한 내용이 있는데, "소스는 고기에서 떨어지는 국물에 식초, 레몬즙, 신 포도즙, 생밀green wheat 등과 혼합해 만든다"고 했다. 식초는 이와 같이 각종 요리나 샐러드를 만들 때 독특한 풍미를 낼 수 있는 재료로, 미생물의 증식을 막는 효과적인 방부제로 사용되어 왔다.

오늘날에는 식초를 요리나 식품 저장에 사용하는 것 외에 로마인들처럼 건강에 도움이 된다고 생각해 다양한 열매와 과일, 곡류로 만든 식초에 물을 타서 음료수처럼 마시는 사람들이 많아졌다. 여러 학자들이 보고한 문헌들을 살펴보면, 음식과 함께 식초를 먹었을 때 먹은 식초 양에 따라 다르지만, 혈당과 인슐린을 대략 20~30% 정도 낮추는 효과가 있었고, 공복감을 덜 느낀다고 했다.

따라서 당뇨병 환자나 체중 감량을 위해 다이어트를 하는 사람들이 식초를 마실 경우 건강상 유익한 점이 있다. 식초에는 대략 5% 내외의 아세트산acetic acid을 함유하고 있는데, 이 아세트산이 소장에서 이당류 분해효소disaccharidase의 작용을 억제해 당 흡수를 지체시키기 때문에 이러한 효과가 생기는 것으로 보고 있다. 피클이나 식초가 들어간 다른 음식으로 먹어도 이러한 효력이 있었으나, 식초를 중탄산나트륨sodium bicarbonate으로 중화시킨 샐러드드레싱으로 먹었을 때는 효과가 없었다고 한다. 즉 식초의 혈당 저하 효과는 식초 속에 있는 아세트산의 효과인 것이다. 그렇지만 각종 과일과 열매에 들어 있는 항산화 성분이나 비타민, 무기질을 함께 섭취할 수 있기 때문에 음료수의 한 종류로 마시는 것은 괜찮은 것으로 보인다. 그러나 식초에 물만 타서 마시기 어렵기 때문에 당을 첨가하면 흡수되기 쉬운 열량을 추가로 섭취하게 되고, 치아나 위에도 강한 자극을 주게 된다. 또 공장에서 대량생산되어 색소나 향을 첨가한 식초를 마시면 첨가물도 함께 섭취하게 되므로 주의해야 한다.

또 하나 최근에 알려진 식초 활용 방법은 우리나라 관료들이 흔히 이야기하는 6차 산업화된 농업의 전형적인 예로 삼을 만한 사례인데, 식초에 적합한 품종의 포도를 길러서 오랜 기간 전통적인 방식으로 발효시킨다. 이렇게 오랜 기간 서서히 발효시키면 이이스트와 초산 박테리아로 이루어진 점성물질slime이 축적될 수 있다. 이것을 유명 디자이너가 디자인 한 병에 고급스럽게 담아서 전 세계에 판매하여 식초의 고급화나 명품화를 추구하는 것이다.

북이탈리아의 모데나Modena나 일본의 가고시마현은 전통 식초를 관광자원으로까지 활용해 식초 하나로 도시를 알리고 관련 산업과 관광까지 활성화하는 효과를 거두고 있다고 한다. 심지어 모데나를 방문한 신혼부부들은 식초뿐만 아니라 나무로 만든 식초 발효통도 사서 돌아가고 싶어 한다고 한다. 식초는 오랜 기간 동안 식품을 저장하는 방부제나 보존제로 활용됐고, 음식의 맛을 산뜻하게 북돋아 주는 양념으로 사용되어 왔다. 인류는 과거에도 식초를 의료용이나 음료로 활용한 적이 있었지만, 최근 들어 비만이나 당뇨병의 발병률이 증가함에 따라 일종의 건강 음료로 활용하기 시작했다. 이 과정에서 좋은 재료를 사용해 오랫동안 발효시킨 고급식초를 제조해 관광 자원으로까지 활용하게 됐다.

제4장

미각기호에 미치는 사회적·문화적인 영향

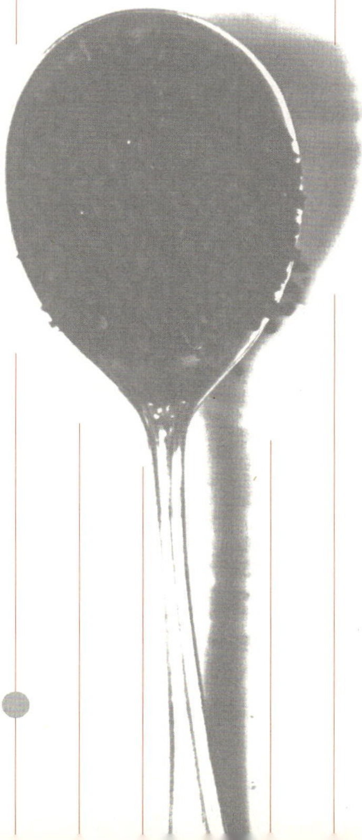

1

미각기호에 미치는 사회적인 영향

보통 다른 나라로 이민을 간 집단에서 가장 늦게 바뀌는 것이 음식이라고 한다. 아마도 음식이 그들의 정체성과 가장 밀접하게 연관되어 있기 때문일 것이다. 음식은 탄생, 결혼, 죽음 등과 관련된 많은 사회적 기본 의식basic social rituals에서 중심적인 역할을 하고, 가족 내에서나 가족 외의 모임에서 대화의 중심 소재가 된다. 또 음식은 그 음식을 먹는 사람의 사회적 위치를 보여 주고, 그 사회가 공유하는 문화 활동의 하나가 되기도 한다. 특히 오늘날은 전 세계가 마치 하나의 국가처럼 다른 나라 사람들과의 교류가 빈번하다. 그렇기 때문에 외국인들에 대한 이해의 폭을 넓히는 측면에서나 또 관광 활성화나 수출을 위한 상품을 제작하는 산업적인 측면에서도 다른 나라의 음식과 그 맛을 사회적·문화적으로 이해하는 것은 의미 있는 일일 것이다.

건강에 좋은 음식이나 채식을 하는 사람들에 대해서 세련되고 매력적이라거나 도덕적인 사람일 것 같다는 이미지를 갖고 있는 사람들이 있는 반면에, 어딘지 모르게 행복해 보이지 않는다거나 반사회적인 성향일 것 같다고 생각하는 사람들도 있다. 우리가 어떤 음식을 선택하거나 어떤 음식 맛을 학습하고 좋아하게 되는 데는 자신뿐만 아니라 주변에 살고 있는 사회 구성원들의 생각에 영향을 많이 받는다. 즉, 음식은 사회의 영향을 받고 다시 사회에 영향을 준다. 같은 굴을 먹는다고 하더라도 고급 레스토랑에 손님으로 가서 먹는 것과 어부가 바닷가에서 굴을 까먹는 것은 맥락이 다르다. 이 두 상황에서 굴을 무슨 양념으로 어떻게 요리하고 어떠한 방식으로 먹는지, 그리고 어떤 사람들과 그러한 맛을 공유하는지, 또 다른 사람들은 왜 그렇게 하지 않는지에 대해 이해하려면 그 식사가 이루어지는 상황과 환경에 주목해야 한다. 해당 지역 사람들의 명절이나 매일 먹는 일상 음식, 축제, 공적인 의례 의식, 사적인 기념일 등의 사회적 환경과 특정 음식 재료가 생산될 수 있는 환경적 요인들을 모두 고려할 때 그 음식과 맛에 대해 더 잘 이해할 수 있다.

음식을 먹을 때 단지 다른 사람이 한 명 더 있다는 사실만으로 음식 섭취량이 40~50%까지 증가한다고 한다. 그리고 그 사람이 가족이나 친한 사람일수록 섭취량은 더욱 많이 증가한다. 이렇게 인간의 먹는 행동은 다른 사람의 영향을 받는다. 또 개인이 음식에 대해 가지는 태도나 신념도 그 사회가 갖고 있는 환경적·문화적 배경, 주민들의 생활 스타일, 건강에 대한 관심, 사회 관계망social & community networks 등과 같은 사회적인 요소의 영향을 받아 형성된다. 요즘 '독거노인', '혼술족', '혼밥족'이라는 말이 생겨나듯이 가족이나 여러 사람과 함께 나누는 식사가 점차 사라지고 있어 이를 걱정하는 사람들이 많다. 하지만 여전히 우리 사회는 함께 나누는 식사를 중요하게 여기고, '밥 한 끼 나누는 일'을 축하나 위로, 친교의 목적으로 기꺼이 실행하고 있다. 원래 식사는 사회적 활동의 하나로 시작됐지만, 함께 먹는 식사에서도 식탁 위의 여러 음식 중에서 특정 음식을 선택하는 것은 각 개인들의 몫으로, 각자가 씹고 각자가 소화한다. 이처럼 음식을 먹는 활동 자체는 개인적이다.

그러므로 음식을 사회적 차원에서 이해하자면, 기본적으로 식품이 상징하는 의미를 그 사회에 속한 각 개인들이 어떻게 해석하는가를 봐야 한다. 예를 들면 우리들은 특정 음식에 대해 '건강한' 또는 '정력에 좋은' 등과 같은 태도나 신념을 가질 수 있다. 반대로 식품 타부food taboo를 믿어서 어떤 음식을 먹으면 '피부에 좋지 않다'거나 '젖이 잘 나오지 않는다'고 생각하는 사람도 있다. 또 자연과 우주에 대한 기본적인 태도가 있어서 특정 음식을 '신성한' 또는 '불결한'과 같은 태도로도 대할 수 있다.

그다음으로 개인이 이해하고 있는 그 상징적 의미들이 어떻게 특정한 맛에 대한 기호가 되고 식습관으로 형성되는지를 살펴볼 필요가 있다. 우리는 단지 한국인으로 태어나서 한국 음식을 먹었기 때문에 그냥 그 맛을 좋아하게 된 것이기보다는 우리 사회에서 통용되는 기준에 따라 능동적으로 음식 맛을 학습해 가면서 좋아하게 된 것이다. 우리는 가정에서 매일 가족들과 음식에 대해 대화를 나눈다. 또한 매일 저녁에 보는 텔레비전에서는 유명 셰프나 요리전문가가 우리에게 새로운 음식이나 요리법을 소개한다. 게다가 전국의 축제와 식품 페스티벌, 인터넷, 와인 시음회, 학교급식 등의 여러 기회를 통해서도 새로운 음식과 음식 맛에 대해 배운다. 이러한 과정 속에서 다양한 경험을 해 보고 좋아하는 맛을 수용하면서 차츰 습관이 되는 것이다.

동일한 사회에 살고 있더라도 어떤 집단은 다른 사람들에 비해 음식을 선택함에 있어서 느끼는 사회적 압력이 다르다. 여성들이 남성에 비해 날씬한 체형에 대한 압박이 심한 것처럼 사회경제적 계층에 따라 좋아하는 미각기호도 다르다. 낮은 계층에서는 지방 식품, 특히 포화지방 섭취가 많고 과일과 채소 섭취가 적다.

사람들은 중요한 사람이거나 존경받는 사람이 좋아하는 음식을 좋아한다. 이 경우에는 음식이 오히려 사회에 영향을 주게 된다. 중요한 사람이 표현하는 긍정적인 감정의 표현은 공감 과정을 거쳐 많은 사람에게 유사한 감정을 불러올 수 있기 때문이다. 많은 사람들이 연예인이나 대통령이 좋아하는 음식에 관심을 보이는데, 최근에는 문재인 대통령이 먹은 점심 메뉴나 영부인이 만들어 선물한 인삼정과 등이 연일 매스컴에 소개되고 있다. 대중들이 궁금해 하는 만큼 파급 효과도 크다. 또 과거 김영삼 대통령 때는 칼국수가, 김대중 대통령 시절에는 홍어 삼합 같은 전라도 음식이 역시 많은 관심을 끌었다.

식생활에서 아이들이 혼자 결정할 수 있는 것은 매우 적다. 자신에게 제공되는 것을 그대로 먹는 경우가 대부분이기 때문이다. 따라서 맛에 관해서는 부모의 태도를 배울 수밖에 없다. 아이들은 대체로 부모가 좋아하는 음식을 좋아하게 된다. 그러나 이러한 요인들은 음식기호에 간접적으로 영향력을 미치는 것이어서 언제나 강력한 효과가 있는 것은 아니다. 실제로 부모들 중에는 자녀들에게 특정 음식을 먹이기 위해, 또는 먹지 못하도록 하기 위해 노력하지만 부모와 다른 음식기호를 보이는 아이들도 많다. 단맛이 아이들의 입맛을 사로잡는 것과 같이 강력한 직접적인 요인이 있으면 나머지 요인들의 영향력은 상대적으로 힘을 발휘하기 어렵기 때문이다. 이와 같이 사람이 특정한 음식기호를 가지게 된 데에는 한두 가지 요인으로 설명하기 어려울 때가 많다.

또 특정 음식에 대한 기호를 사람들이 중요한 것으로 생각할 때나 어떤 음식을 보상으로 사용할 때에도 그 음식의 맛을 좋아하게 된다. 우리나라 사람들 중에 처음 포도주를 맛보았을 때 처음부터 좋은 맛이라고 느낀 사람은 그리 많지 않았을 것이다. 그러나 사교적인 모임에서 포도주를 마시는 것이 점차 중요한 화젯거리가 되고, 얼마나 비싼 술을 얼마나 다양하게 먹어 보았는지에 따라 은근히 세련된 사람이라거나 중요한 사람으로 간주되는 풍토가 조성되면서 점차 포도주 애호 인구가 늘어나기도 했다. 이런 현상은 외국에서도 마찬가지이다. 처음 생선초밥을 맛본 캐나다의 시골처녀는 이상한 검은 종이 같은 김에 싸인 밥이 그리 맛있게 느껴지지 않았을 것이다. 또 날생선이나 젓가락을 사용해야 하는 식사법도 그다지 호감이 가지 않았을 수 있다. 그러나 주변 사람 모두가 자연스럽게 젓가락으로 생선초밥을 먹으면서 건강에 좋은 깔끔한 맛이라고 하면 차츰 먹어 보려고 애를 쓰게 된다. 예루살렘의 청소년과 성인을 대상으로 그들의 문화적 배경에 따라 구분한 결과, 북아프리카 출신들은 유럽 출신들보다 단 음식을 더 많이 먹었는데 그들의 출신지에 따라 당질 섭취에 차이가 있었다고 한다. 이러한 사실들은 결국 사람은 사회적 환경에서 생활하며 경험한 대로 맛에 대한 기호가 달라질 수 있음을 보여 준다.

2

유럽의 지역별 음식문화

한 조사에서 유럽인들에게 육류 음식에 채소를 곁들인 '일품식single dish'과 다양하고 양이 적은 개별 음식으로 이루어진 '구성된 식사composite meal'의 두 가지 식사 형태 중에서 보다 선호하는 것을 선택하게 했다. 그 결과에 따라 유럽 지역을 나누었더니 라틴과 앵글로 색슨, 게르만 등으로 음식문화 경계가 명확하게 구분됐다고 한다. 경계선은 유럽 대륙의 서쪽인 벨기에 남부, 북부 프랑스, 스위스 서부를 지나서 독일과 프랑스 사이에 그어졌다. 이 경계선의 북쪽은 일품식에 대한 선호가 뚜렷했고, 경계선의 남쪽은 다수가 구성된 식사composite meal를 좋아했다고 한다. 그러나 예외적으로 비엔나, 브뤼셀, 코펜하겐의 3개 도시는 유럽의 중앙과 북부에 위치했지만 남쪽의 '라틴 유럽'과 같은 기호패턴을 보였다고 한다. 이것은 해당 나라의 수도인 이 대도시들이 아마도 '국제도시cosmopolitan'적인 음식문화를 가지고 있었기 때문일 것이다. 이와 같이 선호하는 식사 형태 하나만으로도 게르만계와 라틴계를 나눌 수 있을 만큼, 사는 지역과 문화에 따라 우리가 매일 먹는 음식과 식사 형태는 크게 달라질 수 있다.

그림 7 유럽 음식 지도

유럽의 전통음식과 지역별 음식문화에 관한 여러 문헌을 참고로 해서 지리적 위치에 따른 음식문화의 차이를 살펴보기 위해 〈그림 7〉에서와 같이 유럽 전역을 12개 지역으로 나누어 보았다. 이렇게 지역별로 나누어 식문화를 비교해 보면, 그 지역에서 생산된 주요 식품과 자연적·사회적인 식생활 환경에 관한 정보를 알 수 있다. 즉 주민들에 의해 수용되는 맛과 그렇지 못한 맛, 특정 음식과 그 음식을 먹는 상황과 시간 그리고 사람들과의 관련성, 음식에 대한 가치관, 음식 재료와 재료의 조합 및 특정한 나라와 지역, 인종의 조리 방법들을 엿볼 수 있다. 또 이러한 정보를 활용해 지역별로 그들이 선호하는 음식과 그 맛의 유사성 및 차이점 들을 비교해 볼 수 있다.

• 게르만 지역 독일, 오스트리아, 스위스

독일의 전통음식으로는 훈제 햄인 슈바르츠발트Schwarzwälder Schinken, 소시지 튀김인 튀링거 로스트브라트부르스트Thüringer Rostbratwurst, 독일식 라비올리인 슈바벤 몰타쉔Swabian Maultaschen과 호밀 흑빵인 품퍼니클pumpernickel이 유명하다. 품퍼니클은 수증기가 가득 찬 오븐에서 24시간 동안 서서히 구워서 딱딱한 겉껍질이 없고 색이 어두운 것이 특징이다. 한편 오스트리아의 전통식으로는 조각 낸 팬케이크인 카이저슈마렌Kaiserschmarrn, 메밀 요리Buckwheat dish, 익힌 누에콩 요리Broad beans, 절인 소시지Cured sausage, 감자 경단Erdäpfelknödel 등이 있다. 오스트리아 사람들은 커피를 좋아하고 사첼토르테Sachertorte라는 초콜릿 케이크와 아펠스트루델Apfel strudel이란 페이스트리pastry도 좋아한다.

전체 게르만 지역에서는 얇은 송아지 고기를 튀긴 쉬니첼Schnitzel, 채소와 보리 등의 곡식과 만두를 넣은 풍성한 고기 스튜인 아인토프Eintopf, 식초에 절인 쇠고기나 돼지고기를 볶은 사우어브라튼Sauerbraten 등의 육류 요리가 인기가 있다.

예전 프레데릭Frederick 대왕이 흉년에 대한 대책으로 1744년 모든 농부들에게 감자 재배를 지시한 이래로, 감자는 이 지역의 거의 모든 음식에 사용되는 식재료이다. 또 하나 중요한 작물은 양배추인데, 소금을 넣고 발효시킨 사우어크라프트Sauerkraut는 우리나라 김치처럼 소시지나 육류와 잘 어울려 많은 음식에서 재료로 사용되거나 곁들이는 음식으로 사용된다.

독일과 오스트리아의 음식들은 이 지역에서 많이 생산되는 귀리, 메밀, 감자, 누에콩 등과 돼지고기로 만든 햄, 소시지 등의 가공육을 이용한 음식이 대부분이고 열량 함량이 높은 편이다. 특히 소시지는 오랜 기간 동안 즐겨 먹어 온 전통음식으로 현재도 1,500가지 이상의 제조법이 전해져 온다고 한다. 하지만 과거에는 발효시킨 양배추를 빼고는 채소나 과일 섭취가 드물었고, 현대 영양학의 관점으로만 보자면 그다지 건강식이라고 할 수는 없었다.

하지만 현재는 지방이 거의 없는 고기를 이용하고 설탕이 들어 있지 않은 음료를 마시는 등, 건강에 대한 관심이 많고 요리하는 것을 좋아한다고 한다. 외식업이 활발하고 맛있는 음식에 대한 지역민들의 관심이 높지만, 패스트푸드는 별 인기가 없다. 간식을 먹는 습관도 유럽에서 가장 건강한 편으로 사과와 신선한 과일을 먹고, 스파클링 광천수sparkling mineral water, 과일 주스, 허브 차를 즐기는 사람이 많다. 원두커피를 마시며, 와인, 맥주, 콜라와 기타 소다수는 유럽인의 평균 정도로 이용한다고 한다. 이상을 종합해 보면 독일인들은 변함없이 전통음식을 즐기지만, 그 입맛은 화려한 편은 아니며, 건강에 좋은 음식을 선호하는 성향임을 알 수 있다.

• 네덜란드와 플랑드르 지역 벨기에, 네덜란드 남부, 프랑스 북부지역에 걸친 중서의 나라

이 지역의 사람들은 전통적인 식습관을 가지고 있다. 대개 저녁 한 끼는 감자, 돼지고기나 다른 육류, 수프, 생선, 채소와 과일 등을 포함하는 열량이 높은 풍부한 식사를 하지만, 나머지 두 끼는 빵과 버터를 위주로 하는 간편식을 먹는다. 아침 식사 때와 오후 4시경 티타임 때는 차를 즐겨 다신다. 오전 11시경에 먹는 간식인 '일레븐즈스Elevenses'에는 우유나 크림을 넣은 커피를 마시고, 저녁 식사 후에도 커피를 마신다. 대개 오후 5시경에는 네덜란드 진인 보렐Borrel이나 쉐리Sherry와 함께 미트볼 에피타이저인 비틀바른Bitterballen을 먹는다. 핫스폿Hutspot은 스튜처럼 만든 전통음식인데, 덩어리 고기와 채소를 넣고 오래 끓인 뒤 채소를 으깨고 그 위에 고기를 잘라서 올려 먹는 음식이다.

또 연중 어느 때나 저녁 외식 때에는 리즈스타펠Rijsttafel이라는 쌀과 함께 향신료를 듬뿍 넣은 여러 음식으로 구성된 인도네시아풍의 식사를 즐긴다. 리즈스타펠은 과거 식민지 시대에 인도네시아의 자카르타를 비롯한 큰 도시의 레스토랑에서 먹을 수 있었던 가장 훌륭한 만찬이었다고 한다. 1949년 인도네시아가 독립한 이후로는 별다른 교류가 없지만, 그때의 영향이 음식문화에 남아서 암스테르담을 비롯한 네덜란드 곳곳에 소규모 배달 전문 음식점들이 생겨났고, 현재까지 리즈스타펠을 구성하는 요리들을 맛볼 수 있게 된 것이다.

• 브뤼셀과 왈로니아, 룩셈부르크 지역

와플은 벨기에를 생각할 때 가장 먼저 떠오르는 대표적인 음식 중의 하나이다. 벨기에 와플은 길쭉한 사각형 모양이고, 빵틀의 깊이가 다른 것의 2배 정도로 깊다고 한다. 그런 와플 틀에 반죽을 부은 다음 틀에서 바스락거리며 분리될 정도로, 완전히 구워 내는 것이 특징이다.

와플 외에 체리파이Kriekentaart도 유명하다. 채소로는 엔다이브Belgian endives가 알려져 있는데, 생으로 새우나 샐러드 재료와 함께 먹기도 하고 전체를 구워서 먹거나 햄이나 다른 육류와 함께 카세롤casseroles로 만들기도 한다. 스툄프Stoemp는 버터와 크림을 풍부하게 넣은 으깬 감자 요리로, 다진 당근 및 양파 소스와 함께 먹는다. 또 스튜로는 쇠고기로 만든 프에메쉬 스튜Flemish stew와 워터주이Waterzooi가 유명하다. 워터주이는 크림이 들어간 스튜로 해물, 민물고기, 파, 버터, 계란 등이 들어가고 요즘에는 생선 대신 닭

고기가 더 자주 쓰인다. 이외에도 미트로프 및 미트볼도 지역의 전통음식이며, 토끼Lapin도 다양한 요리에 이용된다.

상대적으로 정교한 음식문화를 가지고 있으며, 외식을 즐기고 감각적인 즐거움을 중요하게 여긴다. 유럽에서 가장 초콜릿을 사랑하고 모든 종류의 초콜릿 제품을 즐긴다. 벨기에는 잘 알려진 대로 맥주문화가 발달했지만, 맥주 외에 적포도주와 광천수flat mineral water도 좋아한다. 이외에도 폴트Port, 마티니Martini와 기타 식전에 먹는 술도 즐기지만 차와 백포도주는 적게 마신다. 이 지역도 최근에는 점점 패스트푸드와 포장 음식 이용도가 증가하고 있다.

• 프랑스와 스위스의 프랑스어 지역

오늘날의 프랑스 요리는 화려하고 세련된 맛으로 알려져 있다. 그것은 14세기에 샤를 5세Charles V의 요리사였던 기욤 티렐Guillaume Tirel이 그때까지의 중세 프랑스 요리의 레시피를 모아서 책으로 발간한 것이 기초가 됐다. 이후 1651년에 프랑수아 드 라 바렌François Pierre La Varenne은 『프랑스 요리』라는 책에서 새로운 식사 규범과 근대적인 요리법을 제시했다. 그전까지 프랑스 요리는 이탈리아의 영향을 크게 받았는데 이러한 탁월한 요리사들에 의해 요리 기술이 앞서게 됐고 이것을 유럽의 다른 지역에 전하여 프랑스 요리의 명성을 쌓을 수 있었다.

중세에는 귀족들 사이에서 연회가 자주 베풀어졌는데, 소스는 양념이 강하고 걸쭉했으며 겨자 냄새가 진했다고 한다. 또 파이는 음식이라기보다 음식을 담는 그릇에 가까웠다. 처음에는 그릇처럼 딱딱하게 만들어졌다가 중세 말부터 잘 부서지는 오늘날과 같은 파이가 만들어졌다. 또 식사 끝에는 설탕이나 꿀에 향신료를 넣어 굳힌 것이나 숙성시킨 치즈, 향신료를 넣은 포도주spiced wine 등을 마셨는데 이것이 오늘날의 후식으로 발전됐다고 한다. 연회를 자주 하다 보니 많은 음식을 준비하고 만들어야 했기 때문에 음식 재료에 소금, 향신료, 벌꿀 등을 넣어 재료를 오래 보존하는 기술이 발달했다. 가축들은 겨울이 시작되면 도살해 소금에 절이거나 훈연했고, 소금물에 담갔다가 말리기도 했다. 채소는 병에 넣어 염장했고, 과일류나 견과류, 뿌리채소 등은 꿀과 함께 끓여 보관했다. 이러한 앞선 조리 저장 기술은 다른 지역의 음식문화에까지 영향을 미쳤다.

이 지역은 브뤼셀, 왈로니아Wallonia, 룩셈부르크와 유사한 식문화 패턴을 보이는데 감각적 즐거움을 중요하게 생각한다. 치즈와 포도주는 종류가 많고 섭취량도 많기 때문에 프랑스 음식에서 가장 중요한 식재료로 볼 수 있다. 지역에 따라 음식과 음식 재료가 매우 다양한데, 이러한 지역 음식은 도시의 부르주아 요리와 함께 프랑스 음식의 다양성을 보여 준다. 적포도주와 광천수를 즐기며, 단맛의 식전 주aperitifs를 흔히 마신다. 또 허브 차와 서로 다른 맛의 음료를 섞어 마시는 음료ready-mixed drinks를 좋아하지만 백포도주와 콜라, 차는 적게 마신다. 이 지역은 노르웨이와 함께 가장 맥주를 마시지 않는 지역이다. 주중에는 주로 간편 식품을 이용하고 주말이나 특별한 경우에만 요리하는 경향이 뚜렷하다. 이 지역도 점점 패스트푸드와 포장 음식take-away meals을 이용하려는 경향을 보인다.

• 스페인

스페인에서는 아침에 진한 커피나 뜨거운 초콜릿과 함께 추로Churro를 먹는 식으로 간단히 먹는다. 추로는 길쭉한 막대모양의 도넛인데 스페인의 전통 음식이다. 스페인 남부는 약 800년간 아랍의 지배를 받았기 때문에 이들의 영향으로 쌀, 시금치, 근대, 세몰리나Semolina, 가지, 설탕, 사프란Saffron 등이 도입됐다.

스페인은 유럽에서 쌀을 가장 많이 생산하고 소비하는 나라로 유명하다. 특히 쌀로 만든 요리인 빠에야Paella는 과거에는 가난한 농부들의 식사였지만 오늘날에는 스페인 음식 중 가장 널리 알려진 대표적인 요리이다. 빠에야는 오목한 모양의 넓은 철판 위에 주재료인 쌀과 올리브유, 고기와 갖은 야채를 사프란과 함께 익힌 음식이다. 사프란은 보랏빛 크로커스의 암술로 가장 비싼 향신료 중의 하나이다. 또 야채와 병아리콩, 고기를 스튜처럼 오랜 시간 익힌 코치도Cocido도 유명하다. 가정에서 쉽게 만들어 먹는 안달루시아의 여름철 전통음식인 가스파초Gazpacho는 덥고 건조한 날씨 때문에 차게 해서 먹는 토마토 수프이다. 쇠고기나 닭고기 육수에 다진 토마토 외에 고추, 양파, 고수 잎, 바질, 오이, 아보카도를 넣고 포도로 만든 식초와 올리브유를 넣어서 만든다. 한편 하몽Jamón은 돼지 뒷다리로 만든 햄이다. 그중 하몽 이베리코Jamon Ibérico는 도토리를 먹여 키운 이베리코 흑돼지로 만든 최상품으로 알려져 있다.

스페인은 다른 남유럽 국가들과는 달리 샐러드 요리가 많지 않다. 야채는 대부분 익혀 먹거나 수프에 사용하는 편이다. 저녁은 보통 밤 10시경에 먹기 때문에 늦은 오후나 이른 저녁에 음료와 함께 타파스Tapas라는 작은 접시에 담긴 술안주 같은 음식을 먹는 전통이 있다. 또 상그리아Sangria는 와인과 과일로 만든 펀치punch인데 스페인 사람들이 즐겨 마시는 음료이다. 맥주보다 광천수를 섞은 적포도주를 더 좋아하지만 프랑스 사람보다는 적포도주를 덜 마신다. 디저트로는 커스터드custard를 구워서 캐러멜을 씌운 프랜Plan이 알려져 있다.

• 포르투갈

포르투갈의 1인당 생선 소비량은 유럽에서 가장 많다. 바깔라우Bacalhau라는 소금에 절이거나 건조시킨 대구를 많이 먹는다. 문어 요리가 유명한데 아로스 데 폴부Arroz de polvo는 문어 국밥과 비슷한 음식이다. 또 풀포아 라 가예가Pulpoa la gallega라는 전통음식은 문어를 두드려서 부드럽게 만든 다음 썰어서 그릴에 굽거나 볶은 후, 익힌 감자와 함께 먹는 음식이다. 포르투갈의 주요 식재료는 돼지고기와 생선인데, 돼지고기와 칠리 및 파프리카를 넣은 초리소Chorizo라는 매운 소시지가 유명하다. 또 피리피리 치킨Pripri chicken은 포르투갈 고추인 피리피리로 만든 소스를 발라 구운 통닭구이이다.

이와 같이 포르투갈 음식은 대체적으로 소박하고 서민적이다. 식사는 여전히 중요한 사회적 이벤트이고, 작고 가벼운 여러 가지 요리들로 이루어져 있다. 간편식품은 잘 이용하지 않고, 푸짐하게 먹는 편이지만 조리법은 단순하다.

과거 포르투갈은 남미, 아프리카의 대서양쪽 해안 지역, 인도양을 거쳐 인도나 마카오 등 유럽 바깥의 세상과 교역이 활발했다. 그래서 그 지역으로부터 옥수수, 토마토, 파인애플, 감자, 호박, 콩과 같은 이국적인 식재료를 많이 받아들였다. 채소로는 고추, 마늘, 양파, 토마토, 감자를 많이 사용하는데, 날것으로 먹기보다는 주로 익혀서 먹는다. 익힌 감자는 쌀과 같은 탄수화물 음식과 함께 먹기도 한다. 과일 향이 나는 음료수와 인스턴트커피를 많이 마시고, 소다수와 시롭Sirops, 맥주는 적게 마시는 편이다. 또 이들은 과일 파이, 샌드위치, 케이크, 비스킷, 치즈팝콘과 같은 간식을 매우 좋아하고 많이 먹는 편이다. 스페인과 마찬가지로 계란으로 만든 캐러멜 프랜Caramel Flan이 디저트로 인기가 있다. 그리스와 함께 포르투갈 사람들은 유럽에서 술을 가장 많이 마시는 편에 속한다.

• 이탈리아

로마인들은 향신료와 허브를 많이 쓰는 미식 문화를 추구했고, 이국적인 문화도 담대하게 잘 받아들였다. 이탈리아 음식은 기원전 4세기로 올라갈 만큼 오랜 역사를 자랑한다. 과거에는 그리스인을 제빵사로 고용했다. 시칠리아에서는 치즈를 들여왔고 식용을 위해 염소를 길렀으며 아티초크artichokes와 리크leeks도 재배했다. 9세기경에 시칠리아 섬을 침입한 아랍인들로부터 시금치, 아몬드, 쌀 등이 전래됐다. 12세기에는 노르만이 카세롤casseroles, 염장 대구salt cod, 건어물 등을 가져왔다. 16세기에는 유럽에서 가장 세련되고 발달한 음식문화를 자랑했고, 프랑스를 비롯한 주변국들에 영향을 주었다. 오늘날에도 사용되는 주요 식재료인 토마토, 감자, 피망, 옥수수, 마늘, 오렌지 등은 18세기 중반이 되어서야 이탈리아에 소개됐다고 한다. 19세기까지 오늘날처럼 한 나라로 통일되지 않았기 때문에 음식도 지역적 특색을 반영해 다양했다.

북부 이탈리아Milan는 리소토Risottos, 중부 이탈리아Bologna는 토르텔리니Tortellini, 남부 이탈리아Naples는 피자Pizzas와 스파게티Spaghettis로 유명하다. 북부는 독일과 로만 문화가 섞여 있고, 남부는 아랍의 영향을 받아 지중해식 요리가 퍼져 나갔다. 대부분의 이탈리아 요리는 재료가 4~8개 정도로 단순한 편이며, 공들여 조리하는 것보다 질 좋은 제철 재료를 사용해 맛을 내는 편이다. 포도로 만드는 발사믹 식초Balsamic vinegar와 치즈, 와인과 커피 특히 에스프레소Espresso는 이탈리아 음식에서 중요한 요소이다.

이탈리아는 프랑스어를 사용하는 지역처럼 감각적 즐거움을 추구하는 특성이 있으며, 음식에 대한 관심이 많고, 일상적으로 음식 이야기를 자주 나눈다. 이탈리아 음식은 세계의 수많은 음식 중 가장 인기 있는 음식으로 꼽히는데, 올리브유와 신선한 야채를 주로 이용하고 와인을 곁들이는 건강식이다. 적포도주와 스파클링 와인, 광천수는 중요한 음료이다. 마티니나 다른 종류의 식전 주酒, 코냑 같은 몇몇 독한 술은 자주 마시지만, 인스턴트커피, 과일 시럽, 허브 차와 과일 주스는 적게 마시는 편이다.

• 그리스

그리스는 스페인, 아랍, 이탈리아처럼 거의 모든 음식에 올리브유를 사용한다. 식사는 몇 가지의 가벼운 음식으로 이루어진 전형적인 지중해식으로 한다. 아침은 간단히 차나 커피, 빵을 먹고 저녁은 늦게 먹는데, 저녁을 먹기 전 늦은 오후에 메츠Mezze라는 작은 그릇에 담긴 술안주 같은 음식들을 먹는다. 메츠는 스페인의 타파스Tapas와 유사하다. 그리스식 꼬치구이인 수블라키Souvlaki, 양고기와 가지, 토마토 등의 채소 및 치즈를 넣고 오븐에 구운 무사카Moussaka, 그리스식 샌드위치인 기로스Gyros, 쌀과 채소를 포도잎에 싸서 찐 돌마데스Dolmades 등의 전통음식이 널리 알려져 있다.

또 차지키Tzatziki 소스가 유명한데, 이 소스는 양이나 염소젖으로 만든 그리스식 요구르트에 오이, 마늘, 허브, 식초 등을 넣고 맛을 내는데, 빵에 찍어 먹거나 우리나라의 김치나 된장처럼 대부분의 요리에 곁들여 먹는다. 피타Pita빵도 유명하다. 이 빵은 가운데에 빈 공간이 있어서 반으로 잘랐을 때 포켓처럼 그 속에 햄이나 치즈 등을 넣어 먹을 수 있는데, 대부분 집에서 만들기보다는 빵집에서 사서 먹거나 집에서 만든 반죽을 가지고 가서 빵집에서 구워 온다.

그리스는 남유럽의 다른 나라들보다는 향신료를 좀 더 쓰는 편이다. 전통적으로 국토의 70%가 산지로 되어 있어서 암석이 많은 지형 특성상 주로 양이나 염소를 키워 고기와 젖을 이용했다. 또 해안선이 길고 복잡하며 섬이 많아 문어를 비롯한 각종 해산물이 풍부한 것도 특징이다. 따라서 양고기, 염소고기, 닭고기와 각종 해산물이 주요 식재료였고 소고기는 그리 많이 이용되지 않았다. 하지만 최근에는 수입된 햄버거 문화가 그리스를 매혹시킨 듯하고 콜라도 매우 좋아한다. 이 밖에 백포도주, 레시나Retsina와 우조Ouzo라는 독한 술을 비롯하여 많은 종류의 술과 음료수를 즐겨 마신다. 주로 인스턴트커피를 마시고 원두커피는 많이 마시지 않는다. 스파클링 광천수와 과일 맛 나는 음료수fruit flavoured drinks도 많이 마시지 않는 편이다.

• 영국과 그 주변 섬들

영국 요리는 중세 이래로 다양한 외국의 식재료와 요리 스타일의 영향을 받아 변화해 왔다. 1947년 인도와 파키스탄이 독립하면서 많은 이민자들이 영국으로 건너와 음식점을 하게 되면서 본격적으로 인도 음식이 영국에 소개됐다. 이후 카레와 처트니Chutney 같은 인도 음식들이 영국인의 입맛에 맞도록 변화되어 왔다. 차는 처음에는 중국에서, 다음에는 인도에서 도입되어 '애프터눈 티Afternoon tea'라는 영국인의 독특한 전통으로 자리 잡았다. 빅토리아 시대에는 프랑스 요리가 도입됐고, 제2차 세계대전 이후에는 지중해 음식이 소개되어 이탈리아식 요리가 유행했다. 이후 중국과 태국 등 세계 각국의 음식문화를 받아들이고 있으며 거의 모든 나라의 음식문화를 수용했다. 영국의 음식은 세련되거나 사치스럽지 않고 실용적이라고 할 만한데, 특별히 내세울 만한 식문화가 없는 것이 특징이라면 특징이다.

영국은 오랫동안 귀족과 노동자 계층이 존재했던 만큼 이러한 계층별 음식기호가 반영된 음식이 여전히 존재한다. 예를 들면, 영국을 대표하는 음식으로 가장 널리 알려진 피시 앤 칩스Fish-and-chips는 생선과 감자를 튀긴 것이데, 노동자들이 일하러 갈 때 신문지에 싸서 가져가기 좋은 형태로 만들어진 것이다. 또 코니쉬 패스티스Cornish pasties는 빵 속에 고기와 채소를 듬뿍 넣어 구웠기 때문에 일터로 가지고 가서 점심에 먹기 좋았다. 이 밖에 뱅걸스 앤 매쉬Bangers and mash는 소시지와 으깬 감자로 된 전통음식이고, 버블 앤 스크웍Bubble and squeak은 다진 쇠고기와 감자, 채소들을 넣고 우리나라의 빈대떡처럼 부친 음식으로 주로 점심에 먹는다.

이런 서민 취향의 음식에 비해 앞에서 언급한 '애프터눈 티'는 상류사회의 식문화로 볼 수 있다. 차 주전자가 식지 않도록 '코지tea cozy'라고 부르는 천 덮개를 사용하거나 차와 함께 스콘Scones, 케이크, 작은 샌드위치 등을 차려 내는 것은 하층민과는 다른 여유와 약간의 사치를 반영한 것이라고 볼 수 있다.

영국인들은 각종 구운 빵 종류를 좋아해 쇠고기와 콩팥조각을 넣은 파이steak and kidney pie, 양고기를 넣은 파이Shepherd's pie, 크럼펫Crumpets, 머핀English muffins, 비스킷 등이 유명하다. 또 영국인들은 단맛과 신맛을 좋아하는데, 설탕, 레몬과 난황을 섞은 레몬커드Lemon curd는 쿠키나 케이크를 장식하는 데 쓰인다. 트래클Treacle은 단맛이 나는 당밀로 시럽처럼 사용하고, 커스터드를 단맛 나는 과일 퓨레와 섞은 풀Fool은 디저트로 차게 먹는다. 인스턴트커피와 차를 많이 마시고, 광천수와 적포도주는 적게 마신다.

• 덴마크

덴마크에서는 아침과 점심은 간단하게 먹고 저녁을 푸짐하게 먹는다. 밤이 길고 춥기 때문인지 저녁 식사 후에 보통 청어 초절임이나 치즈 등과 함께 맥주를 마신다. 점심 식사는 프로코스트Frokost라고 하며 절인 청어인 마리네레데 실드Marinerede sild, 훈제장어나 훈제연어 등으로 시작한다. 다음으로 레물라드Remoulade 소스를 바른 찬 고기들을 먹고, 간 쇠고기로 만든 덴마크식 미트볼인 프리카델레르Frikadeller를 삶은 감자나 양배추와 함께 먹는다. 스뫼레브뢰Smørrebrød는 '버터와 빵'이라는 뜻의 오픈 샌드위치인데, 호밀빵인 루그브뢰드Rugbrød 위에 버터를 바르고 다양한 재료를 얹어서 포크와 나이프로 먹는다. 직장인들은 콜부르Koldbord라는 뷔페 스타일의 점심을 선호한다. 저녁은 뒤를렌겐스 나트마드Dyrlægens natmad라고 하는데 간으로 만든

스프레드인 레베르포스테이Leverpostej와 콘비프, 양파, 젤리 콩소메 등을 먹는다.

덴마크인은 대구, 청어, 연어, 가자미 등 생선을 많이 먹는다. 또 채소로는 곱슬곱슬한 케일Curly kale과 양배추를 즐겨 먹는다. 전통음식으로는 파슬리를 다져 넣은 파슬리 소스Persillesovs가 있다. 데니시 페이스트리Danish pastry와 쿠키가 널리 알려져 있고, 디저트로는 블루치즈인 다나블루Danablu와 사과를 넣은 작은 구형의 팬케이크인 에블레스카브Aebleskiver, 견과류로 속을 채운 커피 케이크Kringle가 유명하다. 또 코펜하겐은 북유럽 스칸디나비아 음식의 중심지로 외식업이 발달했다. 패스트푸드와 조리된 식품의 섭취가 증가하고 있으며, 겨우 소수의 사람만이 요리하기를 즐긴다. 덴마크인은 육류를 포함한 열량 높은 식사를 즐기고 특히 맥주를 좋아한다. 하지만 건강에 관심이 많아서 식사에 유의한다. 식전에는 향이 나는 증류주인 아쿠아비트Akevitt를 마시고 감자로 만든 독한 술인 스납스Schnapps, 소다수, 맥주, 원두커피를 많이 마시고 차는 그렇게 많이 마시지 않는다. 노르웨이, 스웨덴 같은 다른 노르딕나라와 마찬가지로 간식을 잘 먹지 않는 편이지만 신선한 과일은 많이 먹는다.

• 스웨덴

스웨덴에서는 스뫼르레브뢰Smørrebrød라는, 오픈 샌드위치를 주로 점심에 먹는다. 다양한 찬 음식과 더운 음식, 디저트를 포함하는 스뫼르가스보르트Smørgasbørd는 스칸디나비아식 뷔페로 스웨덴에서 시작됐지만 노르웨이, 핀란드, 덴마크에서도 인기가 있다. 으깬 감자와 앤초비를 넣은 치즈 그라탕인 얀손 프레스텔세Janssons Frestelse, 노란 완두콩 수프Artsoppa, 미트볼 요리인 코트불라Köttbullar 등이 알려져 있다. 또 팬케이크인 판카코르Pannkakor, 호밀빵을 건조시킨 크래커인 크리스프브레드Crispbread를 즐겨 먹는다.

한편 짜는 주머니에 반죽을 넣고 둥근 모양으로 짜내어 구운 스웨덴 쿠키Spritsar는 크리스마스에 주로 만드는데 커피와 함께 먹는다. 과일 수프인 블래바르소파Blåbärsoppa는 여름에 블루베리blueberries, 빌베리bilberries, 랍스베리raspberries, 딸기 등과 같은 다양한 열매를 말려 두었다가 겨울에 수프로 끓여 먹는 것이다. 스웨덴을 비롯한 스칸디나비아 국가에서 인기가 있다. 많이 생산되는 계절의 과일을 말려 두었다가 겨울철에 음료로 활용하는 점이 우리나라의 수정과와 비슷하여 흥미롭다.

스웨덴 사람들은 육류를 포함한 열량 높은 식사를 좋아하는 경향이 있고 단것이나 간식은 잘 먹지 않는다. 주로 원두커피와 과일 시럽, 소다를 이용하고, 인스턴트커피, 광천수와 콜라는 적게 마신다. 또 적포도주와 백포도주 같은 모든 알코올성 음료도 적게 마시는 편이다. 이렇게 술을 적게 마시게 된 것은 술값이 비싸고 아무 데서나 판매하지 않기 때문이라고도 한다.

• 노르웨이

레인스디르스테익Reinsdyrsteik은 순록고기로 만든 스테이크로 다른 지역에서는 찾아보기 어려운 이 지역 특유의 전통음식이다. 락피스크Rakfisk라는 훈제 송어와 수르실드Sursild라는 절인 청어는 스웨덴의 청어 요리인 스르스트뢰밍Surstromming처럼 강한 냄새가 나는 발효음식이다.

노르웨이 사람들은 생선으로 만든 일종의 어묵 같은 음식Fiskebeller을 좋아한다. 감자를 흔히 먹고, 스튜 등 여러 음식에 생선이나 육류와 함께 넣어 먹는다. 추운 기후 탓에 덩어리 고기와 감자로 만든 스튜Lapskaus와 양배추를 넣은 양고기 스튜Fårikål가 유명하다. 간편식을 많이 이용하지만 패스트푸드와 포장 음식은 거부하는 편이다. 자신의 건강에 매우 관심이 많아서 먹는 음식에 주의를 기울인다. 그런데 설탕, 소금, 지방, 열량 섭취 등에는 유의하면서도 고기를 적게 먹을 생각은 없는 듯하다. 하지만 보통사람들은 육류 값이 비싸서 생각만큼 그렇게 많이 먹지는 못한다고 한다. 과일 시럽과 스파클링 광천수는 많이 마시지만 이를 제외한 음료수, 맥주, 와인, 독한 술은 적게 마시는 편이다. 노르웨이도 스웨덴의 경우처럼 술 가격이 매우 비싼 편이기 때문이다. 또 남부 유럽에 비해 춥기 때문에 목이 말라서 갈증을 풀 필요가 거의 없고, 노르웨이인들은 갈증 해소에 맥주보다 콜라를 더 선호한다고 한다.

3

미각기호에 나타난 유럽의 지리적·문화적인 요인

언어와 음식의 관련성

위와 같이 유럽을 12개 지역으로 나누어 전통음식과 현재의 식습관 등을 간략하게 살펴봤는데, 우선 언어와 음식이 긴밀하게 관련이 있다는 걸 알 수 있다. 같은 언어를 사용하는 지역에서는 음식문화도 유사하다. 로만언어Roman language를 사용하는 지역에서는 음식이 주는 감각적인 즐거움에 흥미가 많고, 비교적 전통적인 식문화를 유지하고 있으며, 여러 명이 모여서 음식을 만들거나 식사를 즐기는 편이었다. 이에 반해 게르만 언어Germanic language를 사용하는 지역과 영국에서는 건강에 대한 관심이 높고, 다른 지역의 음식을 받아들여 자신들의 식문화를 보다 풍성하게 변화시켜 나가는 편이었다.

언어와 마찬가지로 음식은 그것을 먹는 사람들의 문화를 포함하고, 표현하며, 집단의 전통과 정체성을 간직하고 있다. 특정 음식은 대개 처음 탄생한 지역이 있고 역사적 배경을 가지고 있으며 무엇보다 우리 몸으로 직접 흡수된다. 따라서 음식은 언어보다 훨씬 더 강력하게 그 음식을 먹는 사람과 일체화해 자신을 드러내고 사람들과 소통하게 해 준다. 결국 언어와 음식은 다른 지역과 차별화된 그들만의 문화와 정체성을 표현한다고 볼 수 있다. 동북아시아의 3국인 한국, 중국, 일본은 지리적으로 인접해 있고, 예부터 음식문화의 교류가 있었지만 오늘날 나라별로 고유한 식문화의 전통을 유지하고 있는 것은 무엇보다 각 나라가 고유한 언어를 가지고 있기 때문이라는 걸 알 수 있다. 또 비록 지금은 서로 적대적으로 대하고 있지만, 우리와 같은 언어와 입맛을 공유한 북한 주민들은 앞으로 가까워져야 할 사람들임을 알 수 있다.

기후 및 경제적 요인의 영향

유럽 각 지역, 특히 남유럽과 북유럽을 비교해 보면 기후와 농산물이 식문화에 미치는 영향이 큰 것을 알 수 있다. 재배되는 곡물에 따라 기본적인 탄수화물 음식이 달랐는데, 북유럽 국가들은 감자나 호밀빵, 호밀 흑빵 등을 주로 먹는 데 비해 남유럽은 프랑스의 바게트나 그리스의 피타빵처럼 흰 밀빵을 주로 먹는다. 그리고 스페인의 빠에야Paella, 이탈리아의 리소토Risotto와 아란치니Arancini, 그리스의 돌마데스Dolmades처럼 쌀로 만든 음식도 있다. 지중해 연안 국가들은 더운 기온 탓에, 오후에는 낮잠을 자는 전통이 있고, 능률이 오르지 않기 때문에 휴식을 취하다가 기온이 조금 내려가는 오후에 늦게까지 일을 한다. 그런 뒤 저녁은 밤 10시 이후에나 먹는다. 따라서 점심 후 늦은 저녁을 먹기까지 시장기를 달래기 위해 간식을 먹는데 스페인에서는 타파스Tapas, 그리스에서는 메츠Mezze라고 한다. 작은 그릇에 담긴 이 음식들은 마치 우리나라의 술안주처럼 보인다. 이런 전통 때문에 남유럽 지역에서는 하루에도 여러 번 가벼운 식사를 하는 경향이 있다. 스페인과 그리스는 지리적으로는 멀리 떨어져 있지만, 기후가 비슷한 관계로 이처럼 유사한 식습관이 있다.

또 덴마크와 노르웨이, 스웨덴 같은 스칸디나비아 국가들은 생선과 해산물이 풍부하고 기후가 춥다는 점에서 유사한 자연환경을 가지고 있다. 또 이 지역이 과거 바이킹들의 활동 근거지였고, 덴마크가 스웨덴과 노르웨이를 지배한 역사도 가지고 있어서 역사적으로도 유대가 있었다. 이런 연관성 때문인지 이들 국가들은 닮은 음식이 많았다. 콜보르Koldbod라는 뷔페식이나 호밀빵 위에 다양한 해산물을 올려 먹는 스뫼르레브뢰Smørrebrød 외에도 다양한 생선을 이용한 음식들은 이 지역 국가들에서 공통적으로 찾아볼 수 있다. 이 밖에도 남유럽과 북유럽은 선호하는 음료의 종류가 달랐는데, 그리스와 이탈리아에서는 백포도주를 많이 마시지만 북유럽인 덴마크와 스웨덴에서는 그다지 선호하지 않는다. 대신 이런 추운 지역에서는 스납스Schnapps 같은 독주나 맥주를 마시는 편이다. 이처럼 기후에 따라 미각기호나 식습관이 서로 달랐다.

한편 경제적인 형편에 따라서도 식습관이 많이 달랐다. 경제적 형편이 좋지 못한 남유럽의 포르투갈과 그리스는 전통적인 식습관을 고수하고 술을 많이 마시는 편이며 인스턴트커피를 즐기는 편이다. 또 조리 시에 간편 음식을 사용하기도 하며, 설령 건강에 도움이 되지 않더라도 달고 맛있는 음식을 좋아했다. 반면 잘 사는 지역인 스웨덴이나 노르웨이, 독일은 육류를 많이 먹어 온 전통이 있기 때문에 여전히 육식을 즐기지만, 건강에 대한 관심도 높아서 술을 적게 마시고 단것이나 간식 섭취가 적었다. 또 신선한 과일과 채소를 많이 섭취했고 원두커피를 마셨다. 유럽 전체를 놓고 볼 때, 교육과 경제 수준이 높을수록 과일과 채소 섭취가 높았으며, 사회 경제적 지위가 낮은 계층에서 총 지방과 포화지방의 섭취가 많았다.

가속화되는 전통음식의 변화

전통음식은 오랜 시간을 두고 그 지역의 문화와 역사, 생활 스타일을 반영한 음식이다. 세계화된 오늘날에도 그들의 고유한 식습관을 여전히 유지하며 살고 있는 지역이 많다. 전통식은 대체로 건강식인데, 왜냐하면 오랜 기간 동안 주민들에 의해 맛이 없거나 건강에 좋지 않은 음식은 배제되어 가면서 완성된 것이기 때문이다. 그런데 건강에 좋은 전통식으로 가장 잘 알려진 지중해식 식사Mediterranean diet도 시대에 따라 상당한 변화를 겪고 있었다. 1960년대의 지중해식 식사는 지금보다 과일과 채소의 섭취가 많았다. 그러나 오늘날에는 식물성 기름 특히 올리브유의 섭취가 많고, 두류, 육류, 가금류, 생선, 해산물의 섭취가 많아졌다. 반면 예전의 북유럽 나라들은 과일과 채소의 섭취가 적었으나 현재는 과일과 채소의 섭취가 높아졌으며, 과거에는 주로 버터와 크림을 사용했다면 현재는 올리브유 같은 식물성 기름의 섭취가 많아졌다. 이것은 그들의 경제적 형편이 과거에 비해 향상됐고, 남부의 지중해성 식사에 관한 정보와 지혜가 전해졌기 때문으로 볼 수 있다. 현재에 이르기까지 북유럽과 남유럽 주민들 간의 식습관의 차이는 점점 좁혀져 왔지만, 그래도 여전히 남유럽에서는 주로 올리브유를 사용하고 콩 종류를 즐겨 먹는 정도의 차이는 남아 있었다.

음식문화의 교류 방식

다른 나라의 음식문화를 받아들일 때, 사람들은 자신들의 방식으로 변용시켜 수용한다. 카푸치노Cappuccino의 본고장인 이탈리아에서는 아침에만 카푸치노를 마신다. 덴마크 사람들은 보통의 커피ordinary coffee를 하루 종일 여러 번 마시는 습관이 있었는데, 카푸치노를 받아들인 이후로는 카푸치노를 하루에 여러 번 마시게 됐다고 한다. 카푸치노가 덴마크 음식문화에 자리잡게 됐지만, 그들은 카푸치노를 '이태리 방식'으로 마시지 않았음을 알 수 있다. 마찬가지로 전 세계에 걸쳐 햄버거를 파는 레스토랑이 있지만 '버거문화'는 새로 수용된 나라의 식문화로 편입됐기 때문에 나라마다 매우 다르다. 우리나라의 경우에도 '불고기 버거'가 있고, '밥 버거'도 있다. 또 하와이 주민들도 자신들의 식문화의 색을 입혀 김밥에 채소류를 넣지 않거나 햄버거처럼 만든 '무스비'라는 김밥을 개발했고, 미국 본토에도 '캘리포니아롤'이 있다. 이렇게 음식문화가 다른 지역이나 다른 문화권에 전파되고 변용되어 가는 과정은 흥미로운데, 우리 식문화를 세계에 알리고자 하는 우리로서는 이런 현상을 눈여겨 볼 만하다.

언어학자 주래프스키Dan Jurafsky는 음식 이름의 어원을 연구해서 그 음식의 유래를 찾아가는 언어학자이다. 그에 따르면 에스파냐, 포르투갈, 남프랑스, 이탈리아에서 먹었던, 식초가 들어간 소스를 얹은 생선튀김 요리는 이 지역을 항해하던 선원들에 의해 남미의 페루와 일본으로까지 전해졌고, 에스파냐와 포르투갈에서 쫓겨난 유대인들에 의해 영국으로 전해졌다고 한다. 이것이 오늘날의 피시 앤 칩스Fish-and-chips의 기원인데, 이렇게 여러 나라의 다양한 지역을 거치는 동안 생선을 튀긴다는 점과 식초를 사용한다는 사실을 제외하고는 나머지 모든 조리법은 전래된 지역에 따라 변화했다고 한다.

즉 튀김옷을 만드는 재료, 튀기는 방법, 그때 사용하는 기름 종류, 향신료나 소스의 종류 등이 지역에 따라 달라진 것이다.

오늘날에는 여행도 자유롭고 인터넷도 발달해 음식문화의 전달을 촉진할 수 있는 요인들이 많아졌지만, 과거에는 먼 거리에 있는 나라나 지역 간에 일어난 음식의 교류는 세상을 돌아다닐 수 있었던 선원이나 이민자들에 의해 주로 이루어졌다고 볼 수 있다. 한때 식민지를 지배했던 영국, 네덜란드, 스페인, 포르투갈 등에는 식민지에서 건너 온 이민자들에 의해 인도, 동남아시아와 남미의 음식문화가 전해질 수 있었고, 이 음식들이 유럽 각국에서 변용되어 현재까지 전해져 오고 있다. 영국의 카레와 처트니Chutney 같은 음식은 인도에서 들어왔고 차는 중국과 인도에서 들어왔지만, 이제는 영국의 전통으로 자리 잡았다. 네덜란드 사람들은 과거 식민지 시대에 인도네시아에서 먹을 수 있었던 리즈스타펠Rijsttafel이라는 인도네시아 풍의 식사를, 인도네시아가 독립한 이후에는 이민자들에 의해 운영되는 음식점에서 현재까지 맛볼 수 있다. 또 스페인과 포르투갈에도 아랍과 남미에서 들어온 옥수수, 감자, 토마토를 비롯한 다양한 농작물이 식재료로 사용되고 있다. 한편 19세기 말에서 20세기 초에 유럽에서 미국으로 떠난 남부 이탈리아의 이민자들에 의해 전해진 그들의 전통음식인 피자와 스파게티는 미국을 비롯한 전 세계에 알려지게 됐다.

전통음식의 계승 발전

규격화·표준화된 상품을 대량생산하여 낮은 가격으로 대량 소비하던 시대가 가면서 산업계 전반의 패러다임이 바뀌고 있다. 식문화나 외식업 분야에서도 그러한 조짐들이 나타나고 있지만 아직까지 우리나라에서는 그 진단이나 해결책에 대한 특별한 노력이 보이지는 않는다. 거의 해마다 배추 밭을 갈아엎거나 구덩이를 파서 참외를 버렸다는 기사를 심심찮게 볼 수 있기 때문이다. 이와 같이 해마다 과잉 생산된 농작물은 가격이 하락하게 되면, 공급자는 판매를 포기하고 환경을 오염시켜 가며 대량으로 폐기한다. 가축의 경우도 마찬가지이다. 공장식 사육으로 조류독감이나 구제병 같은 가축 질병이 발생하면 폐사한 가축을 매몰하는 반생태적인 처리 방법을 해마다 반복하고 있다. 그런데 그 보도 논조도 천편일률적이어서 농민들의 수고와 손실만을 강조하다 보니 질병이 돌아도 익혀 먹으면 된다고 하거나 공무원들이 단체로 식당에 몰려가서 음식 먹는 장면을 연출하는 식이다. 그런데 최근 살충제 계란 파동의 경우, 정부나 매스컴의 태도가 지금까지와는 상당히 달라졌음을 알 수 있었다. 이 문제가 네덜란드와 벨기에 같은 유럽 선진국에서 시작되었기 때문에 유럽 사람들의 식품위생 문제 처리 방식을 참고한 덕분인지 아니면 촛불혁명 이후 달라진 사회인식 때문인지는 알 수 없다. 하여튼 이번에는 소비자들이 안전하게 음식을 먹을 권리를 위해 연일 정부와 일부 생산자들을 강하게 비판하는 태도를 보였다. 살충제 계란 파동은 인간의 탐욕과 닭의 자연스런 생육환경을 고려하지 않은 공장식 사육이 문제이기 때문에 이번을 계기로 보다 근본적인 해결책이 마련되어야 한다. 농민들이 과잉생산을 하지 않아도 노력한 만큼의 수익을 올리고 가축들의 동물복지도 해결하며 소비자들이 좋은 음식을 먹을 권리를 충족할 수 있는 그런 해결책은 없는 것일까?

현재의 이런 식품 생산 환경이 바뀌려면 먼저 소비자가 바뀌어야 할 것이다. 결국 소비자가 선택한 음식이 생산되는 것이므로 소비자가 좀 더 지식과 경험을 갖추고 식품 생산자들에게 자신의 의사를 분명하게 표현할 필요가 있다. 소비자들이 좋은 음식을 깨끗하게 생산하게 해서 공정하게 구입해 먹겠다는 현명한 선택을 하면 농업 및 식품 산업계 전반이 달라질 수밖에 없을 것이다. 그런 시대를 살아가려면 생산자나 관련 전문가들이 소비자들에게 식품에 대한 올바른 정보를 더 많이 제공해야 할 것이다. 과거에는 소비자가 개별 식품에 대한 지식이 없어도 소비에 별 문제가 없었지만, 앞으로는 아는 만큼 기꺼이 대가를 지불하고 더 좋은 식품을 선택할 수 있기 때문이다.

이러한 시대에는 아마도 전통음식이 다시 주목받게 될 것이다. 전통음식은 주어진 자연 환경하에 생태적인 적응을 해 가면서 오랫동안 그 지역 주민들이 지혜롭게 계승해 온 음식들이다. 따라서 현대인들이 음식에 기대하는 여러 요소를 모두 갖추고 있다고 볼 수 있다. 전통음식은 대개 그 지역의 식재료가 쓰이고, 필요한 농작물을 재배해야 하므로 그 지역의 환경 생태계에도 영향을 미친다. 또 지역민들의 고용에도 기여하기 때문에 여러 전통음식들이 현대에도 건강, 식품 산업이나 관광 분야에서 매우 중요한 역할을 한다.

유럽에서는 이미 여러 국가나 도시들이 자신들의 전통음식을 브랜드화했는데, 어떤 지역의 음식이냐가 곧 그 음식의 맛과 질을 보증해 주는 식이다. 가장 잘 알려진 것으로는 프랑스의 누벨 퀴진Nouvelle Cuisine, 이탈리아의 슬로우 푸드Slow Food 운동이 있다. 이 두 나라는 신선한 계절 식품을 이용하고 단순하게 조리하며 맛있고 즐거움을 주는 음식이라는 차별화된 이미지를 갖고 있다. 이러한 전략이 성공해 요리의 역사도 길지만, 시대가 변한 요즘에도 여전히 최고의 요리라는 명성을 유지할 수 있는 것으로 보인다. 반면 덴마크는 뉴 노르딕 다이어트New Nordic Diet라는 개념을 채택했는데, 스칸디나비아의 혁신적인 고급 요리라는 이미지를 만들어 가고 있다. 육식을 많이 하는 나라이기 때문에 유기농 식품과 방목으로 키운 가축이나 야생 동식물 같은 좋은 식재료를 사용하는 맛있고 건강에 좋은 요리라는 인식을 널리 알리려고 한다.

제5장

식욕과 포만감 그리고 음식 중독

배고픔을 느끼고 음식을 먹는 행동은 항상성homeostasis과 쾌감 및 인지적 과정hedonic and cognitive processes에 의해 조절된다. 식욕을 조절하는 이 세 과정은 서로 영향을 주고받기도 하고, 어느 정도 중복되는 부분도 있지만 각각 분리할 수 있다. 사람은 영양소를 먹는 것이 아니고 음식을 먹는 것이므로 영양 성분에 기초한 항상성 식욕만으로 인간의 먹는 행동을 모두 설명하기는 어렵다.

제2장에서는 주로 우리의 기억이나 학습에 의한 인지 과정이 음식 섭취를 조절하는 과정에 관한 내용들을 살펴보았다. 이 장에서는 뇌에서 이루어지는 식욕 조절 과정 중 항상성 유지를 위한 '식욕'과 즐거움을 추구하는 과정에서 생긴 '식탐'에 대해 살펴보고자 한다. 맛을 감지하고 식욕을 일으켜 어떤 음식을 먹는 행동은 뇌와 소화관의 여러 영역이 관여하지만 식욕이 항상 잘 조절된다고는 할 수 없다. 그렇게 잘 조절된다면 최근 비만 인구가 급증하는 현상을 설명하기 어렵다. 우리는 당장 필요하지도 않는 에너지를 섭취해 신체에 덕지덕지 쌓아 두고, 그 때문에 비만은 물론 온갖 대사질환의 위험에 내몰리기도 한다. 이와 같이 음식을 먹는 행동은 반드시 무언가가 부족해서 그러한 행동을 하는 것이 아니고, 사람을 매혹시키는 어떤 즐거움이 있어서 그런 행동을 추구한다는 측면에서 성행위와 유사하다. 식욕에서 가장 설명하기 어려운 점은 어디까지가 에너지가 고갈되어 대사적으로 필요해서 생긴 식욕이고, 어느 부분이 즐거움 때문에 생긴 과잉 식욕, 즉 식탐인지 구분하기가 어렵다는 것이다.

〈그림 8〉에서 보는 바와 같이, 배가 고파서 생긴 식욕은 신체에서 올라온 정보가 통과하는 뇌간brainstem의 고립로핵solitary nucleotoxin에서 시작되며, 중뇌의 피개영역midbrain tegmental area을 거쳐 시상하부hypothalamus에서 일어난다. 또 도파민에 의해 활성화되는 뇌의 전 영역에서 관여한다. 한편 배가 고프지 않은데도 좋아하는 음식을 먹고자 하는 욕심 때문에 생긴 식탐도 뇌에서는 유사한 신경 생리적 조절 과정이 개입한다. 다만 여기서는 소화관에서 올라오는 공복 신호가 없고 뇌의 오피오이드계opioid◆271쪽가 더욱 활성화된다는 차이가 있을 뿐이다. 이 점을 빼고는 음식을 원하는 것과 음식을 좋아하는 과정은 뇌에서 사실상 같이 존재하며, 서로 영향을 주기 때문에 해부학적으로 따로 떼어 내기가 어렵다. 그래서 아마도 많은 사람들이 식욕 조절을 잘하지 못하고 비만이 되는지도 모른다.

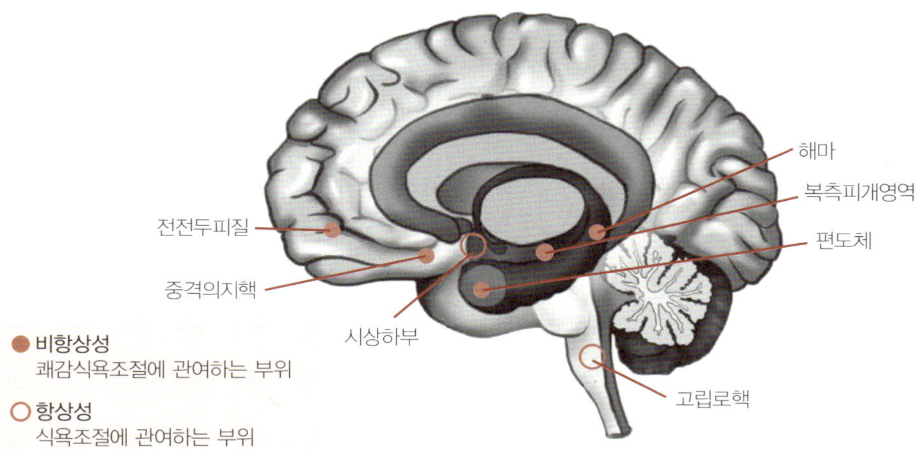

그림 8 뇌에서의 항상성과 비항상성/쾌감에 의한 식욕 조절 과정

1

음식 섭취와 중독에 관여하는 뇌의 영역

시상하부hypothalamus와 대뇌피질cortex, 뇌간brainstem의 세 부분이 뇌에서 일어나는 식욕 조절에 가장 중요한 부위이다. 시상하부는 공복감, 만복감, 먹을거리를 찾는 행동과 관련이 있고, 뇌간은 대뇌피질과 함께 맛을 인지하거나 특정 음식을 기억하고 먹으려는 행동이 일어나도록 하는 동기 유발과 관련이 있다.

시상하부

• 단기간 동안의 식욕 조절 작용

시상하부는 가장 최근에 먹은 식사량을 조절한다. 궁상핵arcuate nucleus은 시상하부의 바닥에 있는데 공복감을 일으켜 먹는 행동이 시작되게 하는 부위이다. 우리는 아침, 점심, 저녁 세끼를 먹는 것이 습관화되어 있는데 이렇게 하루 세 번 식사하는 것은 궁상핵에 있는 신경전달물질neurotransmitter들의 작용 때문이다. 하루 몇 끼를 먹는가는 대개 어릴 때의 경험에 의해 정해지고, 그 공복감의 횟수나 강도에는 개인차가 있다. 외측 시상하부lateral hypothalamus도 먹는 행동을 자극하며, 배고플 때 먹을 것을 찾는 행동을 하는 것은 외측 시상하부에서 분비되는 오렉신orexins 때문이다. 궁상핵이나 외측 시상하부에 손상을 입으면 식욕부진anorexia에 걸려 체중이 감소한다. 또 실방핵paraventricular nucleus은 음식을 먹게 하거나 먹는 것을 중단시킬 수 있는 신경전달물질을 모두 가지고 있어서 포만감을 조절할 수 있다. 특히 이 부위는 식사를 시작한 이후, 열량 요구가 충족될 만큼 충분하지만 소화기관에 지나친 부담이 되지 않을 정도로 적절한 시점에서 먹는 것을 중단시킨다.

이상을 요약해 보면 시상하부는 직전에 섭취한 식사량을 조절하는 역할을 하는데, 외측 시상하부와 궁상핵은 식사 전 공복감을 느끼고 무언가 먹을 것을 찾거나 먹기 시작하는 식사 전반부와 관련이 있고, 실방핵은 식사의 후반부에 섭취를 계속하거나 포만감을 느껴 식사를 끝마치는 행동과 관련이 있음을 알 수 있다. 앞에서 설명한 실방핵 외에도 궁상핵과 외측 시상하부에도 식욕을 촉진하는 신경세포와 억제하는 신경세포가 모두 있어서 시상하부의 다른 영역들과 신경전달물질들을 주고받는다. 따라서 식사나 신체 내외적 상황에 따라 해당 영역에서 서로 저해할 수 있고, 그다음 영역으로 신호를 보낼 때에도 서로 반대되는 두 가지 신호가 경쟁해 더 우세한 신호가 전달되게 한다. 이렇게 하면 복잡하지만 정교하게 식욕을 조절할 수 있는데, 시상하부가 이러한 방식으로 작용하는 것은 식사를 하는 상황이 워낙 다양하고 변화무쌍하기 때문이다. 음식을 먹을수록 공복감은 사라지고 포만감이 오는 것처럼 동일한 식사에서도 식사 전반부와 후반부의 신체적·생리적 상황이 달라진다. 또 식사 중일 때와 식사 전과 후에도 각각 달리 식욕을 조절해야 한다. 이러한 수많은 변수에 잘 대응하면서 신체가 필요로 하는 적절한 영양을 취하려면 정해진 경로나 신경전달물질만으로는 최적의 결과를 얻기 어렵다.

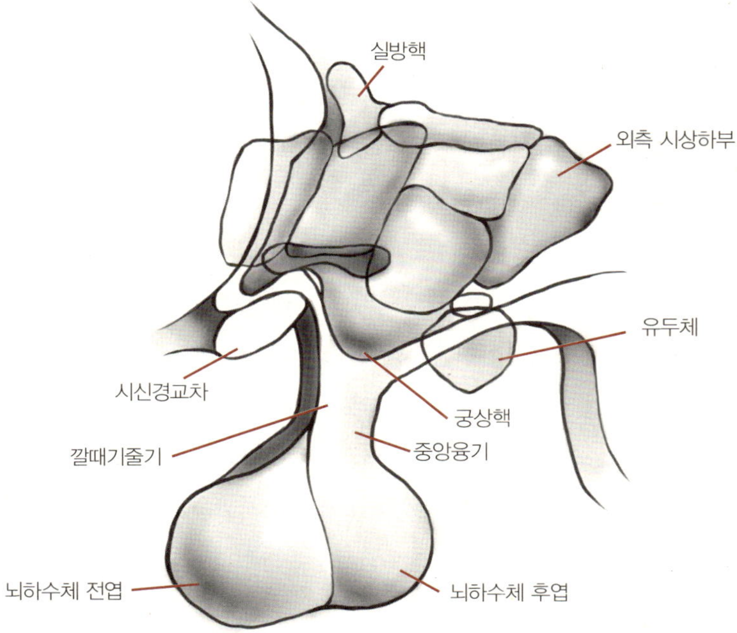

그림 9 식욕 조절에 관여하는 시상하부의 핵들

• 장기간 동안의 식욕 조절 작용

렙틴leptin과 인슐린은 신체가 체지방을 얼마나 저장하고 있는지에 따라 식욕을 조절하는 역할을 한다. 만약 체중이 감소하면 지방조직의 양이 감소하고 따라서 지방조직에서 분비되는 렙틴 수치도 하락한다. 이를 시상하부에서 감지해 음식 섭취를 증가시키고 에너지 소비를 감소시켜 체중이 증가하도록 만든다. 반대로 체중이 증가하면 지방조직의 양이 증가해 렙틴 수치가 상승한다. 그러면 시상하부는 섭취량 감소 및 소비 증가를 야기해 체중이 감소하도록 한다. 이와 같이 시상하부는 체중과 체내 대사의 항상성을 유지하고자 신체에서 뇌로 올라온 당과 영양소 및 각종 정보를 종합해 무언가를 먹어서 영양을 취해야 할 때에는 배고픔에 대한 메시지를 보내 식욕을 자극하는 역할을 한다. 이러한 인슐린과 렙틴의 체중 항상성 유지 작용 때문에 건강한 사람이라면 매일매일 음식 섭취량은 다르지만, 몇 달 정도의 기간에는 비교적 일정한 체중을 유지할 수 있다.

- 항상성 식욕의 조절

시상하부는 신체 내외의 신호를 받아서 직접적으로 보상계reward system나 정서emotion와 기억을 담당하는 뇌의 영역들과 정보를 교환할 수 있다. 또 시상thalamus을 통해 대뇌피질과 연결되어 인지적인 조절cognitive control도 한다. 따라서 시상하부가 에너지의 항상성을 조절하지만 인간은 항상성 식욕이 일어나는 상황에서도 생각하고 감정을 느끼는 보다 고등한 기능의 영향을 받을 수 있다. 즉 배가 고파서 무언가를 먹고 싶지만, 감정이 상하면 먹지 않을 수 있다. 또 다이어트 중이면 식욕을 느껴도 적게 먹을 수 있는 것이다. 비만인 사람들은 시상하부가 조절하는 항상성 식욕 이상으로 먹으려는 사람들이다. 비만은 과도하게 활성화된 보상계나 정서 및 인지적 조절계가 시상하부에 영향을 주어서 정밀하게 식욕을 조절하지 못하는 현상으로 볼 수 있다.

시상하부의 위치 및 기능

〈그림 9〉에서 보는 바와 같이 시상하부는 전뇌forebrain의 아랫부분에 위치해 있으며, 앞쪽은 부리 모양의 시신경교차optic chiasm가 있고 꼬리 쪽은 중뇌 덮

개midbrain tegmentum가 있다. 이 부위는 중뇌의 망양체reticular formation와 연결된다. 중요부분은 제3뇌실의 복측 벽ventral walls과 바닥을 형성하고, 깔때기 줄기infundibular stalk를 통해 뇌하수체 후엽으로 연결된다. 시상의 아래, 뇌의 중심 부분에 있고, 뇌하수체와 근접해 있어서 뇌 무게의 1%도 안 되는 작은 부위지만, 전뇌, 뇌간, 척수와 다양한 내분비계의 정보를 통합하는 기능을 한다. 우리 신체의 내부 관리자로 체온, 체액 및 전해질 균형, 식욕 조절, 생식 내분비, 성 활동과 공격 방어 행동 등을 신경 생리적으로 조절하는 역할을 한다.

변연계와 중격의지핵

뇌를 보면 오래전 인류가 살아온 환경을 이해할 수 있다. 수렵 채취 시대를 거치면서 잡식동물인 인류가 살아남기 위해서는 지금 당장 필요하지 않더라도 에너지를 저장해 둘 필요가 있었다. 이렇게 배가 고프지 않은데도 추가로 에너지를 섭취하기 위해서는 보상이 필요하다. 보상reward이란 생존에 유리한 행동을 했을 때 느끼는 즐거움을 말하는데, 그 즐거움 때문에 다시 그 행동을 한다. 음식을 보거나 먹는 행동은 자연적으로 보상이 된다. 뇌에서 보상이 일어나도록 하는 영역은 중뇌midbrain의 복측피개영역ventral tegmental area에 있는 도파민 신경세포에서 시작된다. 이 신경세포가 중격의지핵nucleus accumbens, 선조체striatum, 안와전두피질orbitofrontal cortex 같은 변연계와 피질에 뻗어 있고, 자극이 주어지면 도파민이 분비된다. 이에 따라 기분이 좋아지고 식탐이 일어나기 때문에 사람은 식욕 억제 신호보다 식욕 촉진 신호가 좀 더 강력했고, 체중이 조금 과한 것은 병적인 상태가 아니었다. 오히려 식욕 부진으로 체중이 감소하면 걱정을 해야 했다. 하지만 요즘처럼 너무 열량이 높은 음식을 쉽게 먹을 수 있는 시대에는 과거 인류 생존에 유리했던 이러한 조건들이 오히려 건강에 불리하게 작용하게 됐다.

• 중격의지핵의 역할

중격의지핵은 음식 섭취와 짝짓기 같은 자연강화natural reinforcers에서 중요한 역할을 하며, 마약을 할 때 느끼는 보상과 강화reinforcing가 일어나는 장소이기도 하다. 또 뇌간의 고립로핵solitary nucleus과 연결되어 내장에 있는 소화된 음식물에 대한 정보를 전달받기도 한다. 고립로핵의 도파민 신경세포의 축색돌기가 뻗어 있어 이를 통해 도파민이 분비되면 각성상태arousal가 되고, 정신운동이 활성화되며psychomotor activation, 음식과 관련된 기억력이 증가한다. 또 중격의지핵은 편도체amygdala, 전두피질frontal cortex, 해마hippocampus로부터 들어온 수많은 정보에 따라 감정, 동기 유발, 행동을 조절하는 중간 접속부로 작용한다.

• 변연계의 위치와 기능

뇌를 기능적으로 분류하면 대뇌피질cerebral cortex, 변연계limbic system, 뇌간brainstem의 세 가지 영역으로 나눌 수 있다. 이렇게 서로 다른 세 개의 뇌가 조화를 이루면서 협력해 종합적인 기능을 발휘한다. 대뇌 표면을 구성하는 대뇌피질은 이성적 판단을 담당하고, 대뇌의 아랫부분을 차지하는 변연계는 식욕이나 성욕 같은 본능적 욕구와 다양한 감정의 변화를 맡는다. 변연이란 경계border를 의미하는데, 뇌량corpus callosum의 주변에 있는 대뇌피질의 가장자리이기 때문이다.

사람은 보상중추에서 도파민 분비가 정상 수준을 유지하면 활기가 있고 즐겁다. 하지만 도파민 분비에 문제가 생기면 쉽게 피곤해지고 무기력해지며 알코올이나 니코틴 중독에 빠지기 쉽다. 즉 본능 활동이 잘 이행될 때는 쾌감을 느끼고, 장애를 받을 때는 분노와 공포, 불쾌감을 느끼며, 이런 부정적인 감정 상태에서는 공격과 회피 반응이 일어나기도 한다. 이러한 정서 반응을 변연계가 관장하기 때문에 정서뇌라고도 한다. 변연계는 〈그림 10〉에서와 같이 대뇌의 대상회cingulate gyrus, 해마hippocampus, 편도체amygdala 및 뇌궁fornix, 간뇌diencephalon의 시상thalamus과 시상하부, 뇌간의 망상체reticular formation들로 이루어져 있다. 대뇌피질과 시상하부는 파페즈 회로Papez' circuit로 서로 연결되어 있다〈그림 11〉. 이 회로에서 시상하부 특히 유두체mammillary body는 시상의 전핵까지 유두시상로mammillothalamic tract로 연결되어 있다. 다음 이것은 대상피질까지 뻗어 가서 해마로 연결되고 뇌궁을 경유해 시상하부로 되돌아온다.

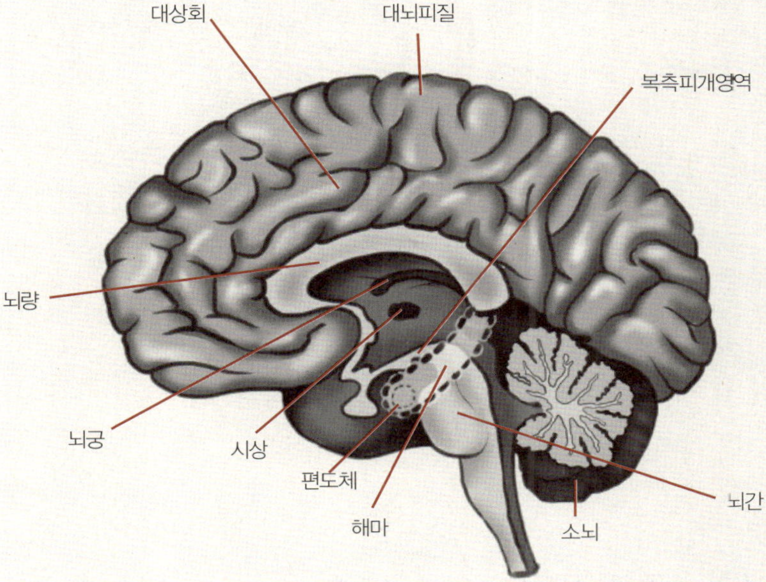

그림 10 대뇌번연계

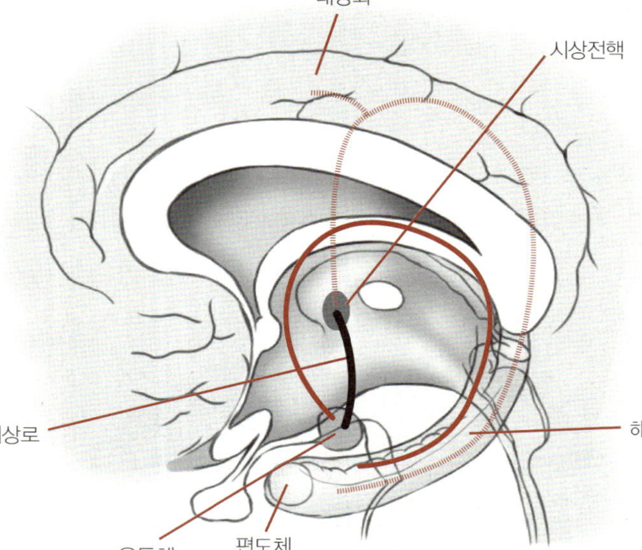

그림 11 파페츠 회로

편도체와 해마

• 음식 섭취 시 편도체의 역할

편도체amygdala는 감정에 따라 식욕을 조절하는 부위이다. 어린이와 청소년, 비만 성인은 음식을 보면 편도체의 활성이 크게 증가한다. 편도체가 활성화되면 고지방이나 고열량식을 하게 되고 체중이 증가할 가능성이 크다. 맛있는 음식이 주어지면 편도체와 시상하부 사이의 기능적인 연결이 증가한다. 이렇게 되면 설령 그 사람이 신체적으로는 공복 상태가 아니라고 하더라도 마치 공복인 것처럼 음식 섭취가 증가한다.

• 조건화된 맛 기호의 학습

편도체는 감정을 처리하는 핵심적인 부위로 후뇌hindbrain ◆273쪽 와 피질cortex로부터 전해 오는 식품과 관련된 감각 및 생리 신호를 총괄한다. 음식에 대한 다양한 반응을 수용하고, 그것이 드러나도록 중격의지핵으로 전달한다. 편도체의 기저측핵과 측핵은 낯선 음식을 싫어하는 성향neophobia과 조건화된 맛 혐오를 배우는 과정과 관련이 있다. 편도체의 기저측핵은 맛을 기억하고, 그 음식과 관련된 경험도 기억하는 매우 중요한 부위이다. 이 부위는 '맛없음'의 조건화뿐 아니라 식품의 섭취 후 영양 특성에 의해 야기되는 '맛있음'의 증가 또는 맛 선호의 생리적 조건화에도 관여한다. 이러한 사실로 어떤 음식 맛을 좋아하고 싫어하게 되는 조건화를 획득하는 과정에서 선호와 혐오는 상반되는 과정이지만, 공통의 메커니즘이 있음을 알 수 있다. 편도체는 뇌의 동기유발계와 연결해 음식으로부터 왔거나 신체 내에서 생긴 감각 정보를 중격의지핵으로 전달한다.

• 음식 섭취 시 해마의 역할

기억은 해마에 의해 조절되는데, 먹는 행동에 크게 영향을 미친다. 언제 식사를 하느냐 하는 타이밍timing은 신체 리듬과 시교차상핵orbitofrontal cortex에 의해 조절되지만, 기억과 경험에 의해 이를 무시할 수 있다. 또 해마는 섬insula, 안와전두피질orbitofrontal cortex, 시상하부로부터 음식에 관한 단서를 받아들이고, 렙틴leptin이나 그렐린ghrelin을 통해 신체의 반응을 전달받아 음식 섭취를 조절한다. 그래서 해마의 기능이 감퇴하면 섭취량이 증가해서 비만이 되기 쉽다.

편도체의 위치와 기능

편도체는 해마 끝에 작은 혹처럼 붙어 있는 정서 센터로 학습과 기억에 관여한다. 우리는 살아가면서 기쁨, 슬픔, 분노, 불쾌감 같은 다양한 감정을 느끼는데, 바로 그런 정서들이 편도체에서 유발된다. 또 위험하거나 공포 상황에서 일어난 새로운 정보를 과거의 경험에 비추어 해석하여 '투쟁할 것인지 아니면 도망갈 것인지'를 판단한다. 이 과정은 대뇌피질이 생각하기 전에 일어나며, 위험한 상황에서 자동 안전장치처럼 "맥박 수를 증가시켜라!, 빨리 달아나라!"와 같이 대응 방법에 대한 정보를 뇌의 여러 부위에 전달한다. 편도체가 다양한 장기기억과 긴밀하게 협력해 기능하기 때문에 우리는 자신이 처한 여러 상황에서 적절하게 반응할 수 있다. 또 편도체는 해마와 협력해서 자신과 다른 사람의 감정을 이해하고 조절할 수 있다. 이외에도 편도체는 감각기관을 통해 들어온 모양과 소리, 냄새 등의 비언어적 정보를 해석하는 기능도 한다. 편도체는 미각기호taste preference와 미각학습에 관여하며, 그 기능과 관련된 부분을 세 영역으로 나눌 수 있다. 우선 편도체의 내측피질 핵corticomedial nuclei들은 후신경구olfactory bulb 및 후신경피질olfactory cortex과 연결되어 있다. 또 기저측면 핵basolateral nuclei들은 사람의 경우 특히 큰데, 감각과 관련 있는 대뇌피질cerebral cortex과 주로 연결되어 있다. 이 밖에 중심과 앞쪽 핵central and anterior nuclei 들은 고립로핵solitary tract 같은 내장 감각과 관련 있는 뇌간 및 시상하부와 연결되어 있다. 시상하부는 상대적으로 덜 처리된 감각정보를 받는 데 비해, 편도체는 대뇌피질을 거쳐 고도로 처리된 감각정보를 받는다. 또 시상과 후신경구, 및 뇌간의 고립로핵으로부터도 감각정보를 받는다. 이렇게 집중된 감각정보에 따라 편도체의 신경세포들이 시각, 청각, 체감각, 미각, 및 후각 등의 자극에 반응한다. 편도체는 무의식적이며 비언어적 정보를 다루기 때문에 다른 사람의 얼굴에 나타난 표정이나 행동을 비롯한 사회적 상황도 해석할 수 있다.

뇌간과 피질

• 뇌간에서 피질까지의 전달

입안과 혀에서 감지된 맛에 대한 정보는 〈그림 12〉에서와 같이 뇌간에 있는 고립로핵과 팔곁핵lateral parabrachial nucleus으로 보내진다. 그다음 이 영역에서 두정엽parietal lobe에 있는 체감각피질somatosensory cortex, 중격의지핵과 전전두피질 같은 뇌의 다른 부분으로 신경전달물질들을 보낸다. 체감각피질에서는 지금 입안에 있는 음식의 질과 관련된 정보를 얻고자 맛을 분석한다. 중격의지핵에서는 원하는 음식을 먹었고 또는 어떤 맛인지를 보고, 전전두피질과 연결된 경로에서는 맛과 관련된 보상 메커니즘을 조절한다. 이 음식을 좋아해서 먹었는지, 아니면 필요해서 먹었는지에 따라 보상 메커니즘이 달라진다. 좋아해서 먹었으면 오피오이드opioid가 분비되어 즐거움을 느낄 수 있다. 반면 필요해서 먹었으면 도파민dopamine이 분비된다. 중격의지핵에 도파민이 작용하면 욕구를 자극해서 그 음식을 얻고자 하는 행동이 유발된다. 동물실험에서 도파민 신경을 차단하면 주위에 음식이 있어도 찾아서 먹지 않아 굶어 죽는다. 하지만 음식을 직접 입에 넣어 주면 즐기는 표정이나 행동을 보이기는 한다. 반면에 오피오이드가 작용하면 음식을 구하러 다니기보다 자기에게 주어진 음식을 즐긴다. 배가 고파서 음식을 찾아다니는 것은 음식을 원하는 행동이다. 음식을 찾아다니는 동안에는 즐거움이 일어나지 않는다. 원하는 음식을 찾아 입안에 넣었을 때만이 오피오이드가 관여해 즐거워진다. 따라서 뇌간에서 시작된 이 세 경로에서 좋아하는 음식인지 아니면 배가 고파서 지금 먹기를 원하는 음식인지에 따라 신경전달이 끝나는 지점은 달라진다.

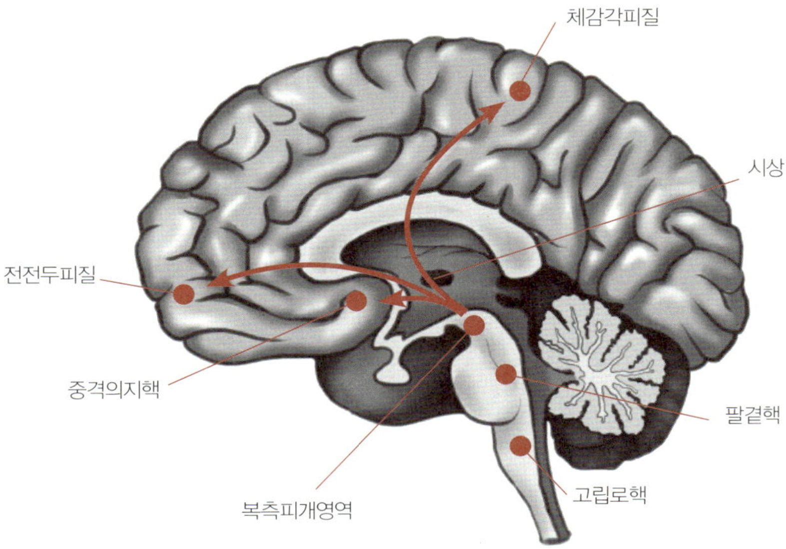

그림 12 뇌간에서 체감각피질, 중격의지핵과 전두피질까지의 맛감각 전달

• 음식을 좋아할 때와 먹기 원할 때의 신경생리적 경로

음식을 좋아하는 것은 대개 음식 맛 때문이고 뇌간에 의해 조절되지만, 음식을 원하는 과정은 뇌간뿐 아니라 시상하부도 관여하는 좀 더 복잡한 과정에 의해 일어난다. 이러한 경로를 통해 음식에 대한 좋고 싫은 정도가 그 사람의 배고픈 정도에 따라 달라진다. 만약 몹시 배가 고픈 상황인데 먹을 것이라곤 평소 싫어하던 음식 한 종류밖에 없다면 내키진 않지만 결국 먹게 된다. 동물이 에너지가 고갈되어 진정으로 음식이 필요하면 음식기호를 무시할 수 있다. 게다가 이것은 기억에 남는다. 또 우리는 평소 음식을 보면 그 맛이 어떠한지 알고 있다. 과거에 먹어 본 음식을 기억하고 있기 때문이다. 과거에 인간이 원시의 숲에서 먹을 것을 찾아 돌아다닐 때부터, 한 번 먹어

본 음식을 기억할 수 있는 사람이 먹이를 모으는 데 유리했을 것이므로 이런 특성을 가진 채로 진화해 온 것으로 생각된다.

• 미각기호의 신경생리적 경로

좋아하는 음식을 먹는 것은 그 맛을 선천적으로 좋아하든, 학습된 기호이든 상관없이 보상계를 활성화시켜 기분을 좋게 한다. 그리하여 더욱 그 음식을 다시 먹기를 원하게 된다. 좋아하는 맛의 신경생리적 경로는 고립로핵과 중격의지핵 사이에 있다. 이 경로는 내인성의 오피오이드와 GABAgamma-aminobutyric acid에 의해 조절된다. 베타 엔돌핀β-endorphin과 엔케팔린enkephalins 같은 내인성의 오피오이드는 고립로핵에서 발견되고 음식 섭취를 증가시킨다. 오피오이드 신호는 중격의지핵에서 끝나고 GABA 분비를 자극한다. 고립로핵은 시상하부로부터도 신호를 받기 때문에 특정 음식에 대한 기호가 공복의 크기에 따라 달라진다. 따라서 하루 중 어느 때인지 또는 그 음식을 먹을 수 있는 적절한 상황인지에 따라 쾌감의 값도 달라진다. 그 음식이 이미 입안에 있을 때는 오피오이드 반응이 약화된다.

맛있는 음식을 좋아하는 과정에서 고립로핵과 중격의지핵이 가장 중요한 역할을 하지만, 편도체도 이 과정에 관여하여 고립로핵과 시상하부 사이를 연결해 주는 역할을 한다. 좋아하는 맛이 무엇인가는 어떤 음식을 맛있게 생각하는지를 좌우하기 때문에, 한 개인의 식사와 그가 선택하는 음식이 어떠할 지를 규정한다. 한편 동일한 맛을 보더라도 사람마다 느끼는 맛 감각은 다 다르다. 이러한 맛에 대한 감지력의 차이가 맛 민감도인데, 이는 측면 팔곁핵lateral parabrachial nucleus과 두정엽parietal lobe의 시상 피질구조thalamocortical structures 사이에서 조절된다. 측면 팔곁핵의 다른 신경세포들은 전두피질frontal cortex과 시상하부에도 뻗어 있는데, 이 경로는 맛 혐오

taste aversion에 관여한다. 팔곁핵은 내인성의 오피오이드가 중요 신경전달물질이므로 음식 맛에 따라 보상 작용을 할 수 있다.

• 식욕 조절에서 피질의 역할

비만인 사람들은 정상 체중인 사람에 비해 음식에 대한 주목도attention가 높다. 일반적으로 사람은 자신이 가치 있다고 생각하는 일에 좀 더 집중하고 중요하게 생각한다. 다른 사람은 그냥 모르고 넘어갈 상황에서도 비만인 사람들은 먹을 만한 음식을 잘 찾아낸다. 그래서 신체 내부의 상태보다는 외부 자극에 따라 음식을 과식하게 된다. 즉 배가 부른 상태에서도 맛있는 음식 파는 곳을 그냥 지나치지 못하는 것이다. 이렇게 음식에 주목하는 행동은 두정엽과 시각피질visual cortex과 전두엽frontal cortex의 일부가 관여한다. 또 전전두피질prefrontal cortex은 이성적인 생각과 감정의 변화가 충돌하는 것을 적절히 통제하는 역할을 한다. 그래서 인지력으로 매우 먹고 싶은 음식도 거부할 수가 있고, 먹고 싶지 않아도 건강을 생각해서 억지로 먹기도 한다. 이렇게 모든 상황을 고려해 판단을 내리고 신체를 관리하는 인지적인 능력은 전전두피질에서부터 온다.

• 뇌간의 위치와 역할

대뇌의 맨 아래쪽 소뇌cerebellum 바로 앞에 뇌간brainstem이 매달려 있으며, 중뇌midbrain, 뇌교pons, 연수medulla의 세 부위로 이루어져 있다. 뇌간은 뇌와 척수를 연결하기 때문에 뇌와 몸을 오가는 모든 메시지는 뇌간을 통과해야 한다. 뇌간은 뇌 부위들이 매달려 있는 기둥과 같다. 뇌간에 붙어 있는 뇌 부위들 외에 뇌신경의 대부분은 뇌간을 지나가는데 이 신경들 중에는 눈동자의 움직임에서부터 음식을 삼키는 방법에 이르기까지 머리에서 일어나는 모든 활동을 담당한다. 뇌간 덕분에 우리는 별다른 의식 없이 생명을 유지할 수 있다. 숨 들이 마시고 내쉬기, 맥박, 눈 깜박임 같은 우리 몸의 기초적인 기능은 뇌간이 담당한다. 또 맥박, 혈압, 체온 및 그 밖의 생명유지에 필수적인 기능을 조절한다. 그리고 이러한 기능을 정상적으로 유지하기 위해 변연계와 긴밀하게 작용한다.

2

식욕 조절과 음식 중독에 관여하는 신경전달물질

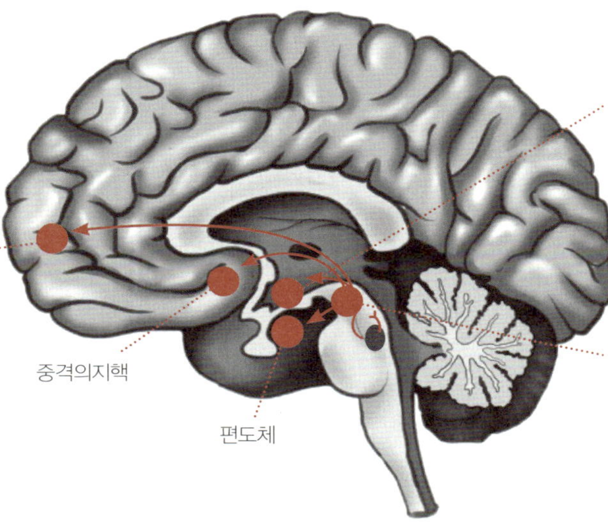

그림 13 도파민 경로

도파민

도파민dopamine은 마약중독 과정에 훨씬 더 광범위하게 연루되어 있지만 음식 중독에 있어서도 중요한 역할을 한다. 도파민은 각성arousal상태가 되게 하고, 먹을 의욕이 생기게 하며, 먹이를 찾는 행동을 하게 만든다. 또 맛있는 음식에 의해 활성화되어 입맛을 다시거나 침이 나오는 것과 같은 행동이 활발해지도록 한다. 중뇌midbrain의 도파민계는 맛있는 음식 섭취에 중요한 역할을 한다. 복측피개영역ventral tegmental area의 도파민 신경세포는 내측전뇌다발medial forebrain bundle을 통해 그 축색돌기axons를 편도체, 중격의지핵nucleus accumbens, 전전두피질로 뻗고 있다〈그림 13〉. 또 편도체와 전전두피질에서 외측 시상하부로 뻗어 가고, 여기서 직접적으로 식품 섭취를 조절한다.

• 비만의 원인

실험동물의 중격의지핵으로 갈라닌galanin을 주입하면 도파민 분비를 조장하고 이에 따라 동물은 먹는 행동을 시작한다. 먹는 동안에 렙틴은 중격의지핵에서 도파민 분비를 감소시켰는데, 랩틴은 보상 섭취를 억제하기 때문이다. 이외에도 그렐린ghrelin, 오렉신orexin과 NPYneuropeptide Y도 복측피개영역의 도파민에 반응하는 세포에서 일어나는 활동의 빈도와 패턴을 변경시키거나, 중격의지핵에서 도파민 분비를 유도함으로써 중간변연계의 도파민 분비를 변경할 수 있다.

비만의 원인을 설명하는 데에는 두 가지 가설이 있다. 그 하나는 선천적으로 선조체striatum 같은 변연계 조직에 도파민 수용체dopamine receptor가 적은 사람이 있다는 것이다. 그런 사람들은 남들만큼 먹어서는 식사의 즐거움이 부족하다고 느끼고, 따라서 음식을 더 많이 먹게 된다고 한다. 또 하나의 가설은 달고 지방이 많은 식사를 오랫동안 반복해 먹게 되면, 후천적으로 도파민 수용체의 수가 적어지거나 보상의 역치가 높아져 식품 섭취를 잘 조절하지 못하고, 음식만 보면 먹으려 하게 된다고 한다. 파킨슨병은 중뇌의 도파민을 갖고 있는 신경세포가 파괴되어 나타나는 질병인데, 도파민 수용체의 작용을 도와주는 약receptor agonists으로 치료했더니 맛있는 음식을 먹을 때처럼 충동적으로 음식을 섭취했다고 한다. 이와 같이 사람의 경우에도 중뇌에서의 도파민 전파가 맛있는 음식의 섭취에 영향을 주는 사실을 확인할 수 있었다.

세로토닌

우리는 아주 기쁘고 행복한 일이 있을 때에 "먹지 않아도 배부른 것 같다"고 한다. 세로토닌serotonin은 그러한 때에 분비되어 행복감을 주는 신경전달물질인데, 시상하부hypothalamus에서 CRFcorticotropin releasing factor, NPYneuropeptide Y 같은 신경전달물질들을 저해하여 공복감이 줄어들게 하므로 포만 신호satiety signal로 작용할 수 있다. 맛있는 음식을 먹으면 보통 음식보다 강력한 풍미가 있어서 중격의지핵에 있는 보상 센터에 신호가 간다. 이에 따라 도파민과 세로토닌 분비가 시작된다. 보상 센터는 시상하부의 신경세포들과 연결되어 있기 때문에 식욕을 조절할 수 있다. 아주 맛있는 식사를 할 때는 포만에 이르는 데 걸리는 시간이 오래 걸리도록 조정된다. 즉 더 오랫동안 많이 먹어야 포만감이 온다. 비만인 사람의 보상계에서 세로토닌과 도파민이 작용하려면 더 많은 음식 섭취가 있어야 가능하다. 이것은 마치 만족하기 위해 점점 더 많은 마약을 투약해야 하는 마약 중독자와 같은 것이다.

비만이나 거식증 환자의 치료제로 사용하는 약물 중에는 세로토닌의 작용을 저해하거나 촉진해 섭취를 조절할 수 있는 약들이 여럿 있다. 세로토닌 분비를 유도하는 펜프루라민d-fenfluramine과 세로토닌 재흡수를 저해하는 프루옥세틴fluoxetine, 설트라린sertraline, 시부트랄린sibutramine, 그리고 세로토닌 수용체의 작용을 도와주는 약들은 식품 섭취를 저해하므로 비만 치료제로 사용된다. 거식증anorexic 환자에게 펜프루라민fenfluramine으로 치료하면 세로토닌을 분비시켜 특히 지방 섭취가 감소한다. 또 오피오이드 저해제이며 세로토닌 촉진 작용을 하는 날록손naloxone과 프루옥세틴fluoxetin은 지방과 설탕 섭취를 감소시켰다고 한다.

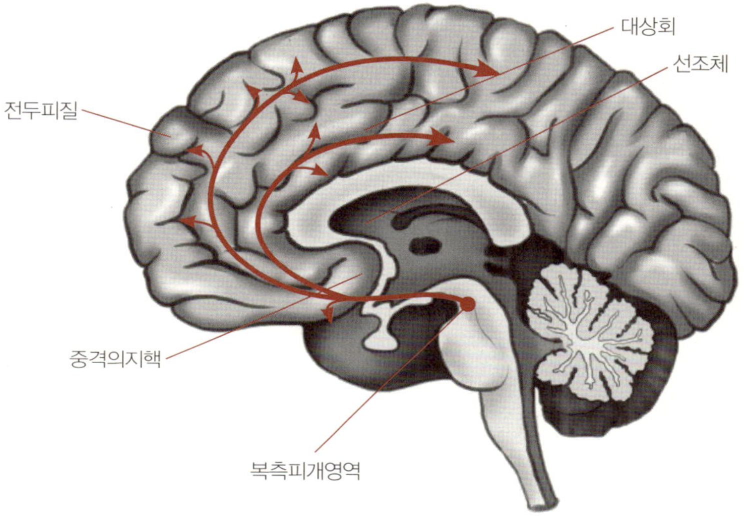

그림 14 세로토닌 경로

• 우울증, 세로토닌, 탄수화물 섭취 욕구

식욕, 식품 섭취, 식사는 기분 조절과 서로 연결되어 있다. 비만인 사람은 우울감이나 화 같은 정서적인 조절에 문제가 있을 수 있다. 세로토닌은 극심한 스트레스에 시달리거나 감정적인 트라우마를 받으면 급격히 고갈된다. 그럴 때 대뇌 변연계가 과도하게 활성화되어 슬프거나 우울한 느낌이 생기는데, 이때 우리 신체는 세로토닌 수치를 높이기 위해 탄수화물 섭취에 대한 욕구가 강해진다고 한다. 청소년기에 우울증을 겪으면 성인기에 비만이 될 위험이 높고, 이 때문에 우울증이 더 악화될 수 있다. 우울증 환자가 탄수화물 음식을 먹으면 뇌의 세로토닌 교체가 많아져 도움이 된다.

이와 유사하게 스트레스를 겪으면 식품 섭취에 영향을 미치고 대사교란, 식욕항진을 조장해 비만이 될 수 있다. 스트레스를 받을 때 지방과 탄수화물이 풍부한 식사를 하면 배불리 먹은 뒤 분비된 세로토닌이 스트레스를 덜어 주는 효과가 있다. 낮 동안 사회생활 중에 받은 스트레스를 저녁에 맛있는 음식을 먹는 것으로 푸는 사람이 많기 때문에 현대인들은 점점 비만이 되어 가는 것이다.

오피오이드계

초기에는 주로 통증 및 통증 해소와 관련해 오피오이드opioid 연구를 했으나 최근에는 중독addiction, 보상reward, 먹는 행동과 관련해 연구가 많이 되고 있다. 오피어트 수용체opiate receptors◆271쪽는 식품 섭취를 조절하는 시상하부와 보상 센터인 중격의지핵 같은 뇌의 여러 신경망에서 발견된다. 달고 지방 함량이 높은 맛있는 음식을 먹으면 중격의지핵의 오피오이드 보상계가 활성화된다. 중격의지핵은 내측 전두엽medial prefrontal cortex, 해마hippocampus, 편도체amygdala와 뇌간brain stem으로부터 신호를 받아 시상하부로 전달해 음식 섭취를 조장한다. 설탕과 마찬가지로 인공감미료로 만든 음료수도 오피오이드계를 활성화시키는데, 이것은 에너지 함량보다 음식의 단맛 자체가 활성에 관여하기 때문이다. 오피오이드는 맛이나 냄새가 좋은 음식을 잘 먹도록 만든다.

실험동물의 중격의지핵nucleus accumbens에 오피오이드를 투여하고, 영양적으로는 동일하지만 좋아하는 풍미를 가진 음식과 그렇지 않은 음식 두 종류를 제공하면, 실험동물은 좋아하는 맛을 가진 음식을 우선적으로 섭취했다. 또 단것을 먹을 때 아픈 것을 잘 느끼지 못하는 통각상실analgesia 증세가 나타나는 것도 오피오이드 때문이다. 하지만 수분 섭취에는 관여하지 않는다고 한다. 이외에도 공복감을 더 심하게 느끼도록 해 음식을 찾아다니거나 음식 섭취 행동을 조장한다. 반면에 오피어트 길항제opiate antagonists인 날록손naloxone은 일상적으로 먹는 덜 맛있는 음식의 섭취에는 영향을 주지 않으면서 좋아하는 음식의 섭취만 감소시켰다. 또 공복감과 포만감, 맛 감지에는 영향을 주지 않고 그 맛으로 인한 즐거움만 줄일 수 있다. 즉 여전히 단맛은 느끼지만 그 음식의 매력은 줄어들어 과식을 하지 않도록 하므로 식욕억제제로 쓰일 수 있다.

오피오이드 작용을 억제하는 또 다른 약인 날트렉손naltrexone을 실험쥐의 편도체에 주입하면 좋아하는 음식의 섭취가 감소했다고 한다. 반면에 이 약물을 시상하부의 실방핵paraventricular nucleus에 주입하면 좋아하는 음식과 일상적으로 먹는 음식 양쪽 모두의 섭취를 감소시켰다고 한다. 이것은 오피오이드가 실방핵과 편도체에서 하는 역할에 차이가 있기 때문이다. 실방핵에서는 에너지 조절 작용을 하며, 편도체에서는 맛있는 음식으로 인한 보상효과와 관련된 역할을 한다. 또 일상적으로 먹는 음식을 먹는 쥐와 이 일상적인 음식에 맛있는 음식을 추가로 먹을 수 있는 쥐를 비교했을 때 일상적인 음식을 먹는 쥐에 비해 추가로 맛있는 음식을 먹을 수 있는 쥐가 과식했고, 날트렉손으로 인한 섭취 감소 효과도 훨씬 더 민감하게 나타났다고 한다. 이러한 사실은 맛있는 음식을 먹을 때 오피오이드의 식욕항진 효과가 더 잘 일어날 수 있음을 보여 준다. 옥시토신oxytocin은 탄수화물 음식에 대한 포만 신호로 작용할 수 있는데 옥시토신이 결핍된 쥐는 탄수화물 용액의 섭취가 증가했다고 한다. 맛있는 음식을 과식하게 되는 것은 오피오이드가 옥시토신의 분비와 작용에 영향을 주어서 이러한 포만계가 둔화되어 일어날 수 있다고 한다.

3

식욕과 포만감

식욕

식욕이란 뇌의 시상하부hypothalamus와 몸에서 만들어 낸 공복hunger과 포만 신호satiety signals의 상호작용으로 생긴다. 배고픔 신호는 그렐린ghrelin처럼 위에서 만들어진 호르몬도 있으나 오렉신orexin처럼 대부분 뇌의 시상하부에서 만들어진다. 이에 비해 몇몇 포만 신호는 소장에서 분비된다. 이외에도 렙틴leptin과 인슐린도 포만 신호로 작용하는데, 포만 신호는 공복신호가 표현되는 것을 저해하거나 그 효과를 둔화시키는 방식으로 작용한다. 렙틴은 지방조직에서 만들어지고 체지방에 비례해 증가한다. 식욕을 억제하므로 지나치게 체중이 증가하는 것을 막아 주는 역할을 한다. 이와 같이 식욕은 뇌와 몸에서 에너지 균형을 조절하는 피드백feedback system의 하나로 일어난다. 그런데 우리 모두가 느끼는 바이지만 식욕이 배고픔이나 포만감을 충실히 대변해서 다음 식사 때까지의 시간이나 에너지 섭취 및 체중 조절을 잘 예측해 주지 못하는 경우가 너무 많다. 식욕만 믿고 먹었다가는 불어나는 체중을 주체할 수 없을지도 모른다. 왜 이런 실패가 흔하게 일어날까?

대사적 결핍과 음식 섭취 후의 만족감은 도파민에 의해 조절되며, 도파민 회로는 중뇌의 복측피개영역ventral tegmental area에서 시작해 전뇌의 중간변연계forebrain mesolimbic system까지 뻗어 있다. 한 종류의 음식으로 한 번에 먹을 수 있는 양을 지표 삼아 음식 맛을 평가해 보았을 때, 여섯 시간 정도의 공복 후에는 맛이 있건 없건 간에 대개는 제공된 음식을 배가 부를 때까지 많이 먹었다고 한다. 이러한 사실은 사람이 배고플 때는 웬만한 음식을 다 맛있게 느낀다는 것을 보여 준다. 또 세 시간 동안의 강제금식 후에는 맛이 그다지 좋지 않은 것으로 평가한 음식도, 열두 시간의 공복 후에는 맛있는 음식처럼 많이 먹을 수 있었다고 한다.

이런 식으로 맛이 다른 음식을 몇 가지 제공해 가며 실험을 해 보았을 때, 각각의 음식을 먹는 양은 음식을 먹지 못한 시간의 길이에 비례했다. 즉 입 안에서 맛있다고 느끼는 감각적인 자극보다는 배가 고파서 음식이 필요할 때 생기는 대사적 자극에 따라 우리들의 식욕은 크게 좌우된다. 우리는 흔히 배가 부를 때보다 고팠을 때에 음식이 눈에 잘 들어온다는 사실을 알고 있다. 하지만 배가 고플 때라도 먹어 본 적이 없는 음식에는 얼른 손이 가지 않는다. 이처럼 낯선 음식에 대해서는 별로 식욕이 생기지 않는데, 냄새도 마찬가지이다. 익숙한 음식 냄새일 때 식욕이 일어난다. 음식을 먹기 전 일어나는 식욕은 과거 먹어 본 경험이 있는 음식에 한해서 생긴다. 따라서 맛있게 먹어 본 음식 종류가 많을수록 식욕을 느낄 기회도 많아진다.

이러한 대사적인 결핍으로 인한 식욕 이외에 오랫동안 맛있는 음식을 먹었을 경우에는 중간변연계의 다양한 오피오이드 의해 일어나는 또 다른 식욕, 즉 식탐이 있다. 이 식탐은 과거 식량이 부족하던 시기에는 식량이 떨어지는 때를 대비해 체지방을 비축해 둘 수 있도록 해 주었기 때문에 생존에 유리한 측면이 있었다. 그러나 현재 우리나라처럼 언제든지 음식을 먹을 수 있는 환경에서는 배가 고프지 않을 때도 식욕을 일으켜 음식을 먹도록 만들어서 점점 비만 인구가 늘어나는 주원인이 되기도 한다.

포만감

• 포만감이 일어나는 과정

실제 포만감satiation은 안와전두피질orbitofrontal cortex에 누적된 감각 특이성 포화sensory specific satiety, 위의 팽창 정도gastric distension, 장에서의 포만 신호gut satiety signals, 혈액 내 포도당 농도와 랩틴leptin 같은 호르몬이 함께 작용해 일어난다. 하지만 우리가 하루 세끼를 찾아서 먹는 과정을 단순화시켜 보면, 처음 공복hunger에 의해 먹기 시작하고 포만감을 느껴 식사를 끝내고 포화satiety에 의해 잠시 쉬었다가 다시 공복이 시작되는 과정의 연속이다. 식사 초반에는 음식의 감각적 자극 때문에 어떤 음식을 맛있게 느끼며 먹기 시작한다. 하지만 식사를 계속하다 보면, 음식의 맛 성분들이 구강과 인후에 있는 감각 수용체들과 소화관의 센서들을 계속 자극하게 된다. 이렇게 해 초반에 좋게 느껴졌던 맛 자극을 상쇄하는, 일종의 역 되먹임 작용negative feedback으로 어느 순간부터 포만감이 생긴다. 음식의 맛있음은 배고픔에 좌우되기 때문에 포만감은 식사를 통해 일어나는 점진적인 배고픔의 해소로 볼 수 있고, 따라서 점차 맛이 없어진다. 즉 식사의 초반에서 후반으로 갈수록 맛있음에서 혐오가 아닌 맛없음으로 옮겨 간다. 진짜 혐오는 생리적인 포만을 넘을 때 일어나며, 강제로 음식을 먹게 했을 경우처럼 구토와 토기吐氣를 동반하기도 한다.

• 맛있지만 금세 질리는 음식과 언제 먹어도 물리지 않는 음식

식사 초반에 느끼는 맛있음처럼, 음식을 먹을 때 생기는 포만감도 기억된다. 입안 감각기관에 의해 유도된 감각과 나중의 포만감으로 인한 억제 효과는 각각 분리해 따로 기억되며 식품별로 다 다르다. 초콜릿이나 튀긴 음식은 식사 초반에는 맛이 있지만 포만감도 크다. 따라서 이런 음식은 금방 질린다. 그러나 밥이나 된장찌개는 먹는 초반에는 특별히 맛이 있다고 느끼지 못하지만 포만감도 서서히 와서 언제 먹어도 물리지 않는다. 이미 포만감을 느끼고 숟가락을 놓았던 사람도 새로 맛있는 음식이 제공되면 음식을 더 먹을 수 있다. 실제로 많은 사람들이 밥을 배불리 먹고도 후식으로 제공된 떡을 상당량 더 먹을 수 있다. 동물실험에서 냄새만 바뀐 동일한 음식을 제공하더라도 앞서 그 음식에 배부른 쥐가 다시 더 먹을 수 있었다고 한다. 이와 같이 대사적으로 배고픔이 해소되고 배가 부르지만 입안에서 느끼는 새로운 감각에 의해 식탐이 다시 생길 수 있다.

육식을 좋아하는 사람도 보통 아침부터 고기를 구워 먹지는 않는다. 개인에 따라 다르지만 아침 이전에 보통 12~14시간 정도 공복 시간이 있고, 그 공복기는 점심이나 저녁때에 비해 긴 편이다. 맛있음은 공복에 비례하기 때문에 아침에 고기반찬을 먹으면 점심때 먹는 고기 맛보다 더 진하고 느끼하게 느껴질 수 있다. 마찬가지로 아침부터 초코바 같은 단 음식을 먹으면 너무 달게 느껴진다. 그래서 조금만 먹어도 포만감이 오고 오히려 식욕이 떨어질지도 모른다. 어느 나라, 어느 문화권에서도 아침은 저녁식사에 비해 조금은 맛이 담백하고 소화가 잘 되는 음식을 먹는다. 여기에는 여러 가지 이유가 있을 수 있지만 긴 공복 뒤에 느껴지는 강한 포만감도 한몫을 하는 것으로 보인다.

• 잘 씹지 않고 급히 먹으면 왜 많이 먹게 되는가

최근에 자발적으로 한 번에 얼마나 많은 음식을 먹을 수 있는지와 그때 먹는 양을 결정하는 요인들에 관한 연구가 다수 발표됐다. 우리는 보통 식사를 할 때 음식의 맛에 자극받아 더 먹으려고 하지만, 배가 불러 더 이상 먹을 수 없는 지경에 이르게 되면 식욕과 포만감이 교차하는 어느 시점에서 식사를 그만두게 된다. 실험으로 입안에 음식이 닿지 않도록 관을 통해 음식을 바로 위로 넣어 주면 음식 맛은 느끼지 못하지만 배는 불러온다. 반대로 인공감미료와 첨가물로 음료수를 만들어 마시게 하면 입에서는 달고 맛있지만, 실제로는 음식을 먹지 못한 것과 같아서 실컷 먹어도 포만감을 느낄 수 없다. 첫 번째 실험에서는 식욕은 없었는데 포만감을 느낀 경우이고, 두 번째 실험은 강력한 식욕을 느꼈지만 식욕과 무관하게 포만감이 일어나지 않도록 한 것이다.

이러한 연구들을 얼핏 살펴보면, 음식을 먹을 때 입안에서 느끼는 맛은 식사량에 별 영향을 주지 못하는 것 같다. 그러나 사실 두 연구 모두에서 입에서 느끼는 맛에 의해 음식을 더 먹을 수 있다는 사실을 보여 주고 있다. 배고플 때 씹는 둥 마는 둥 급히 식사를 하면 맛을 음미하며 천천히 식사할 때보다 훨씬 많은 음식을 먹는다. 또 TV를 시청하면서 음식을 건성으로 씹어 넘겨도 마찬가지이다. 이와 같이 첫 번째 실험에서는 식사가 계속될 때 입안에서 점점 맛이 없어지는 현상이 없다면 더 많은 양의 식사를 할 수 있음을 보여 준다. 음식의 '맛있음'은 공복감에 영향을 받기 때문에 식사를 계속하면 공복감이 만복감으로 변하고, 음식 맛은 '맛있음'에서 점차 '맛있지 않음'으로 옮겨 간다. 두 번째 실험에서는 만복감에 의한 '맛없음' 현상이 나타나지 않았기 때문에 식욕이 줄지 않았고, 그 결과 계속 더 먹으려 하게 된다.

따라서 식사량과 음식 맛의 관계는 식사 초기에 그 음식을 얼마나 맛있게 느꼈는가와 소화관에서 반응하는 포만 신호 사이의 균형에 의해 먹는 음식량이 정해지고, 그 균형은 점점 '맛있음'에서 '맛있지 않음'으로 변해 가는 음식 맛에 따라 달라진다.

4

맛있는 음식은 왜 과식하게 될까

음식 섭취는 두 가지 서로 보완적인 경로를 통해 조절된다. 항상성 경로homeostatic pathway와 쾌감 경로hedonic pathway가 그것이다. 항상성 경로는 저장된 에너지가 고갈되면 먹고자 하는 동기가 생겨 에너지의 균형을 유지하도록 만든다. 반면 쾌감 경로는 상대적으로 먹을 것이 풍부한 기간임에도 맛있는 음식을 먹으려는 욕망 때문에 항상성을 뛰어넘는 즐거움이나 보상reward에 의해 섭취가 조장되는 일련의 과정이다. 음식으로 인한 즐거움과 보상이란 결국 식사 중에는 더 먹고 싶은 욕망을 일으키는 것이고, 식사 후에는 배부르고 든든한 느낌이 오래가는 것이다. 앞에서 설명한 인공감미료로 맛을 낸 음료수는 실제 열량이 없었기 때문에 먹는 도중에 '맛있지 않음'이 나타나지 않아서 계속 먹으려 들게 만들었다. 반면, 맛있는 음식은 공복 시에는 말할 것도 없고 배가 부를 때에도 다른 보통의 음식에 비해 먹는 도중에 '맛있지 않음'이 너무 늦게 나타나서 과식하게 만드는 음식이라고 할 수 있다.

마약이 보상과 쾌락에 의해 중독이 되는 것처럼 맛있는 음식에 빠지는 것도 유사하다. 하지만 마약과는 달리 음식은 생존에 필요한 만큼은 반드시 먹어야 한다. 따라서 마약처럼 완전히 끊을 수는 없다. 마약만큼은 아니지만 맛있는 음식에 의해서도 쾌감을 느끼고, 그 즐거움을 기억하며, 공복과 상관없이 습관적으로 먹게 된다. 또 마약과는 달리 눈만 뜨면 어디든 먹을 것이 보이는 환경에 살고 있으므로 어떤 면에서는 마약을 끊는 것보다 더 어렵다.

오랫동안 습관적으로 맛있는 음식을 먹을 경우 쾌감 경로에서 넓은 영역의 뇌의 변연계가 활성화되지만, 맛있는 음식이 아닐 경우에는 식욕 조절계가 자극을 받지 못해 식욕이 잘 일어나지 않는다. 소위 '먹방'이라고 부르는, 먹는 방송에 자주 나오는 편인, 체중이 조금 과해 보이는 유명 남자 코미디언이 자신은 아무거나 많이 먹어서 살찐 것이 아니며, 제대로 된 맛있는 음식을 먹을 줄 안다고 강변하는 것을 들은 적이 있다. 나는 그의 말이 맞다고 생각한다. 그처럼 수입이 많고 비만한 사람들은 맛있는 음식을 좋아하는 사람일 수밖에 없다. 다만 문제는 그런 사람들은 에너지 밀도가 낮고 건강에 좋은 음식에는 식욕이 나지 않는다는 것이다.

CCK$_{\text{cholecystokinin}}$ 같은 호르몬은 고지방 음식이 소화가 잘 되도록 위에 오래 머무르게 하는 작용을 한다. 그래서 지방이 많은 음식을 먹고 나면 한참 동안 든든하고 쉽게 배가 꺼지지 않는다. 그런데 습관적으로 고지방식을 하면 CCK의 포만효과가 둔감해지고 음식이 위에서 빨리 비워진다고 한다. 또 렙틴은 체지방에 비례해 지방조직에서 분비되어 과식을 막아 주는 역할을 한다. 하지만 비만인 사람들은 혈청 내 렙틴의 농도가 높은데, 오랫동안 높은 상태가 유지되면 랩틴의 농도가 높은데도 불구하고 식품 섭취를 억제하지 못한다. 이러한 현상을 '렙틴 저항성leptin resistance'이라고 한다.

또 고지방식을 하면 인슐린 저항성도 증가해 포도당이 뇌로 전달되기 어렵게 된다. 점차 인슐린도 뇌로 들어가는 장벽blood brain barrier을 통과하기 어려워져 그 결과 인슐린에 의한 포만 효과도 잃게 된다. 에너지가 부족하지 않은 상황에서 계속 맛있는 음식을 먹게 되면 이와 같이 과식이 일상화되고, 뇌의 보상계가 활성화되며, 각종 식욕 조절 신호의 저항성이 증가해 에너지 균형energy balance이나 체중이 상향 조정된다. 이것은 비록 우리가 의식하지 못하고 있지만, 더 많이 먹기 위해 음식 섭취와 체중의 설정값set point 자체를 높인 것과 같다. 이와 같은 식욕 조절력 둔화와 보상 작용으로 인한 쾌감 때문에 충동적으로 음식을 많이 먹게 된다.

보상계의 활성화와 포만계의 저항

맛있는 음식을 충동적으로 과식하는 이유는 두 가지로 설명할 수 있다. 하나는 도파민과 세로토닌 같은 몸 안에서 만들어진 오피오이드opioids에 의해 대표되는 보상계가 활성화되어 나타난 결과이다. 다른 하나는 식품 섭취 시에 점차 포만감을 느끼도록 작용하는 우리 몸의 신호체계signalling cascade가 손상되어 나타나는 '저항resistance' 때문이다. 공복 시에는 위와 시상하부hypothalamus에서 공복신호hunger signals가 많이 분비되지만, 음식을 먹게 되면 다양한 포만 신호satiety signals들이 소장에서 분비되어 혈액으로 들어간 뒤 순환된다. 이 신호물질들은 구심성 신경vagal afferents을 통해서 뇌에 있는 신경세포로 전달된다. 맛있는 음식일 경우, 맛감각은 더욱 강렬하고, 그 맛에 관한 정보는 중격의지핵nucleus accumbens의 보상계reward system에 도달해 도파민, 세로토닌과 같은 보상 매개물질인 오피오이드를 분비하거나 상향 조정된다. 또 시상하부에도 작용해 공복신호를 증가시키고, 인슐린, 렙틴, CCK 같은 포만 신호는 둔해져서 과식하게 된다. 이와 같이 보상 센터는 시상하부의 식욕 조절 뉴런과도 연결되어 있으므로 활성화된 보상계는 항상성에 의해 조절되던 섭식 행동에도 영향을 미친다. 전형적인 보상섭취reward eating의 추진력은 에너지의 결핍보다 먹을 때의 희열과 만족감 때문에 일어난다.

장기간 동안 피자나 튀김처럼 탄수화물과 지방이 많은 음식을 과식하면, 과식하는 것에 적응되어 그렐린ghrelin 같은 공복신호는 하향 조정down-regulated되고 렙틴, 인슐린 같은 몇몇 포만 신호는 상향 조정된다. 그뿐만 아니라 맛있는 음식에 자극을 받는 뇌의 영역도 달라지는데 정상체중인 사람은 배측 선조체dorsal striatum의 영역이 활성화되는 반면에, 비만인 사람은 안와전두피질orbitofrontal cortex, 전전두피질prefrontal cortex, 편도체amygdala, 배측과 복부 선조체dorsal and ventral striatum, 섬피질insula, 전방대상피질anterior cingulate cortex, 해마hippocampus 같은 번연계의 여러 영역이 활성화된다고 한다.

5

먹고 싶은 음식은 왜 참을 수가 없을까

도파민 보상 경로의 활성

맛있는 음식을 먹을 때 뇌간의 복측피개영역ventral tegmental area에 있는 도파민 뉴런에서 뇌의 외측 시상하부lateral hypothalamus, 중격의지핵nucleus accumbens, 전전두피질prefrontal cortex, 편도체amygdala 등의 부위로 축색돌기를 통해 신호를 보낸다. 이와 같이 당과 지방이 많은 음식은 도파민 보상 경로를 활성화시킨다. 이것이 중간변연계에 도파민 수준을 높이고 중격의지핵에서의 도파민 전파를 증가시킨다. 오피오이드는 음식 섭취 시 '맛있음'을 느끼게 해 주는 신경전달물질이며, 배가 고파서 음식을 원할 때는 도파민이 관여한다. 하지만, 배가 부른 뒤에 맛있는 음식을 계속 먹고자 할 때는 도파민과 오피오이드가 함께 작용한다. 엔도카나비노이드endocannabinoids는 시상하부에 작용해 식욕을 촉진하는 오피오이드이다. 단맛을 보게 되면 엔도카나비노이드가 시상하부뿐 아니라 신체에서도 단맛 감지세포의 민감도를 높여 음식을 더 맛있게 느끼도록 해 섭취를 조장한다고 한다.

또 맛있는 음식을 얻기 위한 행동을 조직하고 지휘하기 위해, 외측 시상하부가 기능적으로 대뇌 번연계 및 다른 피질부위와 연결된다. 전전두피질은 계획하고 의사결정을 하는 것과 같은 높은 단계의 인지 과정을 맡고 있다. 전전두피질은 미각 정보가 전달되는 섬피질insula cortical regions로부터 정보를 받아 중격의지핵에서의 신호 전달에 영향을 미친다. 해마hippocampus는 기억 형성과 식품 섭취의 조절에 중요한 역할을 한다. 비만인 사람은 음식을 보거나 냄새만 맡아도 이들 부위가 매우 활발하게 반응한다. 이들은 정상인에 비해 음식을 통해 받는 보상이 크기 때문에 결국 음식을 먹는 쪽으로 행동을 몰아가게 된다. 그래서 공복으로 인한 '식욕'은 배가 고픈 것을 느껴서 무엇이라도 먹어야 할 것 같은 기분이라면, 맛있는 음식을 먹고 싶은 '식탐'은 어떤 특정한 음식이 꼭 먹고 싶은 현상일 수 있다.

음식 중독의 메커니즘

어느 날 저녁을 준비하다가 시장기를 느껴 옆에 있는 초콜릿이나 마시멜로우 한두 조각을 무심코 집어 먹을 수 있다. 그런데 맛이 좋아 저녁 밥맛이 없을 것을 염려하면서도 몇 번 더 손이 갔던 적이 있을 것이다. 이렇게 개인의 의지력을 무색하게 하는 강렬한 단맛들은 복측피개영역의 도파민 뉴런을 활성화시켜 그 표적이 되는 뇌의 여러 영역에 도달해 도파민을 분비하게 한다. 이렇게 분비된 도파민은 복측피개영역에서 시작해 최종적으로 대뇌의 전두 연합령에 도달하기까지 뇌 속의 여러 영역을 여행하는 중에 기쁨, 각성, 쾌감 및 의욕 같은 다양한 감정들을 일으킨다. 또 이 즐거운 먹는 일에 선행했거나 동시에 경험하게 되는 여러 감각 자극들과 행동, 이를 테면 초콜릿을 먹기 전에 피곤하고 배가 고프고 짜증나고 우울한 감정들이 사라지는 경험을 하게 되면 이런 경험들까지 단맛과 함께 기억되면서 단맛이 일으킨 쾌감을 더욱 잊지 못하도록 아름답게 포장된다. 즉 조건화되고 학습되어 비슷한 상황이 되면 단맛이 나는 맛있는 음식이 자꾸 먹고 싶어진다. 결국에는 비만을 걱정하면서도 맛있는 간식을 놓지 못하게 되는 중독의 상태까지 갈 수 있다.

중독은 이롭지 못한 것을 알면서도 맛있는 음식을 계속 먹으려 하는 것인데, 보상계는 뇌의 변연계limbic system에 있는 일련의 신경세포들의 연결망circuit이다. 또 실험동물을 지방과 당의 함량이 높은 맛있는 음식으로 중독 상태에 이르게 하면, 신체적 아픔이나 위험을 무릅쓰고라도 맛있는 음식을 먹고자 한다. 그런데 중독은 같은 정도의 쾌락을 얻기 위해서 처음보다 점차 더 많은 자극이 필요하고, 중단됐을 때 엄청난 고통을 느끼는 금단 증상withdrawal symptoms이 뒤따른다. 불안, 자율신경계 이상, 체온변화, 몸 떨림tremor & shakes과 마구 먹기binge eating나 폭식을 유발할 수도 있다. 이러한 금단 증상도 동일한 보상계에서 관여한다고 한다.

'맛있음'은 관능적인 보상이 된다. 하지만 아무리 맛있는 음식이라도 매일 동일한 음식을 먹으면 질리게 되어 먹는 양이 줄어들 수가 있다. 그 경우에도 음식을 바꾸어 가며 먹으면 계속 과식하게 된다. 이렇게 만성적으로 맛있는 음식을 과식할 때 뇌에서 오피어트가 분비되는데, 이것의 작용을 봉쇄하는 약물naloxone을 투여하면, 마치 마약 중독자가 마약 주사를 맞지 못한 것처럼 금단 증세를 보인다. 이와 같이 맛있는 음식으로 마약 의존성과 마약 내성 같은 상태를 모두 유도할 수 있다.

현대인에 흔한 음식 중독의 위험성

설탕은 마약이나 알코올처럼 중독될 수 있다. 술이 그렇듯이 케이크나 초콜릿 같은 설탕이 든 음식은 혼자서 먹기보다는 다른 사람들과 함께 나누는 모임이나 활동에서 먹는 경우가 많다. 따라서 이런 단 음식들은 사회적·정서적 유대나 축제 같은 것을 상징한다. 하지만 현대 사회와 가족 구조의 변화로 이런 단 음식을 혼자 먹는 사람의 비율이 점점 증가하는 것이 문제이다. 자칫 상처받고 외로운 사람들이 혼자만의 고독한 쾌락에 빠질 위험이 커지고 있는 것이다. 최근의 알려진 바에 의하면, 마약과 도박 같은 잘 알려진 중독 외에도 일에 대한 성취감, 성적인 쾌락, 운동, 게임, 음식, 쇼핑, 스마트폰 등 인간이 느끼는 모든 즐거움, 좋은 느낌들도 반복적으로 원하면 중독이 될 수 있다고 한다. 마약 중독자의 금단 증세처럼 현재의 즐거움도 원하는 것이 충족되지 못하면 다음 순간 고통으로 바뀔 수 있다. 사람마다 개성이 다 다르듯이 쾌감을 느끼는 중독의 종류도 사람에 따라 천차만별이다. 따라서 성적인 쾌락에 빠진 사람이 동시에 일 중독자가 되기는 어렵고, 마찬가지로 운동 중독과 도박 중독이 양립하기는 어렵다. 간혹 운동선수가 도박을 하다가 문제를 일으킨 경우를 보지만, 모든 운동선수가 운동 중독에 빠진 것은 아닐 것이다. 도박 중독인 운동선수는 아마도 운동은 건성으로 하고 있었을 가능성이 있다. 그렇지만 중독에 잘 빠지는 성향은 있을 수 있어 한때는 맛있는 음식에 중독되어 고도비만이었다가 위를 줄이는 수술을 받고서야 겨우 체중을 줄인 사람이었는데, 이번에는 술 중독에 빠져 고통에서 벗어나지 못하는 사람도 있다.

• 엔도카나비노이드와 모르핀

엔도카나비노이드endocannabinoid의 수용체는 중앙신경계에 널리 분포하며 보상 관련 먹는 행동에 작용한다. 또 단맛에 대한 민감도를 높여서 음식을 맛있게 느끼게 해, 뇌와 뇌를 제외한 신체 양쪽에서 맛있는 음식을 잘 먹도록 작용한다. 엔도카나비노이드는 몸에서 만들어진 카나비스cannabis라는 의미로, 카나비스는 마리화나와 유사한 성분이다. 마리화나를 피우고 나면 음식에 대한 갈망이 커지는데, 이와 유사하게 카나비스도 강한 식욕 유발 물질이다. 모르핀morphine은 오피오이드 수용체 촉진제μ-opioid receptor agonist로 당과 지방 함량이 높은 음식의 섭취를 조장하고 음식을 과식하게 만든다. 내인성의 오피오이드처럼 강한 중독과 보상 효과를 가지고 있는데, 모르핀의 이러한 보상 작용은 복측피개영역ventral tegmental area으로부터 중격의지핵nucleus accumbens까지 뻗어 있는 도파민에 반응하는 중간 변연 경로mesolimbic pathway에서 일어난다. 자유롭게 음식을 선택해서 먹을 수 있도록 한 쥐에게 모르핀처럼 오피오이드 수용체 작용을 도와주는 약을 투여하면 탄수화물을 좋아하던 쥐는 탄수화물을, 지방 음식을 좋아하던 쥐는 지방 음식의 섭취가 증가한다. 즉 모르핀은 자기가 원래 좋아하던 음식의 섭취를 증가시키지만 특별히 지방이나 탄수화물을 더 선호하게 만드는 것은 아니라고 한다.

6
스트레스를 받으면 왜 많이 먹게 될까

흔히 스트레스를 받는다고 하지만, 그 상황이 매우 다양해 한마디로 정의하기는 어렵다. 서비스업 종사자들처럼 계속 부당한 요구를 하는 손님을 응대해야 하는 경우도 있고, 정해진 시간 내에 업무를 마치느라 기진맥진한 상태일 수도 있다. 스트레스를 받은 뒤에는 힘들고 피곤한 하루를 위로받고 싶은 마음이 생긴다. 또 손님이나 상사의 부당한 요구에 화를 참는 경우나 겁나고 두려운 경우는 답답한 속을 풀어야 할지도 모른다. 이렇게 스트레스를 받은 이유와 환경은 다양하지만 공통점은 스트레스 상황에서는 심장박동수와 혈압이 올라가고, 슬프거나 우울하거나 화가 나는 등 평상시와 다른 감정의 기복을 경험한다는 것이다. 이런 정서 상태가 입맛과 음식 섭취에는 어떤 영향을 줄까?

스트레스 후 음식 섭취가 증가하는 이유

스트레스를 받은 사람은 음식 섭취에 있어 두 가지 방식으로 반응한다고 한다. 약 30%의 사람은 음식 섭취가 감소하지만, 다수의 사람들은 음식 섭취가 오히려 증가한다. 스트레스 상황이란 당사자가 느끼기에 대항해 싸울 것인가 아니면 도망을 갈 것인가를 선택해야 하는 긴박한 순간이다. 우리 몸의 혈액과 에너지는 주로 뇌와 팔, 다리의 근육으로 보내지는데, 이때 신체의 나머지 부분, 즉 항상성을 유지하고 음식을 소화 흡수하는 내장의 여러 기관들은 혈액 공급이 부족한 상태가 된다. 따라서 스트레스를 받을 때 식욕이 증가하는 것은 위기 상황에서 연료로 사용했던 당질과 지방산을 재충전해 신체의 에너지 공급을 원활히 하고자 코르티솔cortisol이 분비됐기 때문이다. 이에 따라 뇌의 오피오이드opioid 분비가 증가하고 보상계reward circuitry도 활성화된다. 이것은 맛있는 음식에 의해 보상계가 활성화된 상태와 유사하다.

급성 스트레스를 받은 상황에서는 단맛과 짠맛의 역치가 낮아져 평소보다 음식이 더 맛있게 느껴진다고 한다. 게다가 요즘의 우리의 생활환경이 언제 어디서든 음식을 먹을 수 있기 때문에 스트레스를 받은 사람들이 아주 손쉽게 먹고 싶은 음식을 과식할 수 있다. 이렇게 되면 스트레스만 작용할 때보다 뇌의 보상계가 더욱 강화되고 의존성이 높아져서 습관이 된다.

스트레스 후 음식 섭취가 감소하는 이유

이와 대조적으로 스트레스 상황에서 음식 섭취가 감소하는 경우도 있다. 만성적으로 스트레스를 받은 사람들은 맛있는 음식을 보았을 때 그렇지 않은 사람에 비해 편도체amygdala가 전방 대상회anterior cingulate나 전전두피질prefrontal cortex과 연결이 잘 되지 않았다. 편도체는 정서를 담당하는 부위이고, 전전두피질은 음식을 먹을 수 있는 환경을 만들거나 최종적으로 음식 섭취를 결정하는 부위이다. 평상시와 달리 화가 나거나 우울한 상태일 때 이 두 영역의 연결이 덜 됐다는 것은 음식을 먹을 때, 평온한 감정이 중요함을 보여 준다. 또 화가 나거나 불안한 상황에서는 교감 신경계가 항진亢進하고, 노르아드레날린noradrenaline이 증가하는데, 이 신경전달물질 때문에 쓴맛과 신맛은 예민하게 감지할 수 있지만, 단맛과 짠맛을 감지하는 데에는 별 영향을 주지 않는다고 한다. 만약 이런 상태에서 음식을 먹는다면 아마도 음식 맛이 없다고 생각하기 쉽다. 반면, 화가 많이 날수록 쓴맛과 짠맛을 잘 감지할 수 없었다는 연구도 있었다. 스트레스를 받은 상황에서 맛 감지 능력의 변화에 대한 연구들을 보면 평소보다 특정 맛을 예민하게 느낀 경우와 둔하게 잘 감지할 수 없었던 경우가 모두 있었다. 이것은 스트레스의 종류나 지속 정도, 개인의 유전적, 호르몬적인 반응에 따라서 맛 감지 능력이 달라지기 때문일 것이다. 하지만 이런 연구들을 대략적으로 종합해 보면 화가 났거나 기분이 좋지 않았을 때 음식 맛을 잘 알 수 없었고, 식욕이 떨어져 잘 먹을 수 없었음을 알 수 있다.

반면 세로토닌serotonin은 평온하고 행복한 상태에서 분비되는데, 세로토닌이 증가했을 때는 단맛의 역치thresholds가 낮아져 단맛을 더욱 민감하게 느낄 수 있다. 이것은 즉 행복한 순간에는 커피 한 잔에 설탕을 한 숟가락만 넣어도 충분히 단맛을 느끼지만, 그렇지 않은 때는 두 숟가락을 넣어야 같은 정도의 단맛을 느낀다는 의미이다. 축제나 기념일에 먹는 음식 중에 단 음식이 많은 것도 이유가 있음을 알 수 있다. 우리들이 느끼는 맛의 역치는 매일매일 크게 달라지지는 않지만 이와 같이 기분의 변화에 따라서는 영향을 받는다.

기분 상태가 음식 섭취에 미치는 영향

오랫동안 스트레스를 받아서 화가 나거나 우울한 상태라면 입맛이 달라지는데, 이러한 변화는 개인의 체중과 음식 섭취에도 영향을 미친다. 또 만성적으로 스트레스를 받으면 위에서 분비되는 그렐린ghrelin과 뇌에서 분비되는 오렉신orexin이 증가하는데, 둘 다 공복신호로 작용한다. 또 렙틴leptin의 농도는 낮아지는데, 렙틴은 포만 신호로 작용한다. 즉 공복신호는 증가하고 포만 신호는 감소해 섭취량이 늘 수밖에 없다. 더구나 요즘의 직장에서는 몸을 움직일 필요가 거의 없기 때문에 스트레스 후의 식욕 증가가 더 문제가 된다. 또 스트레스를 받을 때 높아진 그렐린은 식욕을 높일 뿐 아니라 우울하고 의욕이 없는 것과 같은 좋지 않은 기분을 보완해 주는 효과가 있다고 한다. 그러나 마음껏 음식을 먹지 못하게 했을 때는 우울한 증세가 더 심해진다. 또 다른 연구에서는 우울증을 겪고 있는 사람들의 경우 단맛의 역치가 높아져서 단맛을 잘 느끼지 못했다고도 한다.

이와 같이 기분과 맛 감지력, 그리고 식욕이 서로 연관되어 있기 때문에 암이나 심각한 질환으로 식욕을 잃은 환자들의 식욕 회복에 신경전달물질을 활용할 수 있다. 또 맛 감지력을 검사해 보면 그 사람의 정서 상태를 파악할 수 있기 때문에 우울증 등의 치료에 활용하고자 하는 연구들이 행해지기도 한다.

• 스트레스 호르몬이 식욕에 미치는 영향

만성 스트레스를 받고 있는 상황에서는 부신피질 호르몬인 코르티솔cortisol이 계속 높아져 있다. 이 때문에 렙틴, 인슐린 같은 내분비계에도 영향을 주며 혈당도 높게 유지된다. 코르티솔은 스트레스를 받는 위기 상황에서 신체가 연료로 사용했던 당이나 지방산을 재충전하기 위해 식욕을 자극한다. 이런 식욕 촉진 효과가 있기 때문에 코르티솔은 암을 치료할 때나 심한 통증이 있을 때, 식욕부진이 있을 때도 처방을 하는데, 환자가 음식을 먹을 수 있도록 하는 데 기여한다. 그런데 코르티솔은 렙틴과 인슐린을 억제하는 역할을 하기 때문에 오랫동안 이런 상태가 계속되면 코르티솔과 인슐린의 수준이 둘 다 높아지고, 렙톤의 조절 작용이 제대로 작동하지 못한다. 우리 몸의 에너지 균형을 조절하는 이런 섬세한 시스템이 기능장애를 일으키게 되면 결국 열량 밀도가 높은, 달고 기름진 음식을 과식하게 되고 내장지방이 증가한다.

신경성 폭식증bulimia nervosa, 마구 먹기binge eating disorder와 같은 이상 식욕 증세에서 충동적인 과식 행동이 나타난다. 이러한 환자들도 코르티솔 농도가 높고 전방 대상피질anterior cingulate cortex이 비정상적으로 활성화되어 있다고 한다. 또 시상하부와 안와전두피질orbitofrontal cortex의 기능장애가 있는 경우도 있다. 따라서 이런 사람들은 스트레스를 민감하게 받아들이거나, 중간변연mesolimbic의 도파민계dopamine system가 관련되어 있을 것으로 추측하고 있다.

7

어떻게 몸에 좋은 음식을 맛있게 먹을 수 있을까

일정한 크기의 빵 조각에 각각 토핑을 달리하여 한쪽은 맛있고 다른 쪽은 맛없는 두 종류의 음식을 만든다. 한 팀은 아침 식사 후 4시간 만에, 다른 팀은 전날 저녁 식사 후 아침을 거르고 15시간 만에, 각각 그 빵들을 먹게 했다. 처음 먹기 시작할 때 음식을 먹은 양이나 맛있게 먹는 정도는 공복 시간이 길수록, 또 맛있는 음식일수록 더 잘 먹고 많이 먹었다. 그러나 식사 초기에 비해 식사의 후반부로 갈수록 이러한 차이가 분명하게 나타나지 않았다. 이것은 처음 먹을 때 얼마나 배가 고픈지, 또 그 음식이 얼마나 맛이 있든지 간에, 일단 배가 부르기 시작되면 맛의 차이가 줄어들고 결국 식욕이 제로zero에 가까워진다는 사실을 보여 준다.

입과 코 등 감각기관에서 느끼는 음식 맛의 자극과 강도는 식사를 시작하는 데 중요하고, 식사 초반의 먹는 정도에 영향을 미친다. 또 식사 초반의 식욕은 공복일 때 가장 높다. 공복감은 대부분 맛, 냄새, 질감 같은 외부 자극 요인에 의해 우리 몸에서 일어나는 체계적인 신호에 따라 일어난다. 특정 맛을 가진 어떤 음식을 먹을 때, 신체의 내적 상태에 따라 신체가 보이는 반응은 달라진다. 만약 배가 고플 때 단맛이 나는 맛있는 음식을 먹는다면 어떻게 될까? 단맛으로 인한 '맛있음'은 배고픈 상태에서 더욱 조장된다. 짠맛 화합물을 먹을 때에도 이와 유사하다. 그 짠맛 화합물의 맛은 나트륨 고갈 상태일 때 더욱 조장된다. 그리고 이와 같이 관능적 활성으로 생긴 모든 종류의 '맛있음'은 학습된다. 따라서 여느 때와 마찬가지로 식사를 하려고 하는 데 그날따라 음식이 맛없게 느껴진다면 무언가 다른 맛있는 음식을 찾을 것이 아니라, 실제로 배가 고픈지, 그동안 운동은 충분히 했는지를 생각해 볼 일이다. 진짜 공복 상태라면 웬만한 음식은 다 맛있게 느껴져야 하기 때문이다.

사람의 생애 초기부터 소위 '미각기호'라고 불리는 음식 맛에 대한 학습이 일어난다. 음식물이 입을 통과할 때, 그 음식물이 구강 및 인두에 일으키는 감각 활성의 패턴과 음식 섭취 후 신체가 고갈 상태로부터 구제 또는 회복되는 정도는 기억되고 학습된다. 또 '맛있음'이나 맛 기호를 획득하는 동안, 식후에 일어나는 기본적인 강화 또는 보상에 의한 즐거움은 그 맛 자체와 구별이 되지 않는다. 따라서 좋아하는 맛을 먹게 되면 자동적으로 즐거워진다. 흔히 맥주와 닭튀김을 즐기면서 아이들과 나누어 먹는 가정이 많은데 이런 가정의 아이들은 그 식성을 걱정하지 않을 수 없다. 맛있는 닭튀김과 부모와의 행복한 순간이 합쳐진 추억을 가졌기 때문에 아마도 일생 닭튀김을 좋아할 수도 있다. 피할 수 없다면 닭을 튀기는 대신 굽거나 찌는 방법으로 조리해 볼 수도 있고, 양을 줄여서 두세 개 정도만 먹는 습관을 들여도 좋을 성싶다. 그러므로 어린 시절부터 에너지 밀도가 낮고 건강에 좋은 음식을 즐겁게 먹어 본 경험이 있어야 한다. 특히 배가 고플 때 이러한 건강식을 먹고 허기와 배고픔에서 벗어난 경험이 쌓이면 더욱 좋다.

이러한 학습의 과정은 뇌의 보상계를 포함하고, 시상하부의 측면과 편도체의 기저측부 사이의 연결부위와 이 두 부분에 연결되는 구심성 감각 신경에서 일어난다. 맛있음의 단계는 식사 초반의 먹는 비율에 의해 측정할 수 있는데, 이것은 '맛없음'부터 '최고로 맛있음'까지 하나의 연속선상을 이룬다. 그러나 그 맛을 싫어하는 혐오는 이와는 다른 현상이다. 이것은 '맛있음'에 반대되며, 섭취 반응을 능동적으로 저해하는 어떤 자극이다. 유전적으로 타고 났거나 학습되지 않은 혐오는 산이나 쓴맛 자극 같은 관능 자극 때문에 생긴다. 산이나 쓴맛은 식품이 상했을 때나 유해한 성분이 있을 때 생길 수 있는 맛이기 때문이다. 질병을 일으키거나 대사적 불균형 상태를 일으키는 물질이 주로 맛 혐오를 야기한다. 이러한 혐오반응은 조건화된 맛 혐오 과정을 거쳐 획득된다. 그러나 사람의 경우 예를 들면 홍어의 맛이나 청국장의 냄새 같은 혐오스런 맛도 사회적 강화와 인지적 요인에 의해 혐오스런 맛과 관련 없는 식품이 되기도 한다. 이러한 혐오미각을 획득하는 과정에서 학습된 혐오미각의 유지에는 반드시 필수적이지는 않지만, 시상하부의 측면과 편도체의 기저측부가 관여한다.

제6장

맛있는 음식이란 무엇인가

이때까지의 내용을 살펴보면 우리가 맛을 알 수 있는 것은 음식이 가진 단맛, 짠맛 같은 화학적 자극을 우리 입안에서 전기적 자극으로 바꿔 뇌로 전달하기 때문인데, 우리는 선천적으로 또는 후천적으로 학습해 좋아하는 맛들이 있다. 좋은 맛을 가진 음식을 먹으면 공복감이 사라질 뿐 아니라 배가 고프지 않아도 식탐이 나서 더 먹고 싶은 마음이 생긴다. 이것은 우리 뇌에서 쾌감과 관련된 신경전달물질들이 분비되기 때문이다.

그러면 이제 맛있는 음식이란 무엇인지 한번 생각해 보자. 초콜릿이나 아이스크림은 누구에게 물어도 맛있는 음식이라고 할 것이다. 그런데 여기 봄철에 잘 끓인 도다리 쑥국에 흰 쌀밥 한 공기가 있다고 하자. 한국 사람이라면 아마도 초콜릿 대신 도다리 쑥국을 점심 식사로 선택할 것이다. 왜 초콜릿이 아니고 쑥국일까?

여기에는 우선 몇 가지 가정이 있었다. 한국 사람이고, 점심 식사로 적당한 음식이고, 봄철이라는 계절적 요인 등이 그것이다. 식사로 적당한 음식이라면 먹고 나서 일정 시간 동안 포만감이 지속되어야 한다. 먹을 때는 맛있었는데 돌아서자마자 배가 고파서 다음 끼니때까지 배고픈 시간을 견뎌야 하면 즐거울 수 없다. 평소 우리는 이렇게 하나하나 따지지 않지만 경험적으로 그러한 사실을 알고 있어서 식사로 적당한 음식을 선택할 때에는 단순히 맛만 좋다고 선택하지는 않는다. 만약 사랑하는 사람에게 줄 선물이었다면 대부분의 사람이 초콜릿을 선택했을 것이다. 초콜릿은 맛도 맛이지만 사랑스럽고 달콤한 감정을 불러오기 때문에 정서적으로도 어필할 수 있기 때문이다. 이와 같이 맛있는 음식은 어느 때 먹는 음식인지, 먹는 사람이 누구인지, 그 사람의 나이, 성별, 영양 지식과 건강에 대한 관심 정도는 어떠한지에 따라, 또 체중이나 배고픈 정도와 같은 신체적 상태에 따라, 그리고 같이 먹는 사람과 사는 지역, 경제적 상황 및 분위기에 따라 다를 수 있다. 물론 음식에도 여러 변수가 있다. 초콜릿이라고 다 같은 초콜릿이 아니고 도다리 쑥국이라고 다 같은 도다리 쑥국은 아니다.

그런데 앞에서 선택해야 할 때 우리들은 모두 우리가 일생 먹어 본 초콜릿과 쑥국 중에서 가장 맛있었던 것을 머리에 떠올린 다음, 그 두 종류 음식 중에서 선택하고자 했다. 여기에 우리 뇌의 놀라운 능력을 확인할 수 있다. 봄철마다 먹어 본 그 많은 도다리 쑥국들을 비교해서 가장 맛있었던 그 순간의 맛을 기억해 두었다가, 누구든 아무 때나 물어 오면 즉각 그 맛을 떠올리고 답을 하는 자신을 발견하게 된다. 그래서 영양사들이 급식 개선을 위해 기호조사를 할 때는 반드시 '우리 급식소에서 먹어 본 음식 중에서'라는 단서를 붙여서 설문지를 만들어야 한다. 아무튼 맛있는 음식이란 여러 변수가 작용하며, 좋아하는 음식과 먹고 싶어 하는 음식이 항상 일치하는 것이 아니라는 것을 알 수 있다. 먹고 싶은 음식을 고를 때, 맛이 있다는 점은 가장 중요하기는 하지만 여러 선택 기준 중의 하나에 불과하다. 하지만 싸고 맛있는 음식을 언제 어디서나 먹을 수 있기 때문에 지금 우리나라에서는 이 맛있다는 변수가 마치 음식을 선택하는 '모든 것'처럼 간주되는 것이 문제인 것이다. 그 결과, 선택한 음식들이 대부분 비타민과 무기질 같은 미량 영양소는 부족하고, 열량을 공급하는 탄수화물, 지방, 단백질은 과다해 건강에 지장을 주게 되는 것이다.

다음에서는 이 시대를 사는 우리나라의 보통 사람들이 좋아하는 음식에 포함되어 있는 공통적인 음식 맛의 특성에 대해 살펴보자.

1

보기 좋은 음식

색은 음식의 외관에서 제일 먼저 인지된다. 우리는 태어나면서부터 일생 동안 음식의 색과 그 음식의 맛을 동일시하는 학습을 한다. 그래서 음식을 맛보기도 전에 눈으로 보기만 해도 입에서 침이 나오고, 위액이 분비되며, 췌장에서는 인슐린이 분비된다. 쌀알의 형태가 뚜렷하고 윤기 있게 잘 지어진 밥이나 광택이 도는 싱싱한 과일 색깔을 보면, 이러한 시각 정보가 눈을 통해 뇌로 전달되어 식욕을 일으키고, 곧 들어올 많은 양의 음식을 잘 소화하려고 대비한다. 그런데 이런 식욕은 과거 먹어 본 적이 있는 음식을 우리가 기억하기 때문에 가능하다. 즉 조건화되어 있기 때문에 우리가 기대한 색과 다르면 맛도 다를 것이라고 판단한다. 따라서 음식의 색과 외관이 중요하다. 레몬이나 박하 음료를 갈색으로 만들면, 레몬과 박하의 원래 색을 가진 음료에 비해 신선한 느낌을 덜 받는다고 한다. 그렇다면 흰 쌀밥을 분홍색이나 청색으로 물들이면 밥맛은 어떨까? 한 연구에서 참가자들이 처음에 맛있다고 평가한 스테이크를 특수 조명으로 청색으로 보이게 했더니 대부분이 식욕을 잃었고 그중에는 스테이크를 먹고 아픈 사람까지 생겼다고 한다.

음식을 먹는 환경도 식욕에 영향을 미친다. 식당의 밝기는 음식의 색이 자연스럽고 먹음직스럽게 보이는 정도여야 한다. 너무 어둡거나 이상한 색으로 조명을 하면 식욕 촉진은커녕 상한 것처럼 보여 식욕을 잃게 만든다. 또 우리는 음식을 담은 그릇의 크기와 음식이 그릇에 담긴 정도를 기억해서 먹는 속도나 식사량을 정한다. 그래서 같은 양의 음식을 담더라도 큰 그릇에 담아 상대적으로 음식량이 적게 보이도록 하거나 먹고 난 뒤 빈 그릇을 빨리 치우면, 포만감을 누르고 식욕을 자극해 더 많은 음식을 먹게 할 수 있다. 그러므로 적게 먹고 싶은 사람은 작은 그릇에 가득 차게 담아서 먹어야 한다. 이 밖에도 음식의 상표나 포장, 제조일자 표시 등도 그 음식의 맛을 예측하는 데 영향을 준다.

음료수에 초록색을 가하면 신맛은 더 시게, 단맛은 덜 달게 느껴진다고 한다. 또 노란색을 가하면 단맛과 신맛, 둘 다 역치가 낮아져 더 민감하게 느껴진다. 빨간색은 쓴맛을 더 잘 느끼게 하며, 짠맛이 나는 음식의 색은 매우 다양하기 때문에 짠맛은 색깔에 영향을 거의 받지 않는다고 한다. 짠맛 나는 오이나 풋고추 피클은 초록색이고, 장조림은 갈색이다. 또 팝콘, 동치미는 흰색, 감자 칩은 노란색, 명란젓은 빨간색이므로 짠맛과 특정 색의 연관성은 거의 없다고 봐야 할 것 같다. 음식에 색을 가해서 얻는 맛의 강화 효과가 10% 정도라고 하는데, 설탕을 덜 먹기 위해서 또는 맛있게 하기 위해 빨간색으로 잘 염색이 된 잼이나 음료수를 먹게 될지도 모르겠다. 하여튼 이런 연구들을 바탕으로 여러 식품에 인공적인 색을 입힌다. 연어는 새우나 크릴krill을 먹이로 하기 때문에 그 살색이 분홍색이다. 하지만 양식장에서 기른 연어는 회색빛인데, 식욕을 돋우고 신선한 느낌을 주기 위해 핑크색으로 염색을 한다고 한다. 또 토마토케첩과 고추장의 빨간색도 자연적으로는 나올 수 없는 색이다. 그해 작황에 따라 다르겠지만, 그 정도로 붉고 아름다운 색을 만들기 위해서는 인공적으로 착색을 해야 가능하다. 이처럼 소비자들이 잘 모르는 사이에 맛있게 보이게 하느라고 인위적으로 색소를 사용한 사례는 얼마든지 있다. 이렇게 가짜 맛을 만들기 위해 첨가한 화학물질들은 개별 음식에는 그리 많은 양이 들어 있는 것은 아니지만, 가공식품을 많이 이용하는 사람들은 여러 종류가 더해져 많은 양을 섭취하게 된다. 이러한 첨가물들은 우리 몸에서 염증을 일으키거나 호르몬 교란 물질로 작용해 암이나 대사성 질환의 원인이 될 수 있다. 흔히 "보기 좋은 음식이 먹기도 좋다"고 한다. 그러나 먹기 좋다고 다 몸에 좋은 음식은 아니다. 눈으로 보이는 외관이 음식의 전부가 아닐 수 있다. 음식도 가식을 띠고 우리를 유혹할 수 있는 것이다. 또 우리가 음식의 색과 외관에 대해 느끼고 있는 것을 다른 나라, 다른 지역 사람들은 우리와 다르게 생각할 수도 있다. 음식을 팔기 위해 우리 머릿속에 학습되어 있는 음식의 색과 이미지까지 연구하려는 사람들도 있는 세상이다. 나는 무엇으로 일용할 음식을 선택하는지, 또 그 선택 기준이 타당한지 생각해 볼 일이다.

• 맛 패턴 연구

음료수나 제과 등의 식품 산업에서는 어떤 음식의 색이나 모양이 소비자들이 기대하는 맛과 잘 일치되어야 판매가 잘될 것이다. 또 요즘 같은 세계화 시대에는 다른 나라에서도 잘 팔려야 하기 때문에 다른 나라 사람들의 맛감각이나 맛 패턴taste patterns에 대해서도 연구한다. 단맛의 느낌을 색깔로 표현하라고 하면 대부분의 사람들은 빨간색과 핑크색, 오렌지색이라고 한다. 또 신맛은 노란색과 초록색, 짠맛은 흰색, 쓴맛은 검정색이 연상된다고 한다. 또 맛은 모양으로도 연상이 되는데,

쓴맛은 십자가나 직사각형, 정사각형 모양을 연상하게 되고, 단맛은 구름과 심장, 별 모양과 관련이 있다고 했다.

이러한 맛 연상 작용은 나라별로도 다르다. 중국인과 인도인, 미국인을 대상으로 빨간색, 오렌지색, 핑크색, 노란색, 초록색, 보라색 등의 여섯 가지 색을 제시해 맛 패턴을 연구했더니 흥미로운 결과가 나왔다. 중국인의 경우에는 이 색들을 두 그룹으로 나누었다. 한쪽에는 오렌지색, 초록색, 보라색으로 다른 쪽에는 빨간색, 노란색, 핑크색으로 나누었는데 이것은 두 그룹의 맛 패턴이 서로 달랐기 때문이다. 이에 비해 인도인은 색깔별로 맛 패턴이 크게 다르지 않았고 미국인은 그러한 맛 패턴이 없었다고 한다. 이와 같이 서로 다른 식생활과 문화를 영위해 온 국민들 간에는 특정한 맛과 연상되는 색깔, 형태, 감각이 서로 다르다고 한다.

2

단맛 나는 음식

우리 사회의 가장 심각한 문제 중의 하나가 경제적인 양극화 현상의 심화인데, 탄수화물 섭취를 놓고 보더라도 양극화가 매우 심각하다는 생각이 든다. 탄수화물을 과잉으로 먹는 계층에서는 밥이나 빵, 국수 같은 곡물로 된 탄수화물도 충분히 먹을 뿐만 아니라 최근에 나아진 경제 상황에 따라 시간이 절약되는 간편식이나 외식을 먹는 빈도도 늘어났다. 문제는 만들어 파는 음식들은 소비자의 선택을 받아야 하므로 집에서 만든 음식보다 아무래도 설탕을 비롯한 단당이 더 많이 들어갈 수밖에 없다는 것이다. 게다가 나이가 들어감에 따라 그전보다 단맛 나는 음식을 즐기게 되어 설탕이 들어간 커피를 하루 여러 잔 마시거나 매실 엑기스나 식초 음료, 아로니아 등 그때그때 몸에 좋다고 유행하는 음료수를 장기간 곁에 두고 마시기도 한다.

반면 탄수화물 섭취를 줄여야 한다고 생각하는 계층에서는 단당은 물론이고 곡물에서 섭취하는 탄수화물도 극단적으로 먹지 않는다. 닭 가슴살 같은 단백질 식품만 먹고 사는 사람들도 있는데, 이렇게 탄수화물을 극단적으로 먹지 않을 경우 단백질, 지방, 소금 등의 섭취량이 증가할 수밖에 없다.

동물성 식품에는 나트륨이 많이 들어 있기 때문에 식물성 식품에 많은 칼륨이나 곡식에 들어 있는 마그네슘 같은 무기질을 섭취해 균형을 잡아야 하는데, 밥은 먹지 않고 동물성 식품으로 된 반찬만 먹으면 결과적으로 나트륨 섭취량만 높아진다. 또 탄수화물 섭취가 너무 적을 경우 세로토닌 농도가 낮아져 우울증 같은 정신적인 문제를 겪을 수도 있다. 세로토닌은 행복 호르몬으로 알려져 있는데, 우울할 때나 만성 스트레스가 있을 때는 신체 내 세로토닌 농도가 낮아진다. 이때 빠르게 혈당을 높일 수 있는 단맛 나는 음식을 먹으면 일시적으로 세로토닌 분비를 자극할 수 있기 때문에 기분이 좋아지는 것이다.

설탕이 개발되면서 사람들은 비로소 생존에 필요한 음식 외에 여유와 즐거움을 주는 음료수, 과자, 케이크 등을 먹을 수 있게 됐다고 볼 수 있다. 하지만, 그 뒤 설탕보다 더 값싼 콘 시럽을 개발하면서 이제는 단맛을 과잉 섭취하게 됐고, 오히려 인류의 건강이 위협받는 지경에 이르게 됐다. 단맛이 나는 음식은 혈당을 급격히 올리고, 음식 중독을 일으키는 대표적인 음식이다. 자주 먹을수록 더 진하게 더 많이 먹고 싶어진다. 또 식욕을 항진시켜 다른 음식도 더 많이 먹게 만든다.

미국과 유럽에서는 초콜릿, 잼, 젤리, 케이크, 쿠키, 마시멜로우, 마카롱 등 단맛이 나는 음식이나 후식이 흔하다. 그러나 우리나라 성인들은 이런 종류의 음식보다는 커피와 음료수 등을 통해 설탕 섭취량이 높아진 것으로 보인다. 이런 종류의 액체로 된 음료수의 문제는 충분한 양을 먹어도 얼마 지나지 않아서 먹기 전보다 더 혈당이 낮아져 다시 식욕을 자극하는 '불안전한 보상' 작용이 있다는 것이다. 이 말은 열량을 충분히 취했지만, 배부른 느낌이 오래가지 않아서 곧 다른 음식이 먹고 싶어진다는 뜻이다. 필자도 이런 불안전한 보상에 관한 실험을 한 적이 있었는데, 포도당이 들어 있는 음료수를 마시게 한 뒤 3시간 후에 혈당을 측정한 결과, 단 음료수를 마신 사람들의 혈당이 물을 마신 사람보다 더 낮아져 있는 것을 확인할 수 있었다. 또 그들은 그 시점에 제공한 피자를 물만 마신 사람들보다 더 많이 먹었다. 음료수를 마신 사람들의 경우 인슐린 분비가 자극되어 3시간 후에는 물을 마신 사람보다 더 공복감을 느끼게 된다는 의미이다. 이렇게 되면, 음료수에 들어 있는 열량과 추가로 더 먹은 피자를 합하면 물만 먹은 경우보다 훨씬 더 많은 칼로리를 섭취하게 된다.

단맛이 나는 음료수를 마시고 나면 시간의 경과에 따라 식욕이 급격히 달라지는데, 먹은 지 한 시간까지는 물만 마신 경우보다 혈당이 더 높고, 식욕이 잘 나지 않는다. 그래서 식사 전 배가 고프다고 간식을 먹게 되면, 정작 식사 때는 식욕이 없어지는 것이다. 입맛이 까다로운 어린아이나 젊은 여성 중에는 하루 종일 주스나 아이스크림만 먹고, 밥을 먹지 않아서 주변 사람들이 걱정하는 경우가 간혹 있다. 이렇게 한두 시간 단위로 끊임없이 단맛이 나는 간식거리로 군것질을 하면 식욕이 없어져서 식사를 할 수가 없다. 미국의 경우, 이런 현상을 가지고 다이어트 법이라고 광고하는 사람도 있다. 얼마나 식욕 조절이 어려우면 그럴까 싶기도 하지만, 나쁜 습관이 들기 쉽고 건강을 해칠 수 있으므로 함부로 따라하지 말아야 한다.

설탕이 든 음식을 먹지 않겠다고 결심을 해도 그나마 누리던 작은 즐거움마저 없어지는 것 같아 싫은 생각이 들 수도 있다. 설탕이 들어간 커피를 하루 다섯 잔이고 열 잔이고 먹거나 커피 한 잔에 설탕을 세 스푼 이상 넣어 마신다면 이미 습관이 됐다고 봐야 한다. 지금 중독 상태까지 간 것이 아니라면, 가능한 한 당이 든 차나 음료수는 피하고 물을 마시는 습관을 들여야 한다. 처음이 힘들지 설탕이 없는 다른 차, 예를 들면 원두커피, 허브 차 등을 마시는 습관을 들이면 그런 차들도 충분히 기분을 상쾌하게 하고 분위기를 전환시켜 주는 역할을 한다. 또 아예 종류가 다른 음식을 먹거나 운동이나 다른 활동을 해 보는 것도 도움이 된다. 설탕을 듬뿍 넣은 커피를 마시는 습관이 있으면, 커피를 마셔야 할 때 설탕을 덜 넣은 커피를 맛없어 하면서 억지로 참고 먹는 것보다 잠깐 잠을 자거나 바깥공기를 쐬면서 몸을 움직이는 등 다른 활동을 해 보는 것도 좋다. 또 음식을 먹던 환경을 바꾸어 볼 필요도 있다. 커피 생각이 나게 하던 장소, 함께 먹던 사람, 과중한 업무 등 환경을 변화시켜 본다. 담배나 술, 마약 끊기가 어렵다고 하듯이 일단 단 음식을 먹는 습관이 들었다면 고치는 데는 상당한 어려움을 각오해야 한다.

3

새로운 음식으로 변화를 준다

많은 음식이 위로 들어가면 포만감을 일으킨다. 그러나 음식이 소화관으로 들어가기 전이라도 맛이나 냄새만으로도 포만감을 느낄 수 있다. 명절에 몇 시간씩 음식 준비를 할 때 배는 고픈데 식욕이 나지 않았던 경험이 있었을 것이다. 이와 같이 동일한 음식을 반복해 접하다 보면 후각이나 구강 차원에서 질려서 더 이상 먹지를 못한다. 비만의 예방과 치료를 위해 이와 같이 감각기관의 포화로 인한 식욕 저하 방법을 활용해 볼 수 있다. 원 푸드 다이어트one food diet는 포도나 사과, 두부 같은 한 종류의 음식만 며칠이고 먹으면 식욕이 생기지 않아서 결국 체중이 주는 효과를 이용하는 방법이다.

그러나 한 종류의 음식을 먹고 포만감으로 먹지 않았던 실험동물에게 동일한 음식이지만 냄새만 다른 것으로 바꾸어 주었더니 다시 음식을 다시 먹기 시작했다고 한다. 원숭이의 경우 동일한 음식을 반복해 주면 뇌의 외측 시상하부가 더 이상 반응하지 않았지만, 그런 때에도 다른 음식을 제공하면 다시 더 먹었다고 한다. 이러한 연구들을 통해 만복감을 느끼는 과정이라는 것이 먹는 동안 입안에서 특정 맛에 질려서 점차 맛이 없어지는 효과도 포함된다는 사실을 알게 됐다.

이럴 때 새로운 풍미의 음식을 제공하면 다시 식욕이 생길 수 있지만, 풍미가 다른 음식도 잇달아 여러 번 제공하면, 점차 덜 먹게 되고 결국 먹는 것을 그만두게 된다. 이것은 이미 먹은 음식으로 인해 소화관에 많은 음식물이 남아 있을 수 있고, 이 체류된 음식이 또 다른 포만감, 어쩌면 진짜 포만감을 일으켰기 때문일 것이다. 음식의 가짓수가 많은 식사에서는 먹은 음식량과 포만감이 일치한다. 하지만 매일 같은 종류의 음식만 먹게 되면 우리의 감각기관이 포화되어 식욕이 떨어진다. 즉 반찬이 적으면 맛이 없게 느껴지고, 이런 식사를 하면서 포만감이 느껴진다고 실제로 배가 부른 것은 아니다. 배부르게 먹은 것 같은데 어쩐지 허전한 것이다. 이럴 때는 새로운 음식을 제공해야 식욕이 살아난다.

이러한 새로운 음식에 의해 생기는 식욕 유발 효과는 며칠을 못 가기 때문에 끊임없이 새로운 음식을 만들어 내어야 식욕이 지속될 수 있다. 지난날 가난했던 시절에 밥상에 고기나 계란을 많이 사용할 수 없었던 어머니들이 여러 가지 밑반찬을 준비해 두고 반찬 가짓수를 많게 하거나 동일한 식재료라도 때마다 다른 조리법을 사용함으로써, 감각기관의 포화를 막아서 가족의 식욕을 유지할 수 있었다. 또 옛날 솜씨 좋은 부인들은 삼십여 가지 이상의 김치를 담글 줄 알았다고 한다. 지금도 각 지역마다 내려오는 별별 색다른 김치들은 이 땅의 가난한 어머니들이 가족의 입맛을 돋우고자 노력한 결과물이다. 가정집에서 매일 다른 반찬을 만들기 어렵다고 생각하기 쉬운데, 같은 김치나 된장찌개라도 들어가는 재료를 달리하면 감각기관의 포화를 막을 수 있다.

요즈음에는 외식업의 트렌드가 너무 빨리 바뀐다는 것을 느낄 수 있다. 한때 유행했다가 사라지거나 거의 명맥이 없어진 음식도 상당히 많다. 여러 가지 이유가 있겠지만, 이미 맛있는 음식을 너무 많이 경험해 본 소비자들이 웬만한 음식에는 곧 싫증을 내면서 시들한 반응을 보이다 보니 좀 더 독특한 새로운 메뉴를 만들지 않으면 시선을 끌 수 없기 때문일 것이다.

우리나라의 전통적인 닭 요리법에도 찜닭이 있었지만, 안동 찜닭은 많은 양의 물엿과 간장을 넣어 달고 짜게 만들어 식욕을 자극한다. 또 전통적인 닭 요리에는 고추장이나 고춧가루를 거의 사용하지 않았는데, 요즘의 불닭이나 그 유사한 요리들은 태국산, 남미산 등 별별 매운 고추를 사용해 대단히 맵고 자극적이다. 오삼불고기 같은 음식도 오징어와 돼지고기 삼겹살을 함께 고추장 양념을 해 조린 것인데 원래는 돼지고기와 해산물을 함께 조리하지는 않았다. 그런데 단체급식소나 외식업체에서 원가를 낮추고 맛있게 만들고자 하는 과정에서 탄생된 음식으로 보인다.

이와 같이 물에 삶거나 찌던 음식을 기름에 튀기거나 굽는다든지, 원래 매운 음식이 아닌 것을 맵거나 달게 만드는 방식으로 바뀌었다. 또 원래는 해산물이나 육류 한 가지로 만든 음식이었는데, 해산물, 닭, 육류의 모든 재료를 함께 넣고 조리하기도 한다. 최근에 나타난 이러한 새로운 외식 메뉴들은 소비자들의 입맛을 잡기 위해 만들어진 것으로 볼 수 있다. 그런데 문제는 이미 맛있는 음식을 너무 많이 먹어 본 소비자들 때문에 이러한 음식들의 유행 주기가 점점 더 짧아지고, 더 달고 더 기름지게 음식이 조리되며, 요리법은 점점 더 복잡해진다는 것이다. 이런 변화 속에 외식으로 식사를 해결하는 사람들은 점점 더 비만해질 수밖에 없다.

4
모든 신체 감각을 활용해 맛을 느낀다

맛있는 음식을 먹으면 도파민 분비에 의해 정서적으로 위안을 받는다. 그런데 도파민은 음식에 의해서만 분비되는 것은 아니다. 우리가 좋아하는 색, 소리, 촉감, 인지적 과정을 통해서도 분비된다. 또 사람은 '감각 특이성 포화'가 있어서 먹어 본 음식의 모든 감각을 기억하고 다른 종류의 감각을 경험해 보기를 원한다. 비만인 사람이 정상인에 비해 더 많이 먹는다는 증거는 없다. 차이가 있다면 비만인은 맛있는 음식을 먹었을 때 느끼는 즐거움이 다른 사람보다 더 큰 편이고, 따라서 삶에서 얻을 수 있는 즐거움 중 많은 부분을 음식으로 충족하려는 성향을 가지고 있다고 할 수 있다. 따라서 그러한 즐거움을 놓치지 않으려고 하기 때문에 계속 맛있는 음식을 찾아 먹고, 더 많이 먹어야 계속 즐거울 수 있는 것이다.

눈이 잘 보이지 않으면 청각이나 후각 같은 다른 감각기관이 민감해진다는 사실은 잘 알려져 있다. 이는 감각기관들이 서로 통합되어 있기 때문인데, 미각도 다른 감각의 영향을 받을 수 있다. 눈으로 보는 음식의 색이나 형태에 의해 맛감각이 영향을 받을 수 있음은 앞에서 설명했지만, 청각에 의해서도 영향을 받을 수 있다.

영국에서 발표된 한 연구에 따르면 단맛과 신맛은 높고 날카로운 음악과 잘 어울렸고, 반면에 감칠맛과 쓴맛은 낮은 음조의 곡들과 잘 어울렸다고 한다. 또 쓴맛은 트롬본과 같은 금관악기의 소리를 연상시켰고, 단맛과 박하향은 피아노 소리를 연상시켰다고 한다. 연구 대상자들이 사는 지역과 문화에 따라 연상되는 악기 소리가 다를 수 있지만, 분명 어떤 맛과 어울리는 소리가 있다는 사실은 수긍할 만하다.

이런 연구의 결과는 커피나 초콜릿, 맥주 같은 음식을 개발할 때나 외식업 분야에서 판매 촉진을 위한 매장 분위기 연출 등에 활용할 수 있다. 실제로 식당에서 음악과 조명을 좀 더 부드럽게 했더니 음식을 덜 먹었고 더 맛있게 느꼈다고 한다. 앞으로 이런 분야의 연구가 더 진행돼야 알 수 있겠지만 우리나라 사람에게 단맛이나 쓴맛을 더 민감하게 느끼도록 해 주는 음악이나 악기 소리도 있을 수 있다. 또 소주나 맥주 등 술의 종류에 따라 각각에 어울리는 음악도 있을 수 있다. 길거리 포장마차나 삼겹살을 파는 식당에서 적은 돈으로 맛있는 음식을 먹을 수 있는데, 여성들이 왜 분위기 있는 레스토랑에서 아름다운 음악을 들으면서 음식을 먹고 싶어 하는지 이해하지 못하는 남자 친구들이 간혹 있다. 그들은 맛있는 음식과 어울리는 음악을 들으면 그 음식을 더 맛있게 만들고 사랑스러운 느낌이나 만족감을 높일 수 있다는 걸 모르기 때문이다.

감각이 서로 통해 나타나는 이런 현상을 더 적극적으로 활용하면 기름진 음식을 맘껏 먹지 않고도 시각이나 청각 같은 다른 감각을 이용해 식사의 포만감을 높일 수도 있을 것이다.

그러므로 비만을 예방하고 더 이상 체중이 불어나는 것을 원하지 않는다면 미각 외에 다른 감각기관을 자극할 수 있는 음식과 식사법을 활용하면 좋다. 또 어떤 식사모임인지에 따라, 예를 들면, 가족모임일 경우 고생한 가족을 위로하거나 축하하며, 살아온 날들을 기념하는 아름다운 이야기가 포함된다면 더욱 좋다. 감각뿐 아니라 인지적으로도 기쁨을 보탤 수 있기 때문이다.

방송인 박소현 씨는 언제 봐도 나이를 먹지 않는 듯 외모가 그대로인데, 한 프로그램에 나와서 밀가루 전병에 파프리카와 어린잎채소, 닭고기 외에 바삭바삭한 시리얼을 넣어서 만든 멕시코 음식인 토르티야를 소개한 적이 있었다. 토르티야는 육류와 채소, 탄수화물 음식이 포함되어 있어 균형 잡힌 영양을 취할 수 있다. 하지만 사람에 따라서는 다소 단조롭다고 느낄 수 있는 맛인데, 바삭바삭한 시리얼을 넣어서 청각과 촉각을 자극할 수 있도록 응용한 재미있는 음식이었다. 많이 먹지 않더라도 이런 방식으로 즐겁게 먹을 수 있으면 음식 섭취로 인한 만족감이 높아질 수 있다.

이 밖에도 음식을 만드는 사람들은 감각기관에 의한 식욕 자극 효과를 고려해 향을 덧씌우기도 한다. 바나나 맛 우유라든지, 치즈 맛 크래커처럼 실제로 바나나나 치즈가 거의 들어 있지 않은 음식인데도 그러한 냄새나 맛이 나는 첨가물을 넣어 더 맛이 있도록 만든다. 또 바비큐 맛 감자튀김은 실제로 숯불에 굽지 않고도 구운 음식과 비슷한 냄새가 나도록 만든다. 또 '미운 우리 새끼'라는 텔레비전 프로그램에는 연예인 이상민 씨가 식사하는 모습이 가끔 나온다. 그중에서 재미있게 본 것은 아주 값비싼 도마를 애지중지하면서 한 번씩 그 위에 음식을 차려 놓고 먹는 장면이다. 그처럼 같은 음식이라도 자기가 좋아하는 방식으로 먹는다면 많은 음식을 먹지 않더라도 충분히 즐거울 수 있는 것이다. 그런데 볼 때마다 느끼는 점이지만, 이상민 씨는 멋있게 먹기는 하는데 조금 위태롭다. 채소를 거의 먹지 않고 동물성 식품을 너무 좋아하는 것 같기 때문이다. 쇠고기 한 조각을 태우듯이 구워

불 맛을 낸 다음, 라면에 넣어 먹는 장면이 나온 적이 있는데, 물론 멋있고 맛있게 먹는 방법이기는 하지만 채소를 거의 먹지 않는 것 같다. 건강을 생각한다면 그런 식사에 어떤 종류라도 채소를 곁들여야 한다.

• 공감각cross-modal interactions 활용

사람은 모든 감각기관을 사용하여 자신을 둘러싸고 있는 환경을 인식하며, 각각의 감각은 서로 통하게 되어 있다. 따라서 맛을 감지할 때에도 다른 감각의 영향을 받을 수 있다. 심장병이나 신장병, 고혈압 환자들은 장기간 저염식을 해야 하는데 이런 사람들이 짠맛 대신 다른 감각, 이를 테면 냄새를 통해 짠맛 갈증을 해소할 수 있다면 저염식 섭취가 보다 수월해 질 수 있다. 또 항암 치료를 받거나 노령일 때에는 쓴맛을 과도하게 느끼고 식욕 부진이나 구역질 때문에 음식 먹기가 어렵다. 이런 경우에도 미각에 영향을 줄 수 있는 감각으로 후각이나 청각을 활용해 볼 수 있다. 시끄러운 곳에서 식사를 하면 맛을 잘 느낄 수 없는데, 이것은 음악이나 소리가 미각 기호나 음식을 먹는 속도와 섭취량에 영향을 줄 수 있기 때문이다. 만약 어떤 소리가 단맛이나 짠맛 같은 특정 맛을 더 잘 느끼도록 해 준다는 것이 규명된다면 치료식이나 다이어트, 식품 산업과 외식 분야에 활용도가 높을 것이다.

5
수분 함량이 적은 음식이 맛있다

'맛있음'은 사람이 음식을 대할 때 생기는 주관적이면서 순간적인 입안의 즐거운 감각이다. 우리는 매일 일정한 양의 음식을 먹는다. 매일 한 공기씩의 밥을 먹던 사람이 아무런 이유도 없이 어느 날 갑자기 밥 두 공기를 먹지는 않는다. 따라서 어떤 사람이 하루에 섭취하는 총 열량은 그가 먹는 식사의 구성 성분에 따라 달라진다.

식사의 구성 성분 중 지방 함량이 높을수록 열량은 높아지고, 반대로 수분 함량이 많을수록 열량은 낮아진다. 그런데 우리는 보통 열량 함량이 높은 음식을 맛있는 음식으로 느끼고, 오랫동안 열량 함량이 높은 음식을 먹어 버릇하면 그런 음식에 대한 기호도가 더 높아진다. 밥과 국, 반찬으로 이루어진 우리나라의 한식은 햄버거 같은 패스트푸드에 비해 수분 함량이 높다.

일상적으로 먹는 우리의 한식은 건강에는 매우 좋은 음식이지만, 모두가 인정할 수 있는 맛있는 음식이라고 하기는 어렵다. 최근에 새로 선보이는 여러 음식 중에는 그동안 먹어 오던 음식에서 수분 함량이 적은 새로운 버전으로 바뀐 음식들이 있다. '김치찜'이나 '김치 짜글이'는 기존에 있던 김치찌

개나 김치국보다 수분 함량을 줄이고 육류를 더 많이 넣은 최신 버전이다. 또 우리는 원래 닭을 주로 백숙이나 삼계탕으로 해 먹었고, 닭찜은 서민들이 흔하게 해 먹을 수 있는 음식은 아니었다. 그런데 요즘에는 안동 찜닭, 닭볶음탕 같은 조리거나 볶은 닭 요리와, 튀기거나 구워서 다시 달고 맵게 양념한 양념 통닭이나 불닭 같은 국물 없는 닭 요리를 흔히 먹는다.

이렇게 맛을 좇아서 국물을 줄이면 더 맛있게 먹을 수는 있겠지만 열량과 지방, 소금과 설탕 섭취량이 늘어날 수밖에 없다. 쌀로 만든 주식에 있어서도 흰죽은 가장 수분 함량이 많고, 다음으로 밥과 흰떡의 순으로 수분 함량이 적다. 그래서 죽보다는 밥과 떡의 열량 밀도가 더 높고, 더 맛있게 느껴질 수 있다. 과거 식량이 부족하던 시절에는 식량이 떨어지는 몇 개월은 죽을 먹고 살기도 했다. 그러나 지금은 아플 때나 가끔 별식으로 먹기는 하지만 일상적으로 먹는 경우는 드물다. 만약 죽이 밥보다 더 맛있게 느껴진다면 지금보다 훨씬 더 죽을 상용하는 사람이 많았을 것이다. 시리얼이나 튀긴 감자, 콘칩 등은 밥이나 빵보다 더 수분 함량이 적고 따라서 열량 밀도는 더 높다. 따라서 맛이 있고 간편하다고 이런 음식을 상용하게 되면 열량 섭취가 높아질 수밖에 없다.

6

기름진 음식은 달고 짜고 매워야 맛있다

우리는 선천적으로 기름진 음식을 좋아하도록 태어났다. 경제적인 이유 때문에 많이 먹지 못했던 사람도 소득 수준이 나아지면 한결같이 지방이 많은 식품을 자주 먹는다. 이와 같이 우리는 에너지 밀도가 높은 기름진 음식을 맛있는 음식으로 여기지만, 이런 음식들은 쉽게 질리고 한 번에 많이 먹기는 어렵다. 따라서 기름진 음식을 맛있게 많이 먹으려면 짠맛, 단맛, 매운맛 같은 감각적인 자극으로 지방으로 인한 '감각기관의 포화'를 상쇄시켜야 한다. 마치 배가 부른데도 디저트를 보면 다시 식욕이 올라올 때처럼 감각적 자극이 포만감을 무력화시켜야 한다.

단맛은 지방과 함께 있으면 맛의 역치가 낮아져 더 달게 느껴진다. 따라서 당과 지방은 함께 있을 때 더 맛있게 느껴지고, 고지방식을 하는 사람들은 다른 사람에 비해 달게 먹기를 원한다고 한다. 탕수육에 달고 신 소스를 끼얹지 않으면 많이 먹기 어렵다. 양념 통닭에 달고 매운 양념을 하지 않으면 훨씬 맛없게 느껴질 것이다. 또 흔히 '탄수화물 중독'이라고 하는, 탄수화물이 풍부한 간식을 많이 먹는다는 사람들은 실제로는 초콜릿, 케이크, 도넛, 패스트리, 아이스크림 등을 많이 먹는다. 하지만 이 간식들은 탄수화물인 당만 많은 것이 아니라 지방도 많이 들어 있다. 대부분의 경우에 '탄수화물과 지방 중독'이라고 해야 할 정도이다. 한 실험에서는 기름이 없을 때보다 짠맛과 기름 맛을 함께 맛보면 짠맛을 예민하게 느끼지 못한다고 했다. 그래서 기름지고 짠맛이 나는 육류음식의 경우에는 짠맛의 간을 조금 세게 하는 편이 맛있게 느껴지므로 기름진 음식을 먹을 때는 소금 섭취가 더 많아진다.

7

기름을 치면 더 맛있다

음식을 만들 때 신선한 식물성 기름을 약간 치면 대개는 맛이 좋아진다. 참기름, 들기름 같은 기름들은 미끄러지듯 부드러운 질감과 특유의 향기를 더하기 때문에 음식을 더욱 맛나게 한다. 또 기름 속에 들어 있는 다중 불포화 지방산들이 우리 혀에 있는 미뢰에 작용해 낮은 농도의 단맛과 감칠맛, 신맛을 더 민감하게 감지할 수 있게 한다. 하지만 짠맛, 쓴맛의 강도는 저하시킨다고 한다. 또 기름의 얇은 피막이 음식 속의 휘발성 성분이 날아가지 못하게 붙잡아 두는 역할을 해 입에서 느끼는 맛 성분은 조금 더 진해질 수도 있다. 따라서 나물 반찬을 만들 때 마지막에 참기름을 한두 방울 떨어뜨리면 모두가 좋아하는 맛인 단맛, 감칠맛은 더 생생하게, 싫어하는 맛인 쓴맛은 덜 느껴지도록 해 음식을 더 맛있게 느낄 수 있다.

식물성 지방이 미각세포의 역치를 변화시키는 과정은 다음과 같이 설명할 수 있다. 제1장에서 살펴본 바와 같이 미각세포의 내부는 음전기, 외부는 양전기로 분극화되어 있다. 그런데 미각세포가 맛 성분과 접할 때는 보통 미뢰에 들어 있는 미각 수용체의 칼륨 통로는 열려 있다. 이때 첨가된 기름 속의 지방산, 특히 이중 결합이 두 개 이상 있는 지방산은 미각 수용체 세포에서 이온 통로의 구멍과 결합해 칼륨 통로를 방해한다. 그렇게 되면 칼륨의 세포 외 유출을 막아서 미각세포 내부에 칼륨이온이 축적된다. 이 축적된 양이온으로 인해 탈분극화가 강화되거나 미각세포가 활성화되어 맛을 더 잘 감지할 수 있게 된다.

그런데 어떤 사람은 조금만 기름이 더 들어가도 느끼하다고 하는데, 매일 기름진 음식을 먹어도 아무렇지 않은 사람도 있다. 이처럼 기름 맛을 감지하는 데에는 개인차가 있다. 비만인 중에는 선천적으로 지방산 감지 능력이 떨어져 다른 사람보다 고소한 느낌을 잘 느낄 수 없기 때문에 지방 식품을 많이 먹는 사람이 있다. 또 이러한 기름 맛 감지 능력 저하는 후천적으로 지방 식품을 과다하게 먹을 때도 생길 수 있다. 따라서 튀기거나 기름진 음식도 별 맛이 없게 느껴지면, 평상시 그런 음식을 지나치게 많이 먹지는 않았는지 살펴볼 필요가 있다.

8

소스를 얹은 음식이 맛있다

소스sauce는 음식의 주재료가 무엇이든 그 주재료의 맛을 깊게 하거나 맛을 보완함으로써 음식의 맛을 향상시킨다. 모든 음식 재료는 본연의 맛을 가지고 있지만, 좀 더 원하는 맛에 가까운 음식을 만들기 위해 요리를 한다. 그런데 요리를 해도 원재료가 지닌 특성 때문에 어쩔 수 없는 부분이 있는데, 이를 보완해 인간의 욕망이 원하는 맛의 최대치를 표현하기 위해 다양한 소스를 사용한다고 볼 수 있다. 따라서 접시 위에 놓인 주재료 외에 따로 진한 육수를 내고 허브나 향신료를 넣어 만든 소스와 함께 음식을 먹으면 대개의 경우 맛이 있을 수밖에 없다. 고기를 구우면서 자연스럽게 나오는 육즙이나 조리 중 생길 수 있는 육수를 알뜰하게 이용해 간단히 소스를 만들기도 하지만, 제대로 된 소스를 직접 만들려면 다량의 고기를 몇 시간씩 약한 불에 고아서 육수부터 만들어야 한다.

이런 과정이 쉽지 않기 때문에 가정에서는 물론 웬만한 음식점에서도 제품화된 것을 사서 만들게 된다. 그런데 식품 공장에서 소스를 상품으로 제조하기 위해서는 규격화되어 있는 품질 기준을 맞춰야 하므로 다양한 첨가물이 들어가야 한다. 고추장이나 마요네즈 같은 제품을 고를 때 그 속에 들어 있는 색소나 산화 방지제 같은 첨가물을 꺼림칙하게 생각하는 소비자들이 많다. 대부분의 소스가 육수나 크림 등을 베이스로 하기 때문에 다양한 첨가물이 들어간다. 어쩔 수 없이 써야 할 경우에는 가능한 원료의 개수가 적고 유통기한이 짧은 것을 고르는 것이 좋다.

소스라는 말은 소금salt이라는 단어에서 유래했다고 한다. 소금을 처음 넣어 음식을 먹어 본 옛 사람이 느낀 맛의 감격을 상상해 보면, 소스의 역할을 이해하는 데 도움이 될 듯하다. 싱겁고 밋밋하기만 한 음식이었는데 소금을 치는 순간 맛이 생동감 있게 살아났을 것이다. 그렇게 소금으로 시작해 현재의 소스는 그 재료와 조리법에 거의 제한이 없는 듯하다. 맛을 돋울 수 있는 것이라면 무엇으로든 만들 수 있다.

현재 우리가 먹는 소스는 대개 1400년에서 1700년 사이의 300년 동안에 개발된 것이 대부분이라고 한다. 당시의 요리사들은 대개 왕실과 귀족들의 재정적 지원을 받아 그들의 입맛에 맞는 최고의 맛을 만들기 위해 막대한 비용과 노력을 들였다. 아마도 매일 맛있는 것을 먹고 살았기 때문에 무엇을 먹어도 별 감흥을 못 느끼는 상류층의 입맛에 부응해야 했으므로 지금의 관점에서 보자면 터무니없이 자원을 낭비해 가며 공들여 만든 것도 있었을 것이다.

다양한 소스가 있지만 기본적으로 소스는 식물과 동물 조직을 파괴해 맛이 들어 있는 즙을 추출한 다음 그 국물을 농축해서 만든다. 이렇게 만든 진한 소스는 고체인 음식 재료가 가진 견고함을 진한 농도의 반유동성의 소스가 감싸서 입안에서 부드럽게 움직이는 감촉과 촉촉함을 부여한다. 또 점성이 있기 때문에 혀와 입천장에 달라붙어 맛이 오랫동안 입안에 머무르게 하는 효과도 있다.

1789년 프랑스대혁명이 일어나고 귀족들이 몰락하면서 요리에도 큰 변화가 일어났다. 혁명의 여파로 실직한 요리사들 중에는 고급 레스토랑을 열어 살길을 모색하기도 했다. 혁명 후에는 요리 과정을 단순화하고 최소한의 자원으로 음식을 만들고자 하는 경향이 생겨, 그때까지의 귀족 중심이었던 요리가 현대적인 음식으로 발전하는 새로운 계기가 됐다고 한다. 또 17세기에는 영국이 동인도회사를 통해 인도 및 아시아 지역과 무역을 하게 되면서 아시아의 간장과 생선 소스, 피클로 만든 과일과 채소가 영국에 소개됐다. 이때 아시아의 양념이나 장과 비슷하게 감칠맛을 내는 여러 소스가 개발됐다. 토마토케첩, 우스터셔 소스, 처트니, 베샤멜 소스, 와우와우 소스처럼 강한 맛을 지닌 소스들은 쉽고 빠르게 만들 수 있었고, 곁들이는 음식의 맛과 강렬한 대조를 이루어 소스의 새로운 영역을 확장했다는 평을 듣는다.

18세기에는 일군의 요리사들이 음식 본연의 맛을 살리자는 취지로 누벨 퀴진nouvelle cuisine을 개발하고 유행시켰다. 이후 20세기에 들어서는 음식을 증류해서 진액만 추출하는 작업을 지양하고 버터를 많이 사용하지 않았다. 또 음식 본연의 맛을 살리는 방식을 주장했고 소스도 선별적으로 절제해서 사용했다. 21세기에는 포스트 누벨이라고 하여 국경을 넘나드는 현대 요리의 특성상 다양한 소스를 이용했다. 메인 요리와 대조를 이루도록 과일, 채소, 견과, 허브, 향신료, 과일 즙, 꿀, 설탕 외에 식초, 간장, 생선 소스, 피클, 겨자, 케첩 등 다양한 재료가 쓰인다. 소스야말로 우리의 식욕을 부채질하려고 온갖 맛을 동원한다.

음식에 소스를 얹는 것은 마치 사람이 화장을 하는 것과 같다고 볼 수 있다. 적당한 화장은 필요하지만, 지나치면 본래 얼굴을 잘 알아볼 수도 없고 특징 없는 비슷비슷한 모습이 된다. 무엇보다 본래 사람의 능력과 자질 함양에 들여야 할 시간과 노력을 외모 꾸미기에만 들이는 폐단이 있을 수 있다. 최근 우리나라 고객들도 소스에 대한 관심이 높아졌고 그러한 미식선호 취향을 반영한 때문인지 햄버거 같은 단순한 음식에도 다양한 소스를 사용하고, 소스의 맛에 대한 광고도 흔히 본다. 또 이러한 대중적인 음식에 들어 있는 소스 중에는 지나치게 단맛과 매운맛을 강조한 것도 있다. 별맛도 없고 신선하지도 않은 음식을 강렬한 소스 맛 때문에 먹고 있지는 않는지 생각해 볼 일이다.

9

맛있는 음식은 배워서 안다

단맛을 좋아하거나 쓴맛을 싫어하는 것은 태생적으로 이미 우리에게 내재되어 있는 섭취 반응이다. 하지만 대부분의 음식 맛은 여러 종류의 맛이 섞여 있고 후천적으로 배워서 안다. 음식 맛은 몸의 감각기관에서 감지된 감각 패턴이 뇌로 전달된 뒤, 중앙 처리되어 나타난 결과인데, 감정, 기억, 인지 등 뇌의 여러 영역을 거친 후 최종적으로 확정된 음식의 맛은 처음의 감각기관에서 느낀 것과는 다를 수 있다. 그래서 어떤 맛을 맛있다고 느끼게 할 것인가는 후천적으로 가르칠 수 있다. 원래 음식의 영양가와 관능적인 면은 서로 관련이 없다. 따라서 자신의 입맛에 맞다고 해서, 그 사람에게 필요한 영양 성분이 많이 든 음식이라고 볼 수는 없다. 그러나 맛은 배울 수가 있기 때문에, 식품의 영양적인 특성에 따라 그전에 없던 음식기호를 생기게 할 수는 있다.

만약 채소를 잘 먹지 않고 감기 등 잔병치레가 많은 아동이 있다면, 채소를 잘 먹었을 경우 칭찬을 하거나 좋아하는 방식으로 음식을 만들어 자주 제공할 필요가 있다. 이렇게 해서 채소를 잘 먹게 되면, 신체가 건강해지고 병에도 잘 걸리지 않게 된다. 이에 따라 채소 반찬에 대한 거부감이 줄어들고 때때로 채소 먹기를 좋아할 수도 있다. 이와 같이 병에 잘 걸리지 않게 되거나 날씬하고 매력적인 외모를 가지게 되는 경험을 통해 채소 먹기를 배울 수 있다. 또 몹시 배고픈 상태에서 주변에서 손쉽게 구할 수 있는 어떤 음식을 먹었는데, 공복이 해소되고 몸과 마음이 편안해졌다면 그 음식에 호감을 가질 수 있다. 게다가 그 음식이 꽤 먹을 만하고 가격이 적당하며 조리가 쉬워서 자주 먹을 수 있다면 결국 그 맛을 좋아하게 된다.

우리나라 사람들의 대다수는 라면을 아주 좋아한다. 라면의 인기가 오랫동안 계속되는 것은 맛도 맛이지만 별 기대 없이 간편식으로 먹었는데, 가격이나 편리성 등 여러 면으로 꽤 만족스럽게 느껴졌기 때문이다. 이러한 과정을 거쳐 우리는 맥주나 커피의 쓴맛을 좋아하고, 홍어나 청국장의 맛을 그리워하며, 설탕의 단맛을 별로 반기지 않도록 학습한다. 그래서 몸을 건강하게 하는 좋은 음식을 즐길 수 있도록 어린 아이들을 교육시킬 필요가 있다. 학교에서 돌아온 배고픈 아동이 당장 먹을 수 있는 음식이 라면밖에 없다면, 결국 그 맛에 길들여져 좋아하게 된다. 따라서 자녀들에게 건강한 입맛을 길러 주고 싶은 부모라면 과일이나 간편하게 데워서 먹을 수 있는 간식을 준비해 두어서 배고픈 순간을 건강한 음식으로 해결할 수 있도록 도와주는 것이 좋은 입맛을 길러 주는 데 반드시 필요하다.

10

뇌는 주어진 상황을 고려하여 음식의 맛을 판단한다

기준으로 삼은 다른 음식보다 맛이 좋을 때 기호preferences라 하고, 맛이 나쁠 때는 혐오aversions라 한다. 어떤 식품에 대한 맛 반응은 기준 식품이 무엇인가에 따라 기호 또는 혐오로 바뀔 수 있다. 우리는 흔히 자신이 먹어 본 가장 맛있는 음식을 기준으로 삼는다. 우리 뇌는 수십 년 전에 먹은 어떤 맛이라도 저장하고 있다가 음식을 한입 먹으면 어김없이 현재의 맛과 비교하는 특성이 있다. 따라서 어릴 때 어머니가 만들어 준 맛있는 김밥이 자신이 앞으로 먹게 될, 수많은 김밥의 기준이 된다. 또 자신이 먹어 본 가장 맛있는 미역국이 앞으로 먹게 될 모든 미역국 맛의 판단 기준이 될 수 있다. 그러므로 음식 솜씨가 매우 좋은 시어머니를 둔 며느리는 남편의 머릿속에 저장된 시어머니의 음식 솜씨 때문에 요리에 있어 번번이 자신도 모르는 의문의 패배를 겪을 확률이 높다.

하지만 우리가 기억하는 음식의 가짓수가 많아지면 그 음식들을 항목별로 분류해 기억한다. 단순히 음식 맛만 기억되는 것은 아니고, 그 음식을 먹게 되는 모든 상황이 함께 기억되어 분류된다. 따라서 길거리 포장마차에서 파는 피자를 어쩌다 먹어 본 일류 호텔의 피자 맛과 비교해서 포장마차 피자가 항상 맛이 없다고 하지는 않는다. 맛을 가격별로 또는 종류별로 분류해 기억하기 때문에 10,000원짜리 음식치고는 괜찮다거나 포장마차에서 파는 음식치고는 맛있다고 판단한다. 또 자기 부인의 음식 솜씨가 썩 훌륭하지는 않지만, 사 먹는 것보다 돈을 아낄 수 있고 또 위생적이라고 생각하면 그 상황에서 만들 수 있는 최선의 음식으로 인정해 불만 없이 먹을 수 있다. 간혹 텔레비전에서 3,500원짜리 칼국수 집이나 몇 년째 가격을 올리지 않는 설렁탕집이 문전성시를 이루는 모습을 볼 수 있다. 이런 집의 손님들은 대부분 그 음식 맛에 만족하며 돌아간다. 그러나 이런 손님들도 20,000원을 주고 칼국수를 사 먹게 되면 다수가 음식 맛에 불만을 표시할 수 있다. 절대적인 맛은 3,500원짜리 칼국수보다 못하진 않겠지만, 20,000원을 지불한 음식 값에 대한 기대치를 충족시키지 못했기 때문이다. 음식점을 운영하는 분들이 재료값이나 인건비가 올라도 선뜻 가격을 올리지 못하는 이유도 여기에 있다. 가격을 올리면 손님들의 기대치와 불만도 덩달아 높아질 수 있기 때문이다.

이렇게 음식 맛을 기억하고 여러 조건을 감안해 종합적인 판단을 내리는 인지적인 요소도 음식을 맛있게 먹는 데 크게 영향을 미친다. 그래서 요즘은 고객을 감동시킬 수 있는 '이야기가 있는' 음식을 발굴하려고 애쓰거나 요리를 만든 사람의 개인적인 매력을 내세우기도 한다. 이 외에 음식을 먹는 장소나 먹는 시간의 적절함 또는 의외성 같은 음식 외적인 요인도 음식을 매력적으로 만드는 중요한 요소가 된다.

11
코스로 나누어 먹으면 더 맛있다

누구나 비싼 뷔페식당에 갔는데 생각보다 많이 먹지 못하고, 들인 돈을 아까워한 적이 있을 것이다. 한 접시에 너무 많은 종류의 음식을 섞어 담으면 일찍 포만감이 와서 많이 먹지 못한다. 일부러 많이 먹지 않으려고 그렇게 하는 것이 아니라면, 샐러드와 야채류만 가져와 먼저 먹은 다음 생선 종류를 먹는 식으로 음식 종류별로 조금씩 가져와서 먹어야 맛있게 많이 먹을 수 있다. 이것은 우리에게 감각 특이성 포화라는 특성이 있기 때문인데, 그렇게 먹기를 갈망하던 음식도 한입 먹는 순간 즐거움이 반 이상 줄어든다. 그래서 이것저것 한입씩 먹기 시작하면 많이 먹지도 않았는데 벌써 식욕이 사라진다. 집에서도 많이 먹기를 원하지 않으면 우리나라 상차림처럼 모든 음식을 함께 차려 놓고 먹으면 된다. 반대로 좀 많이 먹고 싶은 날은 만든 음식을 부엌에 두고 필요한 음식만 차례대로 식탁으로 옮겨 와 먹으면 훨씬 더 많이 먹을 수 있다.

서양식 식사법에서 식사의 마지막에 왜 단맛이 나는 디저트를 먹는지를 생각해 보면, 감각 특이성 포화를 잘 이해할 수 있다. 이미 음식을 충분히 먹어서 더 이상 먹고 싶지 않은 시점에, 여태까지 먹은 음식과는 판이한 미감을 주는 디저트를 보면 다시 먹고 싶어진다는 것이다. 비만이 유행병처럼 번지고, 매일 다이어트와 체중 조절을 걱정하는 사람들이 많은데, 정작 요리나 상차림, 식사법은 별 생각 없이 과거 방식을 그대로 답습한다. 전통적인 코스 요리의 순서는 사람들의 경험치를 모아 최대한 많이 먹을 수 있도록 고안된 방식이다. 따라서 먹는 순서만 바꾸어도 일찍 포만감을 느낄 수 있다. 디저트나 육류, 수프 등 포만감을 주는 음식을 먼저 먹고, 애피타이저를 맨 나중에 먹되, 가운데 코스인 생선, 빵, 샐러드는 먹는 사람의 기호에 따라 유연하게 포함시키는 식이다. 그렇게 순서만 바꾸어도 저절로 적게 먹을 수 있다.

12

로컬 푸드와 제철 음식이 맛있다

캐나다 밴쿠버에 사는 두 프리랜서 기자들이 산업화된 식품 유통 체제에 회의를 느껴 일 년 동안 거주지 반경 100마일160km 이내에서 생산된 음식만 먹는 실험을 하고 『100마일 다이어트』라는 책을 발간했다. 그들이 사는 밴쿠버 인근에 밀을 재배하는 곳이 없어 무려 7개월간 밀가루를 구하지 못한 일도 있었고, 망고나 바나나 같은 수입 식품도 먹을 수 없었다. 하지만 대형마트만 이용하던 평범한 도시 남녀가 자급자족하는 삶을 사는 과정이 많은 사람들의 공감을 불러일으켜 세계적인 로컬 푸드 운동으로 발전했다고 한다.

우리나라의 경우에는 워낙 수입되는 식재료가 많아서 로컬 푸드만으로는 살 수 있을 것 같지 않다. 농림축산식품부에 의하면 2015년 기준으로 우리나라의 곡물 자급률은 23.8%에 불과해 식량의 70% 이상을 수입해서 먹는다고 한다. 쌀을 제외하고 대부분의 곡물을 수입에 의존하고 있음을 알 수 있다. 우선 콩을 거의 수입에 의존하다 보니 슈퍼에서 파는 식용유, 콩나물, 두부, 된장, 간장은 식품회사에서 대부분 수입콩으로 제조한다. 따라서 이런 기본적인 식품을 다 지역 농산물로 직접 만들어서 먹어야 한다면 우리는 아마 하루 종일 음식만 만들고 있어야 할지도 모른다.

생산지에서 운송과 유통 단계를 거쳐 소비자의 식탁에 오르는 과정에서 소요된 거리를 지표화한 것을 '푸드 마일리지Food Mileage'라고 한다. 1994년 영국의 환경운동가인 팀 랭Tim Lang이 처음 사용했으며, 식품 수송량t에 수송거리km를 곱해 계산한다. 푸드 마일리지 값이 클수록 생산지에서 소비지까지의 이동 거리가 길어지기 때문에 식품의 신선도는 떨어지고 안전성은 낮아진다.

우리나라의 국립환경과학원이 2012년에 한국, 일본, 영국, 프랑스의 4개국을 대상으로 분석한 자료에 의하면 2010년을 기준으로 우리나라의 식품 수입량과 푸드 마일리지가 이 4개국 중 가장 높았고, 해마다 큰 폭으로 증가했다고 한다. 또 일인당 푸드 마일리지는 7,085t·km에 이르렀으며, 이 수치는 프랑스의 열 배에 달하는 정도였다. 또 주요 수입 식품의 푸드 마일리지는 오렌지미국 55,000t·km, 바나나필리핀 1,624t·km, 키위뉴질랜드 5,997t·km, 포도칠레 12,726t·km, 연어노르웨이 5,113t·km, 꽃게인도네시아 3,278t·km, 쇠고기호주 5,177t·km, 양파, 당근, 마늘중국 567t·km 등이었다. 카나다인들이 100마일 이내의 로컬 푸드만을 먹으려고 했다는데, 우리나라 주요 식재료의 이동 거리를 비교해 보면 너무 심하다는 생각이 저절로 든다.

로컬 푸드 운동에 동참하고자 할 때 가장 먼저 실천할 수 있는 일은 한 달에 몇 번만이라도 재래시장이나 시골의 오일장, 새벽장 등에서 식품을 구입해 보는 것이다. 그래서 생산자 중심의 이런 시장이 더욱 활성화되도록 힘을 보태면 좋겠다. 우리나라의 경우 재래시장이 사라지고 있어서 재래시장을 활성화해 보려고 정부나 지자체가 애를 쓰고 있다. 일본과 미국의 경우

산지직송 농산물 직매장인 농민시장의 개수가 늘어났고, 이런 시장에서의 판매량도 증가하는 추세라고 한다. 또 다른 실천 방안은 화분을 이용하거나 텃밭 가꾸기 등을 통해 직접 먹을 채소를 길러 보는 것이다. 이렇게 작물을 직접 길러 보면 국내산과 유기농 농작물, 계절식품에 관한 지식과 체험이 증가해 좋은 식재료를 선택할 수 있는 안목이 길러진다. 자기 소유의 경작지가 없다고 해도 일반인들에게도 열려 있는 텃밭 가꾸기 단체나 농업기술센터 등에 문의해 보면 형편에 맞는 경작지를 구할 수 있다.

로컬 푸드는 대개 수확한 당일이나 다음 날 바로 판매되고 소비되기 때문에 수입 농산물이나 장거리 수송 식품보다 신선하고 맛이 좋다. 한 연구에서 브로콜리와 시금치를 4~6℃의 냉장상태에서 7일간 저장했더니 시금치의 비타민 C 함량은 81.23%가, 브로콜리는 62.66%가 각각 손실됐다고 한다. 특히 저장 초기 이틀 동안 비타민 C 파괴율이 높아서 50% 이상이 파괴됐다. 또 다른 연구에서는 양배추와 콜리플라워cauliflower를 실온에 두었을 경우 6일이 지날 때까지는 외관상 좋은 상태를 유지했지만, 8일이 지나자 색이 변하기 시작했다고 했다. 또 토마토 같은 식품은 10일간 실온에 두었을 때, 여전히 바람직한 외관을 유지했다고 한다. 즉 채소의 영양 성분은 수확 후 시일이 경과하면 상당히 파괴되고 낮아지지만, 외관상 보기에는 상당 기간 동안 변함없이 싱싱해 보인다는 것이다. 따라서 푸드 마일리지가 높은 식품을 이용할 경우 결국 소비자는 겉은 멀쩡하지만 영양소 함량은 낮은 신선하지 못한 식품을 먹게 될 위험이 높다.

13

잘 모르는, 처음 본 음식이 식욕을 돋운다

시대가 급하게 변하면서 우리가 음식에 대해 기대하는 요소도 매우 달라졌는데, 최근에 두드러진 현상은 음식을 통한 놀이나 오락적인 요소를 기대한다는 것이다. 이미 음식은 많은 텔레비전 프로그램의 주인공이기도 하다. 〈알쓸신잡〉에서는 출연자들이 함께 음식을 먹으면서 이야기를 나누는 장면이 많다. 또 유명한 〈삼시세끼〉나 〈윤식당〉도 음식이 빠지면 프로그램 자체가 성립할 수 없다. 최근에 어떤 프로그램에서는 떡볶이나 짬뽕 같은 매운 음식에 등급을 매겨 놓고 파는 식당이 소개되기도 했는데, 주로 젊은 사람들이 재미로 사 먹는 것 같았다. 매일 안전한 환경에서 맛있는 음식으로 잘 먹고 지내지만, 너무 변화가 없는 일상생활이 살짝 지루한 사람들에게는 낯설고 위험해 보이는 음식이 주는 긴장감이 오락적 요소로 작용해 식욕을 자극하는 것처럼 보인다.

보통 우리는 집에서 먹을 때보다 학교나 직장 등 집 밖에서 먹을 때 더 많이 먹는다. 또 같은 음식이라도 마당이나 야외에서 먹으면 훨씬 맛있다. 이

밖에도 길거리에서 걸어 다니며 먹거나 카페 테라스에 앉아 오가는 사람을 보면서 먹어도 새로운 맛이 있다. 또 여행을 가서 낯선 장소에서 처음 본 음식을 외국인과 섞여서 먹어도 식욕을 돋운다. 사람에게는 처음 본 음식을 피하는 본성이 있지만, 반대로 호기심을 일으켜 먹어 보고자 하는 욕구도 있는 것 같다. 오늘날 우리가 먹게 된 음식의 대다수가 아마도 사람들의 호기심 때문에 먹기 시작했을 것이다. 호기심 식욕curious appetite이라는 말도 있는데, 이 말은 주로 여행을 가서 외국 음식을 먹어 볼 때 사용하지만, 그야말로 이상하고 궁금해서 먹어 보고 싶은 욕구가 생겼다는 의미이므로 처음 본 이상한 음식을 먹어 보는 행동도 포함될 수 있을 것 같다. 호기심은 불확실하거나 즐겁지 않은 어떤 상황을 피할 해결책을 찾는 행동이라고 할 수 있는데, 호기심에 빠져 있을 때는 정서적으로는 즐거운 상태라고 한다. 매일 먹는 맛있는 음식은 아무런 감흥을 주지 못하지만, 처음 보는 음식을 먹어 보려고 시도할 때에는 도파민이 분비되어 쾌감을 느낀다고 한다.

가난하고 배고픈 시절에는 김이 올라오는 따끈한 밥 한 그릇이 차려진 것만 봐도 흥분되고 즐거울 수 있었을 것이다. 하지만 요즘은 밥을 먹게 됐다고 감격하고 고마워하는 시대는 아니다. 하지만 인간에게는 이처럼 호기심으로 인한 식욕도 있으므로 가끔씩 이런 본능을 자극해 변화를 줄 수는 있다. 평범한 음식이라도 매일 같은 조리법에 같은 재료로 만들어 먹기보다는 서양의 채소나 과일, 여러 종류의 향신료를 가미해 보거나 먹는 장소를 바꾸어 보면 의외로 예상치 못한 즐거움이 생길 수 있다. 또 인도인처럼 수저나 그릇을 사용하지 않고 고물 무친 떡이나 쑥버무리, 고두밥, 채소 잎으로 싼 주먹밥 등을 손으로 집어 먹어도 평소와 다른 맛을 즐길 수 있을지도 모른다.

14

과식하게 만드는 음식이 맛있는 음식이다

식탁에 앉을 때마다 매번 배부르게 잘 먹고 있다면, 그 사람은 맛있는 음식을 먹고 있는 것이다. '맛있음'은 주관적인 느낌이라서 남과 비교할 필요가 없다. 맛없는 음식이라면 절대 과식할 수 없다. 실험용 쥐에게 매일 다른 종류의 맛있는 음식을 15일 이상 먹게 하면 보통의 먹이를 먹는 대조군에 비해 매일 50~100%가량을 더 먹는다. 이렇게 장기간 맛있는 음식을 먹이면 내인성의 마약opiates 의존 상태가 된다. 이렇게 식욕이 항진된 쥐는 좋아하는 고지방식뿐만 아니라 보통의 음식에 식품첨가물을 더해 맛만 좋게 만든 음식도 많이 섭취해 비만이 된다. 반대로 먹기 싫어서 먹지 않았거나 한동안 강제로 못 먹게 하면 그런 동물은 배가 고파서 음식을 먹게 된다. 공복이 되면 체내 조직으로 포도당 공급이 되지 않았기 때문에 체지방의 분해와 이동이 일어나 혈중 유리 지방산이 증가되는 것과 같은 대사적인 변화가 생긴다. 공복 시에 이러한 대사적 요인들에 의해 음식을 먹기 시작할 때는 배부른 상태에서 식탐에 의해 음식을 먹게 되는 생리적 상태와는 다르다.

흔히 고기도 먹어 본 사람이 잘 먹는다고들 한다. 고기와 같은 맛있는 음식을 항상 먹는 사람은 그렇지 못한 사람보다 더 많은 고기를 먹어야 포만감을 느낄 수 있다. 그래서 한 번에 먹는 양이 자꾸 늘어난다. 패스트푸드점에서 팔리는 햄버거가 과거에 비해 일인분의 크기portion size가 점점 커지는 것은 잘 알려진 사실인데, 이것도 같은 이치로 맛있는 음식의 포만 효과가 감소됐기 때문이라고 할 수 있다. 그래서 혀가 좋아하는 맛있는 음식을 계속 먹게 되면 식욕이 항진되어 결국 많이 먹게 된다.

이러한 현상과는 조금 다른 이야기이지만, 사탕 한 개를 절반으로 나누면, 한 번에 먹는 사탕 섭취량이 줄었다고 한다. 단순히 사탕 한 개를 절반으로 나누었을 뿐인데 섭취량이 이렇게 감소한 이유는 우리가 보통 사탕을 먹을 때 한 번에 먹는 개수가 대강 정해져 있기 때문이라고 한다. 이런 사실을 응용해서 식기의 크기를 줄여서 사용해 보거나 식사 할 때에 숟가락을 사용하지 말고 젓가락만으로 식사를 해도 한 번에 섭취하는 식사량이 줄어들 수 있을 것 같다.

비만을 걱정하면서도 사람들이 맛있는 음식을 보고 참지 못하는 이유는 무엇일까? 음식이 주는 즐거움이 크기 때문이다. 어떤 음식으로 얻는 즐거움이 얼마나 큰지는 음식을 먹은 양으로 판단할 수 있다. 다이어트에 실패하는 사람은 음식과 신체가 보내는 포만 신호를 잘 배우지 못한 사람인데, 맛있는 음식도 그렇게 만드는 한 요인이다.

15

매운 음식은 식탐을 일으킨다

대개 사람들이 좋아하는 음식은 외관상 먹음직스러울 뿐만 아니라 먹고 나면 보상감도 크다. 즉 기분이 좋아지고 배가 든든하며 힘이 생기는 것 같다. 매운 음식은 색이 아름다운데다 이런 여러 조건들에 부합된다. 즉 좋아할 여지가 많은 음식인 것이다. 필자는 고추가 일본을 통해 들어왔다는데 왜 우리나라 사람들은 일본인과 달리 맵게 먹게 되었을까 늘 궁금했다. 하지만 아직까지 이 문제에 대한 명쾌한 답은 찾지 못했다.

고추는 임진왜란 때 일본군에 의해 우리나라에 전래된 것으로 알려져 있다. 고추에 관한 기록 중 가장 오래된 것이 1614년에 쓰인『지봉유설』이니, 도입 시기를 임진왜란 무렵으로 봐도 큰 무리는 없을 것 같다. 먹을 것이 없어서 풀뿌리나 나무껍질이라도 먹고 살아야 했던 전쟁 중에 우연히 고추를 넣어 먹었더니 음식이 꽤 먹을 만하고 먹고 나서도 몸이 훈훈하고 배가 덜 고프다는 것을 경험하게 된 것은 아닐까, 또 우리나라의 겨울이 일본보다 더 추운 날씨라 먹고 나면 몸을 따뜻하게 해 주는 고추의 효과가 더 호소력 있게 다가오지 않았을까 추측해 본다. 잘 먹지 않던 음식도 어떤 계기로 한 번 먹게 되면 맛을 학습하게 되고 습관이 될 수 있다.

고추는 식사 중에는 침과 위액 분비를 증가시키고 식욕을 촉진한다. 또 먹고 난 뒤에는 지방 분해와 체열 발생을 증진시켜 체지방을 감소시키는 효과가 있다. 덴마크 사람이 발표한 한 논문에서 고추가 들어간 수프가 고추를 넣지 않은 수프에 비해 포만감이 더 일찍 왔지만, 고추를 넣은 수프에 대한 기호도는 더 높았다고 했다. 보통의 음식이 포만감이 일찍 오면 기호도가 더 낮아지는 걸 감안하면 포만감이 온 이후에는 고추를 넣지 않은 수프의 기호도가 높아져야 한다. 그런데 이런 실험 결과가 나오니 연구자들은 참으로 난감할 수밖에 없다. 결국 마땅한 설명도 못하고 포만감과 기호도가 예상한 것과 다르게 나타난 경우도 있었다는 식으로 보고하고 말았다.

필자는 이들보다 더 오래전에 고춧가루 첨가 유무만 차이가 있는 두 종류의 쇠고기국과 밥, 반찬으로 된 식사를 제공하여 실험한 적이 있다. 고춧가루가 든 매운 국 식사에서 약 17%가량 더 많은 열량을 섭취하여 고추가 식욕 촉진 효과가 있음을 확인했다. 또 매운 국의 경우에는 식후 포만감이 늦게 왔고 체온도 더 오랫동안 높게 지속됐다. 고추가 든 매운 음식을 상용하는 우리나라 사람은 대체로 매운 음식을 맛있게 느낀다. 하지만 매운 음식을 상용하지 않는 덴마크인들은 매운 음식을 더 맛있게 생각하지 않는다. 따라서 덴마크인의 경우에 고추가 든 수프는 더 맛이 없는 음식이므로 포만감이 일찍 오는 것이다. 하지만 먹고 나면 겨울에는 몸을 따뜻하게 해 주고, 여름에는 시원하고 개운한 느낌을 주기 때문에 기호도가 낮아지지 않았던 것은 아닐까 생각해 본다. 만약 한국인을 대상으로 그 실험을 했다면 고추가 든 수프를 더 맛있게 생각했을 것이므로 포만감이 더 일찍 오지도 않았을 것이다.

또 붉은 고추의 섭취량과 캡사이신 역치, 영양소 섭취량, 신체 계측치와의 관련성을 살펴본 적이 있었는데, 고추 섭취량이 많은 사람일수록 열량과 탄수화물, 단백질, 지방 등의 섭취량이 높았다. 이러한 사실은 실험실에서 실험식을 주면서 측정했을 때와 마찬가지로 자연스런 실제 생활에서도 고추가 식욕을 촉진한다는 사실을 확인시켜 주었다. 또 고추 섭취량은 철분, 비타민 A, 비타민 B_2, 나이아신, 비타민 E 섭취량과도 정상관 관계를 보였는데, 고추에 이런 성분들이 많아서라기보다 우리의 식문화가 음식을 맵게 먹을 때 이러한 영양소가 많은 음식들과 함께 먹는다는 의미이다. 또 맵게 먹는 사람일수록 체중에는 차이가 없었는데, 체지방량과 허리둘레는 적었던 것으로 나타나 그 논문이 발표되던 시기에는 갑자기 대중의 주목을 받게 되어 여러 라디오에서 인터뷰 요청이 들어왔던 기억이 난다.

이제는 많이 알려진 사실이지만, 고추의 매운맛은 맛이 아니고 통증이다. 과도하게 많은 양을 일상적으로 먹으면 구심성의 감각 신경을 손상시켜 캡사이신에 대한 민감도가 떨어진다. 이 말은 더 맵게 먹어도 매운맛을 잘 느낄 수 없게 된다는 뜻이다. 신체가 느끼는 이러한 통증을 완화시키기 위해 오피오이드opioid가 분비되어 쾌감을 느낄 수 있는데, 의료계에서는 이러한 효과를 활용해 통증을 덜어 주는 약으로 활용하고자 연구를 하고 있다고 한다. 즉 만성 통증에 시달리는 환자들에게 고통을 덜어 주기 위해 진통제나 마약 계통의 약을 처방하면 중독에 빠질 수 있다. 그런 경우 고추나 캡사이신을 활용하면 마약 사용을 줄이고 중독을 예방할 수 있다.

불교에서 오신채를 금한 이유도 이러한 매운맛들이 쾌감에 근거한 식탐을 불러올 수 있기 때문인데, 적당량을 사용하면 아름다운 붉은색이 식욕을 일으켜 채소나 곡류 음식을 더 맛있게 먹는 등 유용한 점이 많다. 하지만 최근의 외식업계에서 나타나는 현상처럼 과거에는 고춧가루를 넣지 않았던 닭고기나 쇠고기를 비롯해 거의 모든 음식에 청량고추를 넣고, 고춧가루를 뿌리는 방식은 음식 맛의 다양성이나 요리의 품격에도 좋지 않은 영향을 끼칠 수 있다. 또 대다수 국민이 비만을 걱정하는데도 사 먹을 수 있는 음식은 죄다 식욕을 부채질하는 매운 음식이 주종을 이루는 외식 환경도 생각해 볼 여지가 있다. 고추는 우리 음식의 풍미를 풍부하게 해 주는 대표적인 향신료이지만 조금 절제해 사용하는 것이 좋을 것 같다.

제7장

음식 중독의 예방과 치료

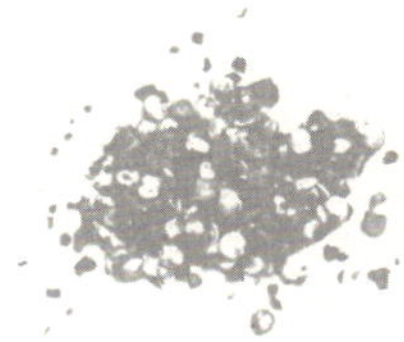

1

가공식품과 맛있는 음식이 넘쳐 나는 식탁

실험동물의 시상하부 바깥쪽을 통과하는 도파민 신경을 차단했더니 그 동물은 제공된 음식을 즐길 뿐 음식을 찾는 행동은 하지 않았다고 한다. 하지만 반대로 도파민 신경을 자극했더니 앞서 경험한 정도의 쾌락을 느끼기 위해서 점차 더 맛있는 음식을 필요로 했다. 영원히 채워지지 않을 쾌락을 위해 필사적으로 더 맛있는 음식을 찾아다니지만 그러한 노력으로는 잠시 동안의 고통을 덜어 주는 효과만 있을 뿐이었다. 이러한 현상은 사람들에게서도 찾아볼 수 있다. 일반적으로 사람은 에너지 밀도가 높은 음식을 맛있는 음식으로 여기지만 사람들에게 어떤 음식이 맛있는 음식인가는 정해져 있지 않고 항상 변한다고 봐야 한다. 그리고 그러한 변화의 속도는 점점 빨라지고 있다. 왜냐하면 맛있는 음식에 중독된 사람들이 많아져 여태까지 맛있게 여기던 음식 정도로는 만족할 수 없어 점점 더 맛있는 음식을 개발해야 하고 더 빨리 교체해 주어야 하기 때문이다.

따라서 외식업계에서는 갈수록 자극적인 새로운 음식이 개발되고 있고, 그 유행 주기도 점차 짧아지는 것을 본다. 길거리에 조개구이집이 문전성시

더니 어느 순간 흔적도 없이 사라졌고, 그 많던 해물탕집이나 명태탕집, 감자탕집도 점차 줄어들어 보이지 않게 됐다. 닭을 이용한 음식도 마찬가지이다. 전통적으로 우리들은 닭을 삼계탕이나 백숙으로 만들어 먹었다. 그 후에는 한동안 닭볶음이나 안동 찜닭처럼 설탕, 물엿, 고추장, 진간장을 이용해 달고 짜고 끈적끈적한 맛을 즐겼다. 또 나이든 사람들 중에는 켄터키 프라이드치킨이 우리 사회에 처음 들어올 때의 그 황홀한 맛을 기억하는 사람들이 있을 것이다. 퇴근하면서 집에 돌아오시는 아버지가 간혹 내미는 튀긴 닭의 맛은 온 가족을 행복하게 만들었다. 그다음에는 우리나라에서 독창적인 양념 통닭을 개발했는데, 이미 기름으로 튀긴 것만으로는 부족한 듯, 튀긴 뒤 매운 고추장과 물엿, 설탕과 버무렸다. 최근에는 여기에 다시 견과류까지 뿌려서 만들고 있다.

외식업에서는 그 맛에 곧 싫증을 느낄 소비자들을 위해 그보다 강도가 세고 색다른 느낌을 주는 닭 요리를 끊임없이 고안해 내고 있다. 우리나라의 소비자는 배가 고파서 또는 에너지가 부족해서 닭 요리를 사 먹는 것이 아니다. 더 맛있는 닭 요리를 찾아다니는 것이다. 전 세계에서 건너온 온갖 종류의 향신료로 범벅이 된 닭튀김을 먹게 되는데, 이렇게 맛있는 음식도 몇 번을 거듭해서 먹게 되면 전단지를 뒤적이며 다른 종류의 닭튀김을 찾게 된다. 이쯤 되면 음식을 즐기기보다 그야말로 음식 중독이라는 말이 적합하다. 어찌 보면 도박이나 절도, 외도, 마약 같은 종류의 중독보다 음식 중독인 사람은 가장 마음이 약하고 선량한 사람일 수 있다. 그러나 현대와 같이 값이 비교적 저렴하면서도 맛있고 열량이 높은 음식을 언제 어디서든 쉽게 접할 수 있는 환경에서는 음식은 자신의 중독 상태를 자각하지 못한 채 가장 손쉽게 빠져들게 하여 결국 건강을 상하게 할 수 있다.

현대인의 식사에서 발견되는 또 다른 문제점은 과거 어느 시대에 살았던 사람들보다 먹는 음식의 가짓수가 적어졌다는 사실이다. 한 연구에서 미국 음식 56,498종의 레시피를 분석했는데, 우유, 버터, 코코아, 바닐라, 크림, 계란을 포함한 단 13종의 재료가 전체 레시피의 74.4%에 들어 있었다고 한다. 또 다른 연구에서는 섭취한 영양소의 80%를 불과 17개 식품에서부터 섭취했고 8종의 곡류에서 열량의 50%를 취했다고 한다. 과거에는 쌀이 부족해서라도 보리, 좁쌀, 수수, 팥 같은 여러 잡곡을 섞어서 밥을 해 먹었다. 또 산과 들에서 야생 나물을 캐서 반찬을 해 먹었으므로 다양한 제철 식재료가 사용됐다. 그러나 지금은 거의 매일 흰쌀밥을 먹고 여름이건 겨울이건 배추김치를 먹는다. 고랭지에서 여름에 배추를 생산하지 못했던 과거에는 여름에는 열무나 오이, 풋고추 등으로 여름 김치를 해 먹을 수밖에 없었다.

이렇게 몇몇 식재료만 편중해서 사용하는 이유는 소비자들이 음식을 선택할 때 맛을 가장 우선시하다 보니 소비자들이 먹기를 원하는 농작물만 재배하고 거래하기 때문이다. 그렇기 때문에 현대인들이 매일 다른 음식을 먹는 것 같아도 사실은 같은 음식만 반복해 먹고 있다. 이렇게 되면 비타민과 무기질 같은 미량 영양소를 균형 있게 섭취하기 어려워져 건강에 해롭다. 이러한 문제점을 개선하기 위해서는 개인의 자각이 가장 중요하다. 그렇지만 개인의 노력만으로 해결하기 어려운 문제도 있어 시민단체나 국가 차원의 변화된 정책과 연대가 필요하다. 지금은 세계화와 무역 자유화로 인해 세계 어느 곳에서 생산된 식품이라도 가격만 싸다면 수입이 가능하다. 그 결과로 우리가 매일 보는 것처럼 값싸고 열량 높은 음식이 주변에 넘쳐나게 됐다. 이와 같은 이유로 맛을 중시하면서 열량 및 동물성 단백질을 과다 섭취하는 요즘의 음식기호 변화가 자유무역의 확대로 인한 폐해 중의 하나라고 주장하는 사람도 있다. 또 서울과 수도권 인근 지역의 경제력과 인구 집중 현상은 안보를 비롯한 여러 면에서도 생각해 볼 점이 있지만, 식문화적인 측면에서도 결코 바람직하지 못하다. 이러한 경제력 향상, 도시화와 그에 따른 인구 과밀 현상, 노령화와 가족구조의 변화 같은 사회경제적 상황들이 사람들로 하여금 음식 재료를 사서 집에서 음식을 조리하여 먹기보다는 패스트푸드나 포장 음식을 구입하도록 조장하게 된다. 또 하나, 1970년 이후 지난 40년 동안 전 세계적으로 쌀 소비는 무시할 정도로 미미하게 증가된 반면 밀의 소비는 급격히 증가했다고 한다. 이렇게 된 데에는 우리처럼 쌀을 주식으로 하는 아시아의 여러 나라들에서 더 이상 주식으로 쌀을 소비하지 않는 식문화적인 변화가 있었기 때문이다. 이와 같은 다양한 변화들이 가장 급격하고 현저하게 나타난 지역이 우리나라처럼 최근에 산업화된 국가들이다. 그 결과 열량과 동물성 식품의 과다 섭취로 인한 비만 증가와 각종 대사질환 및 암 등의 발생률이 급격히 증가하고 있다.

2

어떤 음식의 맛에 중독되어 있나

각종 고기구이, 가공육, 튀김, 볶음, 토스트

당이 결합된 단백질을 당화 단백질glycated protein이라고 한다. 단백질이 있는 식품은 지방도 함께 가지고 있는 경우가 많은데, 산화된 지질, 단백질과 당이 결합하면 '최종 산화 산물advanced lipoxidation endproducts'이 된다. 우리가 매일 먹는 음식은 조리 과정 중에 식품 속에 든 지질이 산화될 수 있고, 단백질과 당은 조리할 때에 가하는 열에 의해 얼마든지 당화 단백질로 변할 수 있다. 햄과 소시지, 베이컨 같은 가공육에는 이러한 산화된 지단백질 함량이 높다. 또 조리 온도가 높거나 숯불이나 그릴에 굽고 튀기고 볶는 것과 같은 건열 조리 방법을 쓸 경우 산화 지단백질이 더 많이 생성될 수 있다. 고기를 구울 때나 식빵을 구울 때, 또는 닭튀김과 감자튀김 같은 튀김을 만들 때 처음에는 연한 갈색 빛이 나면서 먹음직스러운 색깔과 냄새가 생긴다. 그러나 계속 가열하면 갈변화가 진행되면서 마지막에는 태운 것처럼 변한다. 이처럼 조리의 각 단계마다 당화 단백질은 다양한 형태로 생길 수 있다. 처음에는 먹음직스러워 보이지만, 이 초기 단계에서도 적은 양이지만 산화산물이 생성되어 있고, 이런 음식을 자주 먹으면 좋지 않다. 그보다 더 심각한 것은 말할 것도 없이 반응의 마지막 부분에 생긴 비가역적인, 당화 최종 산물을 빈번히 섭취하는 것이다.

우리는 모두 가능한 태운 음식을 먹지 않으려 애쓴다. 태운 음식 속에는 몸에 해로운 여러 성분들이 들어 있지만, 당화 최종 산물도 들어 있다. 하지만 조리할 때에는 어느 정도 당화 단백질이 생겨야 냄새도 좋고 맛이 있다고 느낀다. 또 당화 단백질은 신체 내부에서도 만들어질 수 있는데 당뇨병에서처럼 쓰이지 못한 당이 신체 곳곳에 쌓여 있을 경우, 우리 몸을 이루고 있는 단백질과 결합된다. 정상적인 건강한 사람도 대사 중에 당화 단백질이 만들어질 수 있다. 그리고 나이가 들어가면서 점차 이런 당화 단백질이 체내에 축적되어 노화 현상이 생긴다. 자연스런 노화 현상이야 어쩔 수 없지만 문제가 되는 것은 음식으로 당과 지방, 당화 단백질을 너무 많이 먹으면 일찍부터 신체 내에서 더 많은 당화 단백질이 생기고 축적된다는 것이다.

사람들이 맛 위주로 음식을 선택하기 때문에 자연히 당과 지방, 그리고 단백질이 많은 식사를 하게 된다. 그 결과 신체 조직에 이러한 당화 단백질glycated protein과 지질이 산화된 단백질lipoxidated protein이 쌓여 몸에 산화 스트레스oxidative stress와 염증 반응inflammation이 증가한다. 또 이것을 처리하느라고 신체 내의 항산화력이 감소하며 면역력이 약해진다. 이외에도 DNA 보수 메커니즘이 손상되고 조직에 독소가 축적되며 질병 감염률이 증가한다. 또한, 수명이 긴 조직, 예를 들면, 콜라겐, 신경 미엘린neural myelins, 눈의 수정체 같은 조직에 불용성의 기능 장애 단백질이 축적되어 탄력성이 줄어든다. 이로 인해 흔히 노화 때문에 생긴다고 믿는 여러 증상들, 수정체나 관절, 뼈대 근육 등의 이상, 혈관 벽이 뻣뻣해지는 현상, 혈압에서 수축기압은 높아지고 이완기압은 낮아지는 현상 등과 같은 여러 증상들이 생긴다.

우유 및 유제품

우리는 우유가 건강에 좋은 음식이라고 생각해 누구나 먹으면 좋은 것으로 알고 있다. 그러나 우유와 유제품에는 당화 단백질과 산화된 지단백질이 많을 뿐만 아니라 에스트로겐 함량도 높다. 그래서 알레르기, 심장병, 당뇨병, 파킨슨병, 유방암, 전립선암, 고환암 등 여러 종의 암 발생과 관련이 있다는 연구가 있다. 따라서 성장기를 지난 성인이 지나치게 우유나 유제품을 많이 먹는 것은 바람직하지 않다.

유제품 중 분유는 아이스크림, 이유식과 여러 종류의 환자식, 빵, 과자 등을 제조하는 데 사용된다. 또 치즈는 패스트푸드에 많이 사용되는데 피자, 타코taco, 나초nacho, 샐러드, 샌드위치, 각종 소스 등에 사용된다. 당화 단백질과 산화된 지질 단백질은 실온에 오래 두면 점점 더 많은 양이 만들어지기 때문에, 유제품과 유제품을 이용해 만든 빵과 과자, 쿠키와 각종 소스 등은 가능한 적은 양을 사서 즉시 소비하는 것이 좋다, 전통 한식에서는 이런 유제품을 이용하는 경우가 드물기 때문에 지나치게 걱정할 필요는 없다. 하지만 서구식 식생활을 한다면 하루 중 유제품 섭취량이 다른 사람보다 많을 수 있다.

가열 건조법과 조리 방법

식물성 식품 중에서 과일에는 과당이 많은데 이것은 단백질과 반응성이 높다. 또 설탕과 포도당처럼 정제된 당과 옥수수로 만든 콘 시럽에는 과당의 함량이 높다. 곡류 중에는 시리얼, 빵, 토스트, 빵 껍질, 페이스트리처럼 바스락거리는 빵 종류에 당화 단백질이 많을 수 있다. 육류, 가금류, 생선은 조리법에 따라 당화 단백질과 산화된 지질 단백질이 9~10배 더 많아지는데 가장 적게 생기는 조리법은 물에 삶거나 수증기로 찌는 방법이다. 다음으로 프라이팬으로 볶을 때, 직화로 구울 때, 기름에 넣고 튀길 때, 오븐에 기름을 끼얹어 구울 때의 순으로 갈수록 점점 더 당화 단백질과 산화된 지질 단백질이 많이 생긴다. 이외에도 가열 건조법으로 만들어진 모든 음식 재료들 예를 들면, 난황가루, 레시틴가루, 된장가루, 콩가루에도 당화 단백질과 산화된 지단백질이 들어 있을 수 있다. 이러한 가루들은 대부분 가공식품을 만들 때 식품공장에서 사용되므로 우리가 직접 볼 수는 없지만, 식품 포장재 뒷면에 표시가 되어 있으면 확인할 수는 있다. 냉동건조법 같이 가루를 만드는 공정을 달리하면 이러한 변형 단백질이 덜 생길 수도 있다. 또 일반 가정에서도 미숫가루나 이유식, 각종 건조식품을 만들 때 주의하는 것이 좋다.

• 당화혈색소

혈액 중의 적혈구에는 헤모글로빈이라는 단백질로 된 혈색소가 있다. 이 헤모글로빈에 포도당이 들러붙는 정도를 나타낸 수치가 당화혈색소glycosylated hemoglobin: HbA1c이다. 당화혈색소는 대략 3개월간의 평균 혈당 수준을 알 수 있는 지표이다. 혈당이 높아지면 혈색소와 혈중 포도당이 비효소적으로 결합하는 상태가 되며, 혈색소 중 A1c의 분자구조 끝에 포도당이 붙은 당화혈색소의 양이 많아진다. 당화혈색소는 낮을수록 좋지만, 너무 낮으면 저혈당의 위험이 있다. 보통 당화혈색소가 4~5%일 때 가장 건강한 수치로 보는데 당뇨병 환자는 7% 이하로 유지해야 한다. 문제는 과다한 당이 혈색소에만 들러붙는 것이 아니라 신경이나 혈관, 기타 신체 여러 조직에 들러붙어 염증 반응을 일으키고 노화를 촉진한다는 점이다.

• 당화 단백질 수용체

당이 결합된 단백질을 당화 단백질이라고 한다. 이 단백질은 세포 표면에 있는 당화 단백질 수용체receptor for advanced glycation end products에서 받아들여진다. 이 수용체는 혈관 내피세포, 내장근육, 폐, 간, 콩팥 같은 면역계 세포와 신체 여러 조직에서 발견된다. 이 수용체가 당화 단백질과 결합하면 만성적인 염증 반응을 일으켜 여러 질병이 생긴다. 동맥경화, 천식, 관절염, 심근경색, 신장염, 치주염, 신경염 등은 특히 당뇨병 환자에게 흔히 발생하고 정상적인 노화 과정에 의해서도 생길 수 있다. 그러나 단맛이 나는 맛있는 음식을 과식하면 이러한 만성 염증성 질환의 발생 기회가 높아져 일찍부터 노화가 시작되고 각종 만성질환에 걸릴 수 있다.

• 염증 증가로 인한 질병

당화되고 지질이 산화된 기능장애 단백질이 조직에 축적되면 아밀로이드라고 부르는 조직학적 변화가 일어나고, 혈관 벽이 뻣뻣해져 LDLlow density lipoprotein이 축적되기 쉽다. 이렇게 조직에 쌓인 당화 및 산화 지단백질은 형광성을 띠므로 피부, 혈액, 수정체 같은 조직의 형광성을 측정해 보면 이 변형 단백질이 쌓인 정도를 알 수 있다. 하지만 건강한 사람도 나이가 들어가면서 서서히 그리고 계속해서 기능장애 단백질 함량이 증가한다. 만약 성인병이 진행 중이면 현저하게 증가하고, 조직에 이러한 기능장애 단백질 함량 수준이 높아지면 대사 증후군이 생길 수 있으며, 지방세포에서 렙틴 분비가 낮아진다. 심장질환, 당뇨병, 만성 신질환 같은 만성질병에서도 조직에 기능장애 단백질이 쌓이고, 염증이 증가하는데 이것이 대사 증후군과 관련이 있다. 이외에도 기능장애 단백질 축적과 관련이 있다고 알려진 질병은 알레르기와 자가 면역 질환, 치매Alzheimers disease, 동맥경화와 심혈관 질환, 암, 백내장과 기타 눈 질환, 내분비 이상, 레닌 안지오텐신계renin-angiotensin system의 활성, 염증성 장 질환 같은 소화기계 이상, 폐 질환, 류마티스 관절염과 뼈대 근육 이상, 피부와 구강 이상, 비뇨생식기 이상 등 전신에 걸쳐 있다.

3

어떤 음식을 먹어야 하나

채소와 현미

아무리 외식업이나 식품가공업이 발달해도 재래시장에서는 흙이 묻은 채소를 여전히 팔고, 도시에서는 텃밭 가꾸기로 채소를 재배해서 먹으려는 사람들이 있다. 신선한 제철 채소와 과일은 섬유질과 무기질, 비타민과 항산화 성분 등이 들어 있어 건강에 도움이 된다. 이러한 식물성 식품은 다양한 미생물도 함께 우리 식탁으로 옮겨 와 우리 신체에서 장 건강에 매우 유익하다. 요즘은 건강한 사람의 대변에 있는 장 미생물을 추출해 염증성 장 질환을 앓고 있는 환자의 장에 넣어 주는 대변 이식술도 시도되고 있다. 이렇게까지 장이 나빠지기 전에 프로바이오틱스pro-biotics가 많은 식물성 식품을 섭취해야 한다.

음식을 좋아하게 되는 것도 사람을 사귀는 것처럼 자주 접하여 친밀도를 높여야 한다. 채소를 직접 키우면서 채소의 냄새를 맡고 만져 본 경험이 쌓일수록 더 잘 먹을 수 있다. 아이들도 채소 재배와 음식 만들기에 자신들이

할 수 있는 만큼만이라도 참여시키면 훨씬 더 잘 먹는다. 흔히 섬유질을 섭취하기 위해 채소를 먹어야 한다고 생각하지만, 채소보다 더 좋은 섬유질 급원은 통곡식이다. 현미나 콩, 팥 같은 잡곡으로 밥을 해 먹으면 규칙적으로 상당한 양의 섬유질을 섭취할 수 있어 좋다.

채식할 때 유의점

채식에는 당화 및 산화 지질 단백질의 함량이 낮다. 채식을 하면 수축기와 이완기 혈압이 낮아지고, 혈청 총 콜레스테롤 함량도 낮아진다. 또 LDL콜레스테롤, 중성지질, 공복 시 혈당이 낮아진다. 이 밖에도 체중 조절이 용이하며, 성인병 발생이 감소하는데, 특히 당뇨병과 그 합병증 발병이 낮아진다. 그러나 채식에도 문제는 있어서 비타민 B_{12}와 타우린taurine 함량이 낮다. 또 우유와 유제품을 먹는 채식주의자인 경우 혈청의 호모시스테인homocysteine 함량은 높다. 또 건강한 일반인에 비해 우유와 유제품을 먹는 채식주의자는 혈청의 당화 및 산화 지질 단백질의 함량이 높다. 그 이유 중의 하나는 이들이 고기를 먹지 않는 대신에 과일 등을 통해 과당 섭취가 많고, 이 과당은 설탕보다 오히려 단백질과의 반응이 더 잘 일어나기 때문이다. 또 육류나 생선 대용으로 치즈나 분유 같은 유제품을 많이 섭취하기 때문이다.

유산균의 활용

소화관에서 식물성 섬유소가 통과되는 동안 식물 성분에 들어 있는 항산화제와 당화 및 산화 지질 단백질을 청소할 수 있는 성분이 풀려 나와야 한다. 이 과정에 장속의 미생물의 효소가 필요하다. 그러나 잡식을 하는 미국인의

75%와 채식주의자의 3분의 1 정도는 이러한 유익한 균총이 심하게 손상되어 있다고 한다.

유산균은 강력한 산화물질 청소자이며 효과적인 염증 저해자이다. 또 유산균은 음식물이 흡수되기 전에 혈청의 당화 및 산화 지질 단백질과 펩타이드 들을 제거할 수 있다. 유산 생균과 함께 가열된 우유를 두었더니 그 속의 과당과 이와 잘 연결되는 아미노산인 리진lysine과 결합된 프락토스 리진fructose lysine도 제거됐다고 한다. 또 밀가루 반죽에 유산균을 넣어 함께 발효시켜 파스타를 만들었더니 유산균에 의해 글루텐이 분해됨으로써 글루텐 함량이 낮아져 글루텐 불내증인 사람들에게 유용했다고 한다. 요구르트는 발효 시 유산균을 이용하면 다양한 펩타이드peptide들이 생기는데, 이러한 펩타이드들은 반응성이 강한 래디칼radical을 청소하거나 발암물질을 제거하는 데 효력이 있다. 따라서 음식을 만들 때나 먹을 때 유산균이 들어 있는 요구르트를 활용하면 좋다.

해산물과 타우린

타우린taurine은 유황을 함유한 아미노산의 일종으로 대부분의 동물성 조직, 특히 혈구, 망막retina, 신경조직 같은 데서 발견된다. 이들은 면역세포 중 중성구neutrophils에 가장 높은 농도로 존재하는데 중성구가 염증을 줄여 주는 역할을 하기 때문이다. 또 타우린은 해산물, 생선, 가금류에 많이 들어 있다. 육류에는 이보다 적고, 몇몇 해조류를 제외한 채식에는 이 아미노산이 전혀 없다. 타우린은 혈당을 낮춰 주는 효과가 있고, 당화 및 산화 지질 단백질의 생성을 감소시키고, 고 과당 식이로 인한 비정상적인 콜라겐 생성을 억제한다. 동물실험에서 연구한 결과 카니틴carnitine, 카노신carnosine, 히스티

딘histidine 같은 아미노산도 이와 유사한 효과가 있었다고 한다. 그래서 채식을 하는 사람들도 가끔씩 생선과 해산물, 닭과 오리고기 등을 섭취하는 식으로 동물성 식품을 섭취하는 편이 건강에 도움이 된다.

4 맛을 느끼도록 배운다

우리들 대부분은 불고기나 피자는 맛있는 음식으로 느끼고, 콩나물이나 시금치나물은 그다지 맛있다고 생각하지 않는다. 이렇게 어떤 음식을 맛있다고 느끼는 것은 우리가 본래 가지고 있는 능력인 것 같지만 실제로 음식의 맛은 배워서 아는 것이다. 그 증거로 한국에 태어난 아이와 인도에 태어난 아이는 각각 맛있다고 느끼는 음식이 다르다. 또 같은 한국인이라도 전라도 사람들은 홍어를 귀한 음식으로 즐겨 먹지만, 경북 내륙지방 사람들은 명절이나 제사 음식에 돔배기라고 부르는 상어산적을 만들고 간고등어를 즐겨 먹는다. 또 경상도 사람들은 멸치젓갈을 넣은 양념이 강한 김치를 좋아하지만, 서울 사람들은 새우젓을 넣은 시원한 김치를 좋아한다. 이처럼 나라와 나라 사이, 또는 같은 나라 안에서도 지역과 사람에 따라 맛있다고 느끼는 음식이 다르다. 이것은 어릴 때부터 자주 먹어서 길들여진 음식을 맛있다고 느끼기 때문이다. 이외에도 커피나 맥주의 쓴맛도 처음 먹는 사람에게는 환영받지 못하지만, 익숙한 사람들은 오히려 그 맛을 즐길 뿐 아니라 그 쓴맛의 강도와 곁들여진 향미의 차이도 구별하고 자신의 기호를 표현한다.

채식을 싫어하는 사람도 자주 먹어 버릇하면 미각을 학습해 좋아할 수 있다. 신선한 채소를 더 많이 섭취할 수 있도록 일인분씩 포장된 채소를 판매하거나 농부와 소비자를 잇는 연결망을 구축하고 자판기를 비롯한 채소를 파는 장소를 다양화함으로써 채소를 쉽게 접할 수 있는 환경을 조성해야 한다. 또 학교나 영양사회, 매스컴 등에서 채소 먹기에 대한 홍보와 교육이 이루어져야 한다. 미국에서는 오바마 대통령 시절에 부인인 미셸 오바마가 백악관에 텃밭을 만들어 채소 섭취의 중요성을 홍보했다. 이와 같이 국가와 사회, 기업 등이 서로 협조하고 뒷받침해 주는 것이 필요하다.

5
음식 중독을 치유하는 생활 태도와 식사법

15분만 기다린다

근본적으로 음식을 먹는 행위는 자신의 생존을 위해 다른 생명체를 희생시키는 것이다. 또 고열량 음식을 오래 즐길 경우 자신의 정신과 신체를 병들게 한다. 이러한 인식을 바탕으로 일상생활에서 알고 있는 영양 지식과 몸으로 행하는 실천이 분리되지 않도록 유의해야 한다. 체중이 자꾸 불어나서 적게 먹고 싶은데도 마음대로 잘 되지 않는다면, 간식은 평소 먹는 양의 1/4 정도만 먹고 식사는 1/2~2/3 정도만 먹은 후 식탁에서 떨어져 15분만 기다린다. 그렇게 하면 먼저 먹은 음식이 흡수되고 혈당이 올라가기 시작하면서 더 이상 먹고 싶은 생각이 나지 않는다. 맛있게 먹고 한 15분 정도 산책이라도 하고 나면 더 이상 음식 생각이 나지 않아서 다이어트하기가 수월해진다.

밥 먹을 때는 밥만 생각한다

반드시 배가 고플 때에만 음식을 먹고, 식사를 할 때에는 항상 정신을 차리고, 음식이 입에 들어오면 들어오는 줄 알고, 삼키면 삼키는 줄 알아차린다. 자신이 어떤 음식을 맛있어 하는지도 살펴본다. 식사를 계속하면 입안에서 점점 음식 맛이 없어지게 되는데, 이것을 느끼지 못하면 더 많은 양의 식사를 하게 된다. 따라서 배가 고파서 씹는 둥 마는 둥 급히 식사를 하면, 맛을 음미하며 천천히 식사할 때보다 훨씬 음식을 많이 먹게 된다. 급히 식사하는 버릇이 있는 사람은 다 먹고 나서야 비로소 과식했다는 것을 느끼는 경우가 많다. 먹는 동안 자신의 몸과 마음이 어떻게 변하는지도 본다. 배는 부른지, 몸은 따뜻해지는지, 기분은 좋아지는지 등을 살펴본다. 이렇게 하면 음식 섭취로 인한 만족감이 증가하고 너무 많이 먹는 것을 막을 수 있다. 대개는 바쁜 일상생활을 핑계로 휴대폰과 컴퓨터, TV에 정신을 팔거나 친구와의 잡담, 마무리하지 못한 업무나 성가신 일상사에 정신을 판다. 음식을 이렇게 먹게 되면 뇌에 그 음식 섭취로 인한 즐거움을 잘 전달하지 못해 음식을 또 먹어야 할지도 모른다. 앞에서 치매에 걸렸거나 기억력에 장애가 있는 사람의 경우를 예로 들었지만, 정상적인 사람도 음식에 집중하지 않고 먹으면 동일한 현상을 겪을 수 있다. 또 해가 있는 낮 동안 먹고 어두워지면 가능한 먹지 않아야 한다.

직접 체험하고 사소한 일상을 즐기자

사람들이 텔레비전 프로그램인 〈삼시세끼〉나 6장에서 소개한 『100마일 다이어트』 같은 책들에 열광하는 이유는 무엇일까? 우선 그들처럼 음식 재료가 되는 농작물을 직접 길러 먹거나 음식을 만들어 먹는 사람이 현재로서는 그리 많지 않다는 사실을 알 수 있다. 아마 누구나 그들처럼 살고 있다면 열광하지도 않을 것이다. 또 그런 생활을 직접 자신이 해야 한다면 힘들어서 좋아할 수만은 없을 것이다. 하지만 남이 하는 것을 구경하는 것은 재미있을 수 있다. 그러면 다시 묻고 싶어진다. 직접 음식을 만들거나 만드는 것을 보면 어떤 점이 우리를 즐겁게 할까? 왜 갑자기 사람들은 음식 만드는 일 따위에 관심을 가지게 됐을까? 최근에 나타난 또 다른 현상으로 아버지들의 육아 참여도 있다. 과거의 아버지들은 돈을 벌어 오거나 집 바깥일을 맡아하고, 집안일이나 아이들의 양육에는 대부분 관여하지 않는 편이었다. 즉 명시적이진 않지만 남녀가 하는 일이 대충 나누어져 있었다고 볼 수 있다.

하지만 현재의 아버지들은 바쁘고 피곤하긴 하지만 사회구조가 바뀌면서 과거에는 직접 참여하지 않아도 됐던 요리, 육아 등의 가사를 분담해야만 한다. 처음에는 마지못해 참여했지만 계속하다 보니까 그 속에 깃든 일상의 소중함이나 보람을 알게 되는 것 같다. 그래서 〈삼시세끼〉 같은 프로그램에서 아주 자세하게 음식 만드는 법을 알려주는데, 이것이 지나치거나 지루하다는 평이 나오지 않는 것은 실제로 자신들이 음식을 만들 때 도움이 될 수도 있다고 생각하면서 열심히 시청하는 사람이 많다는 의미는 아닐까? 지금 당장 음식을 만들 줄은 모르지만 언젠가는 직접 요리해서 자신의 식사를 해결해야 하는 사람이 그만큼 많아졌다고 볼 수 있다. 게다가 유명 남자 연예인이 나와서 거리낌 없이 음식을 만드는 모습을 보여줌으로써 전 국민을 대상으로 남자가 부엌에서 음식을 만드는 일이 하나도 이상할 것이 없다는 점을 주지시켰다. 이외에도 이 프로그램이 과거 우리 모두가 경험했던 행복한 추억을 불러오는 효과도 있다. 여러 명이 힘을 합쳐 음식 재료를 구하고 함께 만들어서 음식을 나누는 장면을 보여 줌으로써, 음식과 가족의 소중함을 일깨워 준다. 이렇게 보수적 가치도 건드려 주니까 그야말로 남녀노소가 모두 좋아하는 프로그램이 되지 않았나 싶다.

제철 재료로 단순하게 조리한다

어쨌든 지금은 누구나 자신이 먹을 음식 정도는 스스로 해결해야 하는 시대이다. 또 이 책의 앞에서 살펴보았듯이 매일 사 먹기만 해서는 건강을 유지하기 어렵다. 하지만 음식을 만드는 일은 먹는 일처럼 그렇게 쉽고 단순하지가 않다. 처음부터 능숙하게 음식을 잘 만들 수는 없으므로 요리 과정을 단순하게 해야 한다. 물에 삶거나 증기에 찌는 소박한 조리법을 사용하되 신선한 제철 재료를 사용하고 양념을 강하게 하지 말아야 한다. 맛을 내기 위해 육류를 많이 쓰고 복잡하게 조리하면 마치 성형미인들이 비슷비슷해 보이듯이 모든 음식의 맛이 결국 비슷비슷해진다. 맛만 있는 음식으로 먹기 시작하면 그때부터 점점 더 맛있는 음식을 찾게 되는 악순환의 고리가 시작될 수 있다. 처음부터 맛의 강도를 높이지 않는 것이 음식 중독에 빠지지 않는 예방책이 될 수 있다.

문제는 건강한 음식을 맛이 없다고 생각하며 음식을 맛으로만 평가하는 사람이 많다는 것이다. 어릴 때부터 좋은 식습관을 길들이거나, 주변 사람들이 발견해서 도와주지 않으면 자신의 상태를 자각하기가 쉽지 않다. 서툴지만 자신의 음식을 직접 만들어 먹기 시작하면 남이 보기에는 밋밋하게 맛없어 보이는 음식이라도 매일매일 신선한 재료로 변화를 주어서 즐겁게 먹을 수 있다. 또 음식을 만드는 시간은 무언가에 집중해 몸을 움직일 수 있는 휴식 시간이 될 수 있다. 너무 많이 준비해 두면 버리기 아까워서 더 먹게 되므로 먹을 만큼만 준비한다. 많이 먹지 않으면 나중에 후회하며 체중을 줄이는 고생을 하지 않아도 된다.

맛있는 음식에 의한 이러한 중독의 메커니즘을 이해한다면 음식이 주는 쾌락을 추구하는 대신 다른 종류의 즐거움을 찾아보는 것도 한 가지 치유책이 될 수 있다. 곳곳에 설치된 아름다운 산책로 걷기, 청소나 화초 가꾸기, 봉사 활동 등과 같이 몸을 움직이면서 보람을 얻을 수 있는 활동을 하면 운동도 되고 심리적으로도 안정이 된다. 자신의 문제에 너무 매몰되지 말고 시야를 넓혀 가난한 이웃이나 북한, 가난한 다른 나라 등을 살피는 평화로운 마음도 가질 필요가 있다. 이렇게 하다 보면 굳이 자극적인 음식으로 해소해야 했던 스트레스가 줄어들고 음식 중독에 빠질 위험도 그만큼 적어진다.

부록

용어해설

참고문헌

용어해설

감각의 전도alliesthesia 77쪽

음식 같은 외부 자극물질을 섭취할 때 느끼는 즐거움이나 혐오감은 음식 자체의 특성뿐 아니라 음식을 먹는 사람의 그 당시의 내부 생리적 상태에 의해서도 달라진다. 따라서 동일한 감각 자극이라도 사람의 내적 상태에 따라 즐겁거나 혹은 즐겁지 않을 수 있다.

고립로핵nucleus of the solitary tract 30쪽

뇌와 척수를 연결하는 뇌간에 위치해 있으며 일차 감각 신경섬유의 다발로 되어있다. 미뢰에서의 맛감각과 제7, 9, 10 뇌신경의 구심성 신경은 고립로핵을 거쳐 뇌로 전달된다. 또 얼굴, 심혈관, 호흡기 및 내장 감각을 뇌로 전달하는 구심성 신경과 뇌로부터 신체로 가는 원심성 신경이 분포해 있다.

구심성 신경afferent nerve 22쪽

신체에 퍼져 있는 말초 신경에서 얻은 신호를 중추 신경계에 전하는 신경으로, 중추 신경계의 신호를 말초 신경계에 전달하는 원심성 신경efferent nerve에 반대되는 말이다. 외부에서 들어오는 자극이나 체내의 어떤 변화에 따른 자극을 수용해 내부로 전달하는 신경은 모두 구심성 신경이라고 말한다. 소화기관 등 체내에서 일어나는 자극을 감지하는 구심성 신경을 내장성 구심성 신경이라고 하고, 근육이나 다른 감각기관 등을 통해 외부 자극을 수용하는 구심성 신경을 체성 구심성 신경이라고 한다.

긍정적 강화positive reinforcement 75쪽

어떤 행동을 행한 뒤 일어난 결과에 의해 그 행동을 더욱 빈번하게 하게 되는 과정. 예를 들면 몹시 배가 고파서 컵라면을 먹었는데, 배도 부르고 맛도 좋았다면 컵라면

을 먹는 행동에 의해 포만감을 느낀 결과가 일어났고, 이 만족스런 결과에 의해 긍정적 강화가 일어나서 그 뒤부터 더욱 자주 컵라면을 먹는 행동이 일어난다.

뇌간brain stem 23쪽

뇌와 척수를 연결하며, 척수를 지나 뇌로 가는 모든 신경이 통과한다. 중뇌midbrain, 교뇌pons, 및 연수medulla oblongata의 3부분으로 되어 있으며, 학자에 따라서는 간뇌diencephalon를 포함하기도 한다. 심장운동, 호흡작용, 수면, 음식 섭취와 같은 생명유지에 필요한 기본적인 기능을 조절한다.

대사 증후군metabolic syndrome 100쪽

심장질환, 당뇨병과 뇌졸중 같은 심각한 질병을 일으킬 수 있는 일련의 위험 요소를 말한다. 그러한 위험 요소로는 고혈압, 고혈당, 허리둘레의 지방축적, 비정상적인 콜레스테롤과 중성지질 농도 같은 여러 증세들이 있다.

대상무역caravans 110쪽

대상隊商은 낙타나 말 등에 짐을 싣고 떼 지어 다니면서 특산물을 사고파는 상인의 집단을 뜻한다. 사막이나 초원, 비단길과 같은 사람이 살지 않는 곳을 가로질러 다니므로, 도적떼로부터 상품을 보호하기 위해 모여 다녔다. 대상은 동아시아와 유럽을 연결하여 비단이나 보석, 향신료 같은 귀중품이나 특산품을 운반했다. 지역의 지배 계층에게 신기하고 인기 있는 물품을 전해 주었으므로, 그들이 머물 숙소를 지어 동물들을 휴식할 수 있게 하고 물품을 보충할 수 있도록 도와주었다. 하지만 중세에 이르기까지 대상이 운반할 수 있는 물품의 수량은 한정되어 있어서 500마리의 낙타가 운반할 수 있는 상품량이 비잔틴 시대의 배 한 척의 절반 이하였다고 한다.

레닌 안지오텐신계renin-angiotensin system 80쪽

혈압을 조절하는 호르몬계이다. 혈액량이나 혈압이 저하되면 신장으로 들어가는 혈액 흐름이 줄어들어 신장에서 단백질 가수분해효소의 일종인 레닌renin이 만들어져 순환계로 들어간다. 혈액 내의 레닌으로 인해 안지오텐신angiotensin과 알도스테론aldosterone의 생산과 분비가 증가한다. 안지오텐신은 혈압을 상승시키고, 알도스테론도 신장에서 나트륨 재흡수를 증가시켜 혈압을 올리는 역할을 한다.

미뢰taste bud 14쪽
혀에 있는 미각세포들이 모여 있는 세포. 맛을 알 수 있게 한다.

미주신경vagus nerve 36쪽
12쌍의 뇌신경 중 열 번째에 해당되는 뇌신경으로, 심장, 폐, 소화관 등의 무의식적인 운동을 조절하는 자율신경계의 부교감 신경 가지의 중요한 구성 요소이다. 뇌신경 중 가장 길고 복잡하게 분포하는 신경으로, 뇌간의 연수로부터 나온 신경섬유가 위, 장, 폐 같은 여러 기관들까지 연결된다.

배쪽 창백핵pallidum 78쪽
뇌의 기저에 있으며 신경섬유가 시상으로 뻗어 있다. 이 부위는 맛있는 음식 같은 즐거움을 주는 자극을 감지하고 뇌의 다른 부위로 정보를 중개mediate 한다. 보상계의 핵심 부위이며 즐거움을 느끼는 센터이다.

백년전쟁Hundred Years' War 111쪽
1337년에서 1453년 사이에 잉글랜드와 프랑스 사이에 프랑스 왕위 계승 문제를 놓고 일어난 일련의 분쟁들이다. 서유럽에서 가장 넓은 땅의 왕위를 두고 두 왕조가 5대 124년에 걸쳐 싸웠다. 전쟁은 프랑스의 우세로 끝났고 잉글랜드 왕가는 유럽 대륙의 영지 대부분을 영구히 상실했다. 이 시기는 기사의 최고 전성기이자 동시에 기사계급의 쇠퇴가 시작된 시기이며, 잉글랜드와 프랑스 양국 모두 전쟁으로 인해 강력한 국민정체성이 싹트게 되었다.

삼차신경trigeminal nerve 15쪽
얼굴의 감각과 깨물거나 씹는 동작을 담당하는 신경으로 가장 큰 뇌신경이다. 삼차신경이란 이름이 붙은 이유는 각 삼차신경이 시신경ophthalmic nerve, 상악신경maxillary nerve, 하악신경mandibular nerve 의 3개의 가지를 가지고 있기 때문이다. 시신경과 상악신경은 순수한 감각 신경이고 하악신경은 감각과 동작기능을 가지고 있다.

선조체striatum 86쪽
선조체는 기저핵basal ganglia에서 가장 큰 부위로, 운동제어와 인지기능에 관여한다. 선조체라는 이름은 이곳을 가로지르는 신경섬유들이 크고 작은 수많은 다발들로

구성돼 있어 특정 방향으로 잘렸을 때 줄무늬가 보이는 것에서 기인한다. 주로 시상과 피질로부터 신호를 받는다.

섬피질insular cortex 33쪽

섬피질은 뇌의 외측 틈새lateral fissure에 깊숙이 자리 잡고 있는 피질 부분으로 전두엽, 두정엽, 측두엽에 의해 덮혀 있다. 신체 감각기관에서 생성되는 온도, 촉감, 통증, 근육과 내장의 감각 등을 처리해 몸 전체 상태를 인식하는 역할을 한다. 음식을 먹을 때 맛을 인식하는 1차 미각피질이며, 맛에 따라 얼마나 즐거운지 결정하여 이 신호를 뇌의 보상영역으로 보내 다양한 행동이 나타나게 된다.

소포vesicle 22쪽

소포小胞는 적어도 한 겹의 지방 이중층lipid bilayer으로 싸여서 세포질과 구분되어 있는, 상대적으로 작으며 독립된 영역을 지닌 세포 내의 작은 기관이다. 소포는 세포의 생산물, 부산물, 배설물 등을 저장하고, 운송하며, 소화한다. 소포를 감싸는 막이 존재하기 때문에, 소포 내 환경이 세포질의 환경과 서로 다른 채 유지될 수 있다. 뉴런의 시냅스 이전 말단에 위치한 시냅스 소포는 신경전달물질을 저장한다.

슈퍼테이스터supertaster 19쪽

평균적인 사람보다 맛을 매우 민감하게 잘 감지하는 사람. 특히 쓴맛을 민감하게 감지한다고 한다. 맛 감지력의 차이는 미각 수용체 유전자의 돌연변이와 혀에 있는 유두의 밀도차이 등에 의해 생긴다고 한다.

시냅스synapses 21쪽

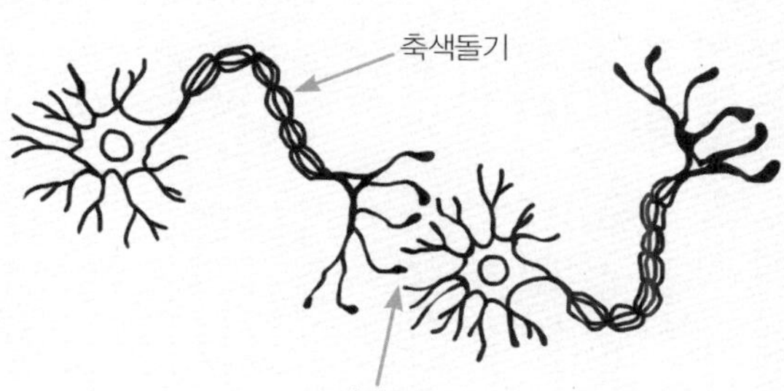

신경세포와 신경세포의 사이에 있는 연결 부위.

시상thalamus 23쪽

간뇌diencephalon의 등쪽 부분dorsal part에 있는 회색질gray matter 부위로, 대뇌피질로 감각 및 동작신호를 전달하고 의식, 수면, 각성 정도를 조절하는 기능을 한다.

아미노레반Aminoleban 15쪽

루신L-leucine, 이소루신L-isoleucine, 과 발린L-valine의 3종류의 분지 아미노산branched amino acids을 함유한 영양보충제로 급성이나 만성 간질환 환자의 치료에 사용된다. 이 분지 아미노산들의 맛이 매우 쓰기 때문에 장기간 복용해야 하는 환자들에게는 어려움이 따른다.

아밀로라이드amiloride 35쪽

신장에서 상피성 나트륨 통로ENaC: epithelial sodium channel를 봉쇄하여 나트륨 이온의 재흡수를 방해한다. 흔히 이뇨제와 함께 사용되며, 체내의 나트륨 이온과 물을 체외로 배출시킨다. 고혈압, 심장질환 간경화 등의 치료에 사용된다.

안와전두피질orbitofrontal cortex 31쪽

전두엽의 밑부분, 즉 눈 뒤에 위치해 있으며, 편도체를 비롯한 변연계와 직접 연결되어 있어서 욕구 또는 동기에 관련된 정보를 처리하는 데 관여한다. 또한 감정적, 정서적 정보들을 상황에 맞게 조절하여 적절한 사회적 행동을 수행하게 하는 기능을 한다. 안와전두피질의 외측 영역은 처벌과 관련된 상황에서 활성화되고, 내측 영역은 보상과 관련된 상황에서 활성화된다. 또 이곳은 후각의 2차 피질이고, 미각, 시각, 촉각이 만나는 곳이다. 후각을 담당하는 부분의 어떤 세포는 동시에 맛의 자극도 받는다. 이렇게 하여 감각이 융합되는 공감각 현상이 생길 수 있다. 또 이 부위는 어떤 사람이 예술작품이나 음악에서 아름다움을 경험할 때나 엄마와 신생아 사이의 교감에서도 중요한 역할을 한다고 한다.

알도스테론aldosterone 80쪽

부신 피질에서 만들어지는 전해질 조절 호르몬으로 신장의 세뇨관에서 나트륨과 물의 재흡수를 증가시켜 체액과 혈압을 상승시킨다.

엔도카나비노이드endocannabinoids 33쪽

몸에서 만들어진 카나비스cannabis라는 의미로 카나비스는 마리화나와 유사한 물질이다. 만성 통증과 불안 증세를 완화시켜주고 식욕 증진과 구토를 줄여주는 효과가 있다.

연상학습associative learning 76쪽

사람은 개개의 독립된 정보를 기억하기보다 연관된 정보들이 서로서로 강화시켜 관련된 정보들을 함께 기억한다. 따라서 개별 사항 하나를 회상하려면 연관된 다른 기억들이 함께 떠오른다.

오피어트opiate 172쪽

양귀비에서 채취한 아편阿片계열의 알칼로이드를 통틀어 가리키는 용어인데, 통증 감소와 마취 작용이 있다. 아편제로 쓸 수 있는 다양한 화합물이 알려져 있으며, 대표적으로 모르핀morphine, 헤로인heroin, 코데인codeine 등이 있다.

오피오이드opioid 152쪽

오피어트와 유사한 작용을 하도록 합성되었거나 부분적으로 합성된 마약류를 총칭하는 용어이다.

요요현상yo-yo effect 79쪽

예일대의 Kelly D. Brownell이 처음 쓰기 시작하였으며, 다이어트를 하고자 할 때 대부분의 사람들은 감량된 체중을 유지하지 못하고 일정기간이 지나면 다시 체중이 증가한다. 이와 같이 연속적으로 체중 감소와 증가를 반복하는 현상이 마치 요요의 상승과 하강 동작을 닮았다고 해서 붙여진 이름이다.

유두papillae 20쪽

혀 표면에 있는 작은 젖꼭지 같은 구조로, 이 때문에 혀 표면이 거친 것 같은 질감을 준다. 각각의 유두에는 다수의 미뢰가 포함되어 있다.

육두구nutmeg 110쪽

인도네시아가 원산지인 상록수의 살구처럼 생긴 열매에서, 과육을 제거하고 남은 씨앗을 건조시켜 만든다. 너트메그nutmeg라고도 하는데, '사향 냄새가 나는 호두'라는 뜻이다. 씨앗의 껍질은 메이스mace라고 하며 이것도 향신료로 사용된다. 주로 생선요리나 고기요리의 잡내를 없애는 데 쓰였고, 일부 지역에서는 위장약이나 자양강장제로 사용되었다.

정적인 되먹임positive feedback 25쪽

신체 내에서 A가 B로 변하는 과정에서 이 과정의 생산물인 B가 전체 생산과정을 조절할 수 있게 되어 있어서 B가 많이 만들어질수록 A가 더 많이 만들어지게 되어 있다. 이렇게 되면 시간이 지날수록 점점 B가 많아지게 되어 이 계는 불안정해진다. 따라서 지나치게 B가 많아지지 않도록 조절하는 여러 다른 방법들이 또한 존재 한다. 그래서 B가 일정량 이상 만들어지지 않도록 그 양에 제한치를 두거나 부적인 되먹임 작용negative feedback 등이 일어나도록 해서 이 과정이 과열되지 않게 조절된다. 부적인 되먹임은 B가 많이 만들어질수록 A가 적게 만들어지도록 한다.

정향clove 110쪽

정향丁香은 인도네시아 원산으로, 키 작은 상록수의 꽃봉오리를 말린 것이다. 달콤하면서도 매콤한 맛이 특징이라 중국요리 중에는 요향장육에, 서양에서는 디저트나 음료, 고기요리나 피클, 소스를 만들 때 사용된다. 향기가 좋을 뿐 아니라, 부패방지와 살균력도 좋다.

축색돌기axon 23쪽

신경세포의 정보를 인접한 다른 신경세포나 근육 등의 조직으로 전달하기 위해 길게 뻗어 나간 신경섬유.

※ 269쪽 '시냅스' 그림을 참조하세요.

팔결핵parabrachial nucleus 63쪽

뇌간의 한 부분인 뇌교의 등과 옆 부분에 위치에 있는데, 소뇌로부터 뇌간으로 들어가는 소뇌의 자루 부분을 싸고 있다. 뇌간의 고립로핵, 삼차신경 등 여러 부위로부

터 맛에 관한 정보와 구심성의 내장 정보, 통증에 관한 정보를 받는 부위이다. 또 이 부위로부터 시상, 시상하부, 편도체, 섬피질 등으로 여러 정보가 전달되어 나가기도 한다.

페로몬pheromones 33쪽

신체 바깥으로 분비되어 같은 종족의 구성원에게 사회적 반응을 일으키는 화학물질. 생리적 유인물질로 후각신경과 삼차신경이 감지하여 시상하부로 전달하고 매력, 성적 욕망, 각성 등의 감정을 일으킨다.

프로바이오틱스probiotics 104쪽

건강에 도움이 되는 살아 있는 미생물을 말한다. 유익한 박테리아가 잘 자랄 수 있는 음식물은 프리바이오틱스prebiotics라 하는데 주로 소화작용을 받지 않고 대장까지 갈 수 있는 섬유소를 포함하고 있다. 섭취하는 음식물에 따라 장내 균이 달라질 수 있기 때문에 프리바이오틱스가 많은 음식을 섭취하면 장내 유해균을 줄이고 유익한 균으로 대체할 수 있다.

한자동맹Hanseatic League 103쪽

13~17세기 동안 라인강과 발트해 연안의 상업도시들이 해상 교통의 안전과 경제적 이익 및 관련 도시에서의 외교적 특권 등을 위해 결성한 연합체이다. 최대 90여 개 도시가 참여했으며, 상인들은 대형 선박을 이용해 북해와 발트해 연안의 목재, 모피, 철 등과 청어, 대구 같은 수산물, 곡식과 맥주 등을 독일 서부와 독일 내륙으로도 운송하였으며, 동양의 향료와 영국의 양모 등을 북방으로 보내는 중계 무역도 하였다. 이 동맹은 함대와 요새를 가지고 있었고, 마치 연합국가처럼 활동했다.

후뇌hindbrain 161쪽

척수와 뇌를 연결해 주는 뇌간을 말한다. 후뇌에는 연수 및 뇌교와 제3~12까지의 대부분의 뇌신경이 포함된다. 이외에도 망양체reticular formation도 포함되는데, 망양체는 수면과 각성상태, 내장 기능, 감각의 전달과 골격근 운동 기능 등 생명 유지와 직결되는 여러 기능들을 조절한다.

cAMP 경로 49쪽

타입 Ⅱ미각세포의 미세 융모의 끝에 있는 G 단백질과 짝지워진 수용체에 맛 성분이 닿으면 맛 성분에 따라 서로 다른 경로를 거쳐 맛을 인지할 수 있게 된다. 단당류가 아닌 감미성분은 이 책 23~25쪽의 '타입 Ⅱ미각세포에서의 맛 감지 작용'에서 설명한 IP3 경로를 통해 감지할 수 있다. 한편 단당류는 cAMPcyclic adenosine monophosphate라고 불리는 과정을 통해 감지가 된다. 단당류가 G 단백질과 결합하면 아데닐릭 사이클라제adenylyl cyclase라는 효소가 활성화되고 이 효소는 ATP를 cAMP로 분해한다. 세포 내에 cAMP의 농도가 높아지면 IP3 경로에서와 마찬가지로 세포막에 있는 이온 통로를 활성화시켜 세포 내로 양이온이 들어오게 되어 세포의 탈분극이 일어난다.

CCKcholecystokinin 44쪽

단백질과 지방소화를 촉진하기 위해 12지장에서 분비되는 펩타이드peptide 호르몬이다. 콜레시스토키닌은 담낭을 수축하여 담즙이 분비되게 하고 췌장에서 소화효소를 분비하게 한다. 또 위에서 음식물이 천천히 소장으로 이동하도록 하기 때문에 공복감을 억제하는 역할도 한다.

CGRPcalcitonin-gene-related peptide 34쪽

염증성 통증이 있을 때 분비되는 대표적인 신경펩타이드neuropeptide이며, 강력한 혈관 확장 작용을 한다. 캡사이신capsaicin은 고추의 매운맛 성분인데, 열감heat sensation을 나타내고 감각 신경 펩타이드 분비를 자극한다. CGRP는 캡사이신에 민감한, 삼차신경에 있는 구심성 신경에서도 합성되고 분비된다.

GLP1glucagon-like peptide 1 45쪽

음식 섭취에 따라 소장의 내분비세포인 L-세포와 뇌간의 고립로핵의 신경세포에서 만들어지고 분비된다. 인슐린 분비를 자극하고 글루카곤 분비를 억제하여 혈당을 낮추는 역할을 한다.

NPYneuropeptide Y 46쪽

공복이나 운동 후에 시상하부를 자극하여 식욕 유발과 식품 섭취를 증가시킨다. 또 교감신경의 활성은 억제시키고 에너지 소비도 감소시켜 체내에 에너지를 축적하게 한다. 이외에도 혈관을 수축하고 혈압을 조절하는 작용도 있다.

PTC 미맹non-taster 37쪽

PTCPhenyl-thio-carbamide 용액에 대해서 전혀 쓴맛을 느끼지 못하는 사람이다. 미맹여부는 음주, 흡연 등의 생활습관뿐만 아니라 선호하는 음식에도 영향을 준다. PTC 미맹의 비율은 인종에 따라, 학자들의 연구에 따라 다른데 대략 30% 정도라고 한다.

SPsubstance P 34쪽

신경전달물질로 작용하는 신경펩타이드neuropeptide이다. 뇌와 척수의 감각 신경의 말단에서 분비되며 뇌로 통증감각을 전달한다. 이외에도 신경이나 대식세포macrophage, 임파구 같은 면역세포에서 분비되는데 호흡기, 소화관, 근골격계의 염증성 질환에 관여한다.

참고문헌

제1장 맛이란 무엇인가

1. 맛은 어떻게 느낄 수 있을까

- Breslin PA. 외 1인, Human taste: peripheral anatomy, taste transduction, and coding, *Adv Otorhinolaryngol* 2006; 63: 152~190.
- Breslin PA. 외 1인, Suppression of bitterness by sodium: variation among bitter taste stimuli, *Chem Senses* 1995; 20(6): 609~623.
- Cruz A. 외 1인, Thermal stimulation of taste. *Nature* 2000; 403(6772): 889~892.
- Dietsch AM. 외 3인, The effect of barium on perceptions of taste intensity and palatability. *Dysphagia* 2014; 29(1): 96~108.
- Garneau NL. 외 5인, Crowdsourcing taste research: genetic and phenotypic predictors of bitter taste perception as a model. *Front Integr Neurosci* 2014; 8: 33.
- Gonella S. 외 1인, Potential effects of pleasant and cold stimuli on nausea and vomiting induced by disgusting tastes. *J Neurosci Res* 2016: 94(5): 366~377.
- Haraguchi T. 외 3인, Synergistic effects of sour taste and low temperature in suppressing the bitterness of Aminoleban® EN. *Chem Pharm Bull(Tokyo)* 2011; 59(5): 536~540.
- Hort J. 외 3인, Thermal taster status: Evidence of cross-modal integration, *Hum Brain Mapp* 2016; 37(6): 2263~2275.

- Keast RSJ. 외 1인, Is fat the sixth taste primary? Evidence and implications, *Flavour* 2015; 4: 5.
- Liu D. 외 4인, Mechanism of fat taste perception: Association with diet and obesity. Prog Lipid Res 2016; 63: 41~49.
- Noble AC. Taste-aroma interactions, *Trends in food Sci & Technol* 1996; 7(12): 439~444.
- Prescott J, Chemosensory learning and flavour: perception, preference and intake, *Physiol Behav* 2012; 107(4): 553~559.
- Schifferstein HN 외 1인, The role of congruency and pleasantness in odor-induced tatse enhancement, *Acta Psychol(Amst)* 1996; 94(1): 87~105.
- Smeets PA. 외 2인, Cephalic phase responses and appetite, *Nutr Rev* 2010; 68(11): 643~655.
- Spence C. Multisensory flavor perception, *Cell* 2015; 161(1): 24~35.
- Stevenson RJ. 외 1인, Sweet odours and sweet tastes are conflated in memory, *Acta Psychol(Amst)* 2010; 134(1): 105~109.
- Tokita K. 외 1인, Sweet-bitter and umami-bitter taste interactions in single parabrachial neurons in C57BL/6J mice, *J Neurophysiol* 2012; 108(8): 2179~2190.

2. 맛을 느끼는 곳은 어디일까

- Chaudhari N. Synaptic communication and signal processing among sensory cells in taste buds. *J Physiol* 2014; 592(16): 3387~3392.
- Kinnamon SC. Taste receptor signalling-from tongues to lungs. *Acta Physiol (Oxf)* 2012; 204(2): 158~168.
- Lemon CH. 외 2인, Separate functions for responses to oral temperature in thermo-gustatory and trigeminal neurons. *Chem Senses* 2016; 41(5): 457~471.

- Patel RM. 외 1인. Olfaction: anatomy, physiology, and disease. *Clin Anat* 2014; 27(1): 54~60.
- Pinto JM. Olfaction. *Proc Am Thorac Soc* 2011; 8(1): 46~52.
- Roper SD. Cell communication in taste buds. *Cell Mol Life Sci* 2006; 63(13): 1494~1500.
- Roper SD. Taste buds as peripheral chemosensory processors. *Semin Cell Dev Biol* 2013; 24(1): 71~79.
- Smutzer G. 외 1인. Integrating TRPV1 receptor function with capsaicin psychophysics. *Adv Pharmacol Sci* 2016; 2016: 1512457.

3. 뇌는 어떻게 미각정보를 인식할까

- Boughter JD Jr. 외 2인. Neural representation of the taste of NaCl and KCl in gustatory neurons of the hamster solitary nucleus. *J Neurophysiol* 1999; 81(6): 2636~2646.
- Escanilla OD. 외 2인. Odor-taste convergence in the nucleus of the solitary tract of the awake freely licking rat. *J Neurosci* 2015; 35(16): 6284~6297.
- Small DM. Flavor is in the brain. *Physiol Behav* 2012; 107(4): 540~552
- St John SJ. 외 1인. Neural representation of salts in the rat solitary nucleus:brain stem correlates of taste discrimination. *J Neurophysiol* 2000; 84(2): 628~638.
- Yarmolinsky DA. 외 2인. Common sense about taste: from mammals to insects. *Cell* 2009; 139(2): 234~244.

4. 인간은 왜 맛을 느끼게 됐을까

- Beauchamp GK. Why do we like sweet taste: A bitter tale? *Physiol Behav* 2016;164(PtB): 432~437.

- Beauchamp GK. 외 1인, Comparative biology of taste: Insights into mechanism and function, *Flavour* 2015; 4: 9.
- Breslin PA, An evolutionary perspective on food and human taste, *Curr Biol* 2013; 23(9): R409~R418.

5. 미각세포는 위와 장, 기도에도 있다

- Depoortere I. Taste receptors of the gut: emerging roles in health and disease. *Gut* 2014; 63(1): 179~190.
- Jeon TI. 외 2인, Gut bitter taste receptor signalling induces ABCB1 through a mechanism involving CCK. *Biochem J* 2011; 438(1): 33~37.
- Kaske S. 외 6인, TRPM5, a taste-signaling transient receptor potential ion-channel, is a ubiquitous signaling component in chemosensory cells. *BMC Neurosci* 2007; 8: 49.
- Tizzano M. 외 9인, Nasal chemosensory cells use bitter taste signaling to detect irritants and bacterial signals. *Proc Natl Acad Sci USA* 2010; 107(7): 3210~3215.

제2장 미각기호의 형성

1. 우리는 왜 단맛을 선천적으로 좋아하는가

- Low YQ. 외 2인, The role of sweet taste in satiation and satiety. *Nutrients* 2014; 6(9): 3431~3450.
- Mennella JA 외 1인, The transfer of alcohol to human milk. Effects on flavor and infant's behavior, *N Engl J Med* 1991; 325(14): 981~985.
- Mennella JA 외 1인, The sweetness and bitterness of childhood: Insights from basic research on taste preferences, *Physiol Behav* 2015; 152(Pt B): 502~507.

- Ventura AK. 외 1인, Innate and learned preferences for sweet taste during childhood, *Curr Opin Clin Nutr Metab Care* 2011; 14(4): 379~384.

2. 타고난 쓴맛 감지 능력

- Fogel A. 외 1인, Past exposure to fruit and vegetable variety moderates the link between fungiform papillae density and current variety of FV consumed by children, *Physiol Behav* 2017; 177: 107~112.
- Sandell M. 외 9인, Genetic variation in the hTAS2R38 taste receptor and food consumption among Finnish adults, *Genes Nutr* 2014; 9(6): 433.
- Mennella JA. 외 2인, Vegetable and fruit acceptance during infancy: Impact of ontogeny, genetics, and early experiences, *Adv Nutr* 2016; 7(1): 211S~219S.

3. 우리가 좋아하는 그 맛, 어떻게 좋아하게 됐을까

- Beauchamp GK. Sensory and receptor responses to umami: an overview of pioneering work, *Am J Clin Nutr* 2009; 90(3): 723S~727S.
- Beauchamp GK. 외 1인, Flavor perception in human infants: development and functional significance, *Digestion* 2011; 83(Suppl 1): 1~6.
- Brown IJ, 외 3인, Salt intakes around the world: implications for public health. *Int J Epidemiol* 2009; 38(3): 791~813.
- Tucker RM. 외 2인, Mechanisms and effects of "fat taste" in humans. *Biofactors* 2014; 40(3): 313~326.
- Voigt N. 외 7인, The role of lipolysis in human orosensory fat perception. *J Lipid Res* 2014; 55(5): 870~882.

- Winberg J. Mother and newborn baby: Mutual regulation of physiology and behavior–A selective review. *Dev Psychobiol* 2005; 47(3): 217~229.
- Zhang Y. 외 4인. Novel umami ingredients: umami peptides and their taste. *J Food Sci* 2017; 82(1):16~23.

4. 새로운 음식 맛은 어떻게 배울까

- Fogel A. 외 1인. Past exposure to fruit and vegetable variety moderates the link between fungiform papillae density and current variety of FV consumed by children. *Physiol Behav* 2017; 177: 107~112.
- Nicklaus S. The role of food experiences during early childhood in food pleasure learning. *Appetite* 2016; 104: 3~9.

5. 싫어하는 맛은 어떻게 형성됐을까

- Flores VL. 외 3인. Preexposure to salty and sour taste enhances conditioned taste aversion to novel sucrose. *Learn Mem* 2016;23(5): 221~228.
- Lin JY.외 2인. Reduced palatability in pain–induced conditioned taste aversions. *Physiol Behav* 2013; 119: 79~85.
- Slouzkey I. 외 2인. Memory of conditioned taste aversion is erased by inhibition of PI3K in the insular cortex. *Neuropsychophamacol* 2013; 38: 1143~1153.
- Uematsu A. 외 4인. Correlation between activation of the prelimbic cortex, basolateral amygdala, and agranular insular cortex during taste memory formation. *Cereb Cortex* 2015; 25(9): 2719~2728.
- Yasoshima Y. 외 2인. Amygdala–dependent mechanisms underlying menory retrieval of conditioned taste aversion. *Chem Senses* 2005; 30(suppl 1): i158~i159.
- https://news.chosun.com/site/data//html_dir/2017/04/14

6. 입맛은 어릴 때부터 배운다

- Bergmeier H. 외 2인, Systematic research review of observational approaches used to evaluate mother-child mealtime interactions during preschool years, *Am J Clin Nutr* 2015; 101(1): 7~15.
- Birch LL. 외 1인, Learning to eat: birth tp age 2y, *Am J Clin Nutr* 2014; 99(3): 723S~728S.
- De Cosmi V. 외 2인, Early taste experiences and later food choices, *Nutrients* 2017; 9(2): E107.
- Forestell CA. The development of flavor perception and acceptance: the rples of nature and nurture, *Nestle Nutr Inst Workshop Ser* 2016; 85: 135~143.
- Wadhera D. 외 2인, Teaching children to like and eat vegetables, *Appetite* 2015; 93: 75~84.

7. 미각은 어떻게 길들일 수 있을까

- Birch LL. Learning to eat: Behavioral and psychological aspects, *Nestle Nutr Inst Workshop Ser* 2016; 85: 125~134.
- Mennella JA. Ontogeny of taste preferences: basic biology and implications for health, *Am J Clin Nutr* 2014; 99(3): 704S~711S.

8. 생리적 요구에 따른 미각기호의 변경

- Cabanac M. Physiological role of pleasure, *Science* 1971; 173(4002): 1103~1107.
- Cameron JD. 외 2인, Fasting for 24h improves nasal chemosensory performance and food palatability in a related manner, *Appetite* 2012; 58(3): 978~981.
- Hanci D. 외 1인, Hunger state affects both olfactory abilities and gustatory sensitivity, *Eur Arch Otorhinolaryngol* 2016; 273(7): 1637~1641.

- Lucas LR. 외 2인, Salt appetite in sodium-depleted or sodium-replete conditions: possible role of opioid receptors, *Neuroendocrinology* 2007; 85(3): 139~147.
- Plailly J. 외 5인, Alliesthesia is greater for odors of fatty foods than of non-fat foods, *Appetite* 2011; 57(3): 615~622.
- Steinert RE. 외 4인, Effects of carbohydrate sugars and artificial sweeteners on appetite and the secretion of gastrointestinal satiety peptides. *Br J Nutr* 2011; 105(9): 1320~1389.
- Tandon S. 외 2인, Appetitive changes during salt deprivation are paralleled by widespread neuronal adaptations in nucleus accumbens, lateral hypothalamus, and central amygdala. *J Neurophysiol* 2012; 108(4): 1089~1105.

9. 먹지 못하는 음식에 대한 욕망

- Bellisle F.외 4인, Sweetness, satiation, and satiety. *J Nutr* 2012; 142(6): 1149S~1154S.
- Griffioen-Roose S. 외 4인, Measuring food reward and the transfer effect of sensory specific satiety, *Appetite* 2010; 55: 648~655.
- Griffioen-Roose S. 외 4인, Taste of a 24-h diet and its effect on subsequent food preferences and satiety. *Appetite* 2012; 59(1): 1~8.

10. 식품첨가물과 화학조미료, 인공감미료 사용의 문제점

- Drewnowski A. 외 3인, Sweetness and food preference. *J Nutr* 2012; 142(6): 1142S~1148S
- Low YQ. 외 2인, The role of sweet taste in satiation and satiety. *Nutrients* 2014; 6(9): 3431~3450.
- Steinert RE. 외 4인, Effects of carbohydrate sugars and artificial sweeteners on appetite and the secretion of gastrointestinal satiety peptides, *Br J Nutr* 2011; 105(9): 1320~1328.

- Warwick ZS. 외 3인, Taste and smell sensations enhance the satiating effect of both a high-carbohydrate and a high-fat meal in humans, *Physiol Behav* 1993; 53(3): 553~563.

11. 미각기호 형성에 미치는 인지적인 영향

- Anderson EC. 외 1인, Affective beliefs influence the experience of eating meat. *PLoS One* 2016; 11(8): e0160424.
- Kim SY. 외 1인, Seasonal and gender differences of beverage consumption in elementary school students, *Nutr Res and Pract* 2009; 3(3): 234~241.
- Pacific R. 외 1인, Consumption pattern, attitudes and nutrition knowledge on soft drinks among Belgian adults, *Tanzania J Agricult Sci* 2014; 13(1): 55~66.

제3장 미각 기호에 미치는 역사적·경제적인 영향

1. 고대 및 중세의 설탕의 역사

- Mescher V. How sweet it is! a history of sugar and sugar refining in the United States including a grossary of sweetness, published online. http://www.raggedsoldier.com/sugar_history.pdf.
- Dobbing J., 『Sweetness』, Springer-Verlag, New York, 1987.
- 김승일, 『인간을 지배한 음식 21가지』, 도서출판 예문, 서울, 1997.
- https://en.wikipedia.org/wiki/History_of_sugar

2. 현대사회의 설탕과다 사용과 설탕혐오

- Newens KJ. 외 1인, A review of sugar consumption from nationally representative dietary surveys across the world, *J Hum Nutr Diet* 2016; 29(2): 225~240.

- Niebylski ML. 외 3인, Healthy food subsidies and unhealthy food taxation: a systematic review of the evidence, *Nutrition* 2015; 31(6): 787~795.
- Romieu I. 외 16인, Energy balance and obesity: what are the main drivers?, *Cabcer Causes Control* 2017; 28(3): 247~258.

3. 콘시럽의 역사와 이용

- BeMiller JN. One hundred years of commercial food carbohydrates in the United States, *J Agric Food Chem* 2009; 57(18): 8125~8129.
- Clemens RA. 외 6인, Functionality of sugars in foods and health, *Comprehensive Reviews* 2016; 15(3): 433~470.
- https://en.wikipedia.org/wiki/Corn_syrup

4. 콘시럽과 비만 및 대사 증후군

- Bray GA. Fructose:pure, white, and deadly? Fructose, by any other name, is a health hazard, *J Diabetes Sci Technol* 2010; 4(4): 1003~1007.
- Dufault R. 외 5인, A macroepigenetic approach to identify factors responsible for the autism epidemic in the United States, *Clin Epigenetics* 2012; 4(1): 6.
- Mahady SE. 외 1인, The future liver of the Asia pacific: fatter and firmer from more fructose and fortune?, *J Clin Exp Hepatol* 2013; 3(2):106~113.

5. 소금의 역사와 역할

- Flad R 외 6인, Archaeological and chemical evidence for early salt production in China, *Proc Natl Acad Sci U S A* 2005; 102(35): 12618~12622.

- https://en.wikipedia.org/wiki/History_of_salt
- https://en.wikipedia.org/wiki/Salt_in_Chinese_history

6. 현대사회에서의 소금 과다 사용과 문제점

- Liem DG. Infants' and children's salt taste perception and liking: a review, *Nutrients* 2017; 9(9): E1011.
- Preuss HG. 외 5인, Blood pressure regulation: reviewing evidence for interplay between common dietary sugars and table salt, *J Am Coll Nutr* 2017; 1~8. doi:10.1080/07315724.2017.1345338.
- Henney JE 외 2인, 『Strategies to reduce sodium intake in the United States』, The National Academies Press, Washington DC, 2010.

7. 감칠맛의 역사와 이용

- Hodson NA. 외 1인, The effect of monosodium glutamate on parotid salivary flow in comparison to the response to representatives of the other four basic taste, *Physiol Behav* 2006; 89(5): 711~717.
- Kurihara K. Glutamate: from discovery as a food flavor to role as a basic taste(umami), *Am J Clin Nutr* 2009; 90(3): 719S~722S.
- Ninomiya K. Science of umami taste: adaptation to gastronomic culture, *Flavour* 2015; 4: 13.
- https://en.wikipedia.org/wiki/Umami

8. 향신료의 역사와 이용

- Rosengarten F. Jr, 『The Book Of Spices』, Jove Publ. Inc., New York, 1969.
- Tannahill R, 손경희 옮김, 『식품문화사』, 효일문화사, 서울, 1991.
- https://en.wikipedia.org/wiki/Spice

9. 식초의 역사와 이용

- Johnston CS. 외 1인, Vinegar: medicinal uses and antiglycemic effect. *MedGenMed* 2006; 8(2): 61.
- 내셔널지오그래픽, 김화곤, 김명하, 이선희 옮김, 『세계여행사전 2 – 일생에 한번은 맛보고 싶은 음식』, 터치아트, 서울, 2011.
- Tannahill R, 손경희 옮김, 『식품문화사』, 효일문화사, 서울, 1991.
- https://en.wikipedia.org/wiki/Vinegar

제4장 미각 기호에 미치는 사회적·문화적인 영향

1. 미각기호에 미치는 사회적인 영향

- Højlund S, Taste as a social sense: rethinking taste as a cultural activity. *Flavour* 2015; 4: 6~8
- De Castro JM. Socio–cultural determinants of meal size and frequency, *Br J Nutr* 1997; 77 Suppl 1: S39~S54.

2. 유럽의 지역별 음식문화

- Askegaard S 외 1인, The local and the global: exploring traits of homogeneity and heterogeneity in European food cultures. *International Business Review* 1998; 7: 549~568
- Trichopoulou A 외 2인, Traditional foods: a science and society perspective. *Trends in Food Science & Technology* 2007; 18: 420~427.
- Askegaard S. 외 1인, 『European food cultures: An exploratory analysis of food related preferences and behaviour in European regions』, MAPP working paper no 26, 1995.
- McWilliams M., 『Food around the world. a cultual perspective』, Prentice Hall, New York, 2011.

- von Peschke HP 외 1인, 이기숙 옮김, 『식도락여행』, 이마고, 서울, 2005.
- Kostioukovitch E., 김희정 옮김, 『왜 이탈리아 사람들은 음식 이야기를 좋아할까?』, 랜덤하우스, 서울, 2010.

3. 미각기호에 나타난 유럽의 지리적 문화적인 요인

- De Irala-Estévez J. 외 5인, A systematic review of socio-economic differences in food habits in Europe:consumption of fruit and vegetables. *Eur J Clin Nutr* 2000; 54(9): 706~714.
- Jordana J. Traditional foods: challenges facing the European food industry, *Food res int* 2000; 33: 147~152
- López-Azpiazu I. 외 5인, Disparities in food habits in Europe: systematic review of educational and occupational differences in the intkae of fat. *J Hum Nutr Diet* 2003; 16(5): 349~364.
- Prescott J. 외 1인, Cross-cultural determinants of food acceptability: Recent research on sensory perceptions and preferences. *Trends in Food Science & Technology* 1995; 6(6): 201~205.
- McWilliams M., 『Food around the world, a cultural perspective』, Pearson Education, Inc., publishing as Prentice Hall, *New Jersey*, 2011.
- Dan Jurafsky, 김병화 옮김, 『음식의 언어 – 세상에서 가장 맛있는 인문학』, 도서출판 어크로스, 서울, 2015.

제5장 식욕과 포만감 그리고 음식 중독

1. 음식 섭취와 중독에 관여하는 뇌의 영역

- Farr OM. 외 2인, Central nervous system regulation of eating: Insights from human brain imaging. *Metabolism*, 2016; 65(5): 699~713.

- Hsu TM. 외 7인, Hippocampus ghrelin signaling mediates appetite through lateral hypothalamic orexin pathways, *Elife* 2015; 4. pii: e11190
- Li J. 외 9인, Increased sucrose intake and corresponding c–Fos in amygdala and parabrachial nucleus of dietary obese rats, *Neurosci Lett* 2012; 525(2): 111~116.
- Small DM. Flavor is in the brain, *Physiol Behav* 2012; 107(4): 540~552.
- Purves D. 외 5인, 『Neuroscience』, Sinauer Associates, INC. MA, USA, 1997.

2. 식욕 조절과 음식 중독에 관여하는 신경전달물질

- Kelley AE. 외 5인, Opioid modulation of taste hedonics within the ventral striatum, *Physiol Behav* 2002; 76(3): 365~377.
- Gosnell BA. 외 1인, Reward systems and food intake: role of opioids. *Int J Obes(Lond)* 2009; 33(Suppl 2): S54~S58.
- Volkow ND. 외 2인, Reward, dopamine and the control of food intake: implications for obesity, *Trends Cogn Sci* 2011; 15(1): 37~46.

3. 식욕과 포만감

- Braude L. 외 1인, Watching television while eating increases energy intake. Examining the mechanisms in female participants, *Appetite* 2014; 76: 9~16.
- Cameron JD. 외 4인, Fasting for 24hours heightens reward from food and food–related cues. *PLoS One* 2014; 9(1): e85970.
- Lutter M. 외 1인, Homeostatic and hedonic signals interact in the regulation of food intake, *J Nutr* 2009; 139(3): 629~632.

• Nolan LJ. 외 1인, The effects of sham feeding-induced sensory specific satiation and food variety on subsequent food intake in humans. *Appetite* 2009; 52(3): 720~725.

4. 맛있는 음식은 왜 과식하게 될까

• de Macedo IC. 외 2인, The influence of palatable diets in reward system activation: A mini review, *Adv Pharmacol Sci* 2016; 2016:7238679. doi.

• Erlanson-Albertsson C. How palatable food disrupts appetite regulation. *Basic & Clinical Pharmacology & Toxicology* 2005; 97: 61~73.

• Lundy RF Jr. Gustatory hedonic value: potential function for forebrain control of brainstem taste processing. *Neurosci Biobehav Rev* 2008; 32(8): 1601~1606.

• Yeomans MR. 외 2인, Palatability: response to nutritional need or need-free stimulation of appetite? *Br J Nutr* 2004; 92(Suppl 1): S3~S14.

• Yoshida R. 외 5인, Modulation of sweet responses of taste receptor cells, *Semin Cell Dev Biol* 2013; 24(3): 226~231.

5. 먹고 싶은 음식은 왜 참을 수가 없을까

• Davis C. 외 5인, From motivation to behaviour: a model of reward sensitivity, overeating, and food preferences in the risk profile for obesity. *Appetite* 2007; 48(1): 12~19.

• Hebebrand J. 외 11인, "Eating addiction", rather than "food addiction", better captures addicitive-like eating behavior. *Neurosci Biobehav Rev* 2014; 47: 295~306.

• Dovey TM., 『Eating behaviour』, Open University Press, Mc Graw-Hill Companies, New York, 2010.

6. 스트레스를 받으면 왜 많이 먹게 될까

- Adam TC. 외 1인, Stress, eating and the reward system, *Physiol Behav* 2007; 91(4): 449~458.
- Heath TP. 외 3인, Human thresholds are modulated by serotonin and noradrenaline, *J Neurosci* 2006; 26(49): 12664~12671.
- Ileri–Gurel E. 외 2인, Effect of acute stress on taste perception: In relation with baseline anxiety level and body weight, *Chem Senses* 2013; 38(1): 27~34.
- Platte P. 외 3인, Oral perceptions of fat and taste stimuli are modulated by affect and mood induction *PLoS One* 2013; 8(6): e65006.
- Ulrich–Lai YM. 외 4인, Stress exposure, food intake and emotional state, *Stress* 2015; 18(4): 381~399.
- Yau YH. 외 1인, Stress and eating behaviors, *Minerva Endocrinol* 2013; 38(3): 255~267.

7. 어떻게 몸에 좋은 음식을 맛있게 먹을 수 있을까

- Higgs S. Cognitive processing of food rewards, *Appetite* 2016; 104: 10~17.
- Scheggi S. 외 4인, Influence of palatability on motivation to operate for caloric and non–caloric food in non food–deprived and food–deprived rats, *Neuroscience* 2013; 236: 320~331.

제6장 맛있는 음식이란 무엇인가

음식 선택에 영향을 주는 요인

- De Castro JM. How can eating behavior be regulated in the complex environments of free–living humans? *Neurosci Biobehav Rev* 1996; 20(1): 119~131.

- De Castro JM. Eating behavior: lessons from the real world of humans, *Nutrition* 2000; 16: 800~813.

1. 보기 좋은 음식

- Levitan CA. 외 9인, Cross-cultural color-odor associations. *PLoS One* 2014; 9(7): e101651.doi.
- Ngo MK. 외 5인, Assessing crossmodal correspondences in exotic fruit juices: The case of shape and sound symbolism. *Food Quality and Preference* 2013; 28: 361~369
- Wansink B. 외 2인, Bottomless bowls: why visual cues of portion size may influence intake, *Obes Res* 2005; 13(1): 93~100.
- Wan X. 외 5인, Cross-cultural differences in crossmodal correspondences between basic tastes and visual features. *Front Psychol* 2014; 5: 1365
- Zellner DA. 외 1인, Effect of color on expected and experienced refreshment, intensity, and liking of beverages, *Am J Psychol* 2003; 116(4): 633~647.
- Zellner DA. 외 7인, Neatness counts. How plating affects liking for the taste of food, *Appetite* 2011; 57(3): 642~648.
- Zellner DA. 외 3인, It tastes as good as it looks! The effect of food presentation on liking for the flavor of food, *Appetite* 2014; 77: 31~35.

2. 단맛 나는 음식

- Mennella JA. 외 2인, The development of sweet taste:From biology to hedonics, *Rev Endocr Metab Disord* 2016; 17(2): 171~178.
- Kim SY. Effect of glucose-sweetened drinks on blood glucose, energy and water intake at a meal 3h later in healthy males, *Nutritional Sciences* 2006; 9(4): 280~287.

- Dobbing J., 『Sweetness』, Springer-Verlag, New York, 1987.

3. 새로운 음식으로 변화를 준다

- Keenan GS. 외 2인, Effects of meal variety on expected satiation: evidence for a 'perceived volume' heuristic. *Appetite* 2015; 89: 10~15.
- Piqueras-Fiszman B. 외 1인, Colour, pleasantness, and consumption behaviour within a meal. *Appetite* 2014; 75: 165~172.
- Raynor HA. 외 2인, Effects of limiting snack food variety on long-term sensory-specific satiety and monotony during obesity treatment. *Eat Behav* 2006; 7(1): 1~14.

4. 모든 신체 감각을 활용해 맛을 느낀다

- Crisinel A-S 외 1인, As bitter as a trombone: synesthetic correspondences in nonsynesthesthetes between tastes/flavors and musical notes, *Atten Percept Psychophys* 2010; 72(7): 1994~2002.
- Escanilla OD 외 2인, Odor-taste convergence in the nucleus of the solitary tract of the awake freely licking rat. *J Neurosci* 2015; 35(16): 6284~6297.
- Maier JX, Single-neuron responses to intraoral delivery of odor solutions in primary olfactory and gustatory cortex. *J Neurophysiol* 2017; 117(3): 1293~1304.
- Nasri N 외 4인, Cross-modal interactions between taste and smell: Odour-induced saltiness enhancement depends on salt level. *Food Quality and Preference* 2011; 22: 678~682.
- Reinoso Carvalho F. 외 6인, Using sound-taste correspondences to enhance the subjective value of tasting experiences, *Front Psychol* 2015; 6: 1309.

- Reinoso Carvalho F. 외 4인, Music influences hedonic and taste ratings in beer, *Front Psychol* 2016; 7: 636.
- Spence C. Auditory contributions to flavour perception and feeding behaviour, *Physiol Behav* 2012; 107(4): 505~515.
- Spence C. 외 4인, Eating with our eyes: From visual hunger to digital satiation, *Brain Cogn* 2016; 110: 53~63.
- Wan X. 외 5인, Cross-cultural differences in crossmodal correspondences between basic tastes and visual features, *Front Psychol* 2014; 5:1365.

5. 수분 함량이 적은 음식이 맛있다

- Drewnowski A. Energy density, palatability, and satiety: implications for weight control, *Nutr Rev* 1998; 56(12): 347~353.
- Stubbs RJ, Energy density, diet composition and palatability: influences on overall food energy intake in humans, *Physiol Behav* 2004; 81(5): 755~764.

6. 기름진 음식은 달고 짜고 매워야 맛있다

- Bolhuis DP. 외 2인, Effect of salt and fat combinations on taste preference and perception, *Chem Senses* 2016; 41(3): 189~195.
- Mattes RD. Effects of linoleic acid on sweet, sour, salty, and bitter taste thresholds and intensity ratings of adults, *Am J Physiol Gastrointest Liver Physiol* 2007; 292(5): G1243~G1248.
- Tatano H. 외 8인, Association of habitual high-fat intake and desire for protein and sweet food, *J Med Invest* 2016; 63(3-4): 241~247.

7. 기름을 치면 더 맛있다

- Gilbertson TA. 외 4인, Fatty acid responses in taste cells from obesity-prone and resistant rats, *Physiol Behav* 2005; 86: 681~690.

- Little TJ. 외 1인, Effects of dietary fat on appetite and energy intake in health and obesity—oral and gastrointestinal sensory contributions, *Physio Behav* 2011; 104(4): 613~620.
- Liu D. 외 4인, Mechanism of fat taste perception: Association with diet and obesity, *Prog Lipid Res* 2016; 63: 41~49.
- Newman L. 외 2인, Functionality of fatty acid chemoreception: a potential factor in the development of obesity? *Nutrients* 2013; 5(4): 1287~1300.

8. 소스를 얹은 음식이 맛있다

- 해롤드 맥기, 이희건 옮김, 『음식과 요리 - 세상 모든 음식에 대한 과학적 지식과 요리의 비결』, 도서출판 백년후, 2011.

9. 맛있는 음식은 배워서 안다

- Forestell CA, The development of flavor perception and acceptance: The roles of nature and nurture, *Nestle Nutr Inst Workshop Ser* 2016; 85: 135~143

10. 뇌는 주어진 상황을 고려하여 음식의 맛을 판단한다

- Ariyasriwatana W. 외 1인, A thousand ways to say 'Delicious!'– Categorizing expressions of deliciousness from restaurant reviews on the social network site Yelp, *Appetite* 2016; 104: 18~32.

11. 코스로 나누어 먹으면 더 맛있다

- Keenan GS. 외 2인, Effects of meal variety on expected satiation: evidence for a 'perceived volume' heuristic, *Appetite* 2015; 89: 10~15.

12, 로컬 푸드와 제철 음식이 맛있다

- Balan D. 외 3인, Changes in the nutrients content of some green vegetables during storage and thermal processing, *Romanian Biotechnological Letters* 2016; 21(5): 11857~11865.

- Jany MNH. 외 3인, Effect of storage conditions on quality and shelf life of selected winter vegetables, *J Bangladesh Agril Univ* 2008; 6(2): 391~400.
- Alisa Smith 외 1인, 구미화 옮김, 『100마일 다이어트』, 나무의 마음, 서울, 2015.
- 「우리 밥상, '신토불이' 찾기 어려워졌다, 푸드마일리지 증가세」, 국립환경과학원, 보도자료, 2012. 5. 17.
- 「지역경제와 환경을 살리는 로컬푸드」, 용인시민신문, 2017. 3. 29.

13. 잘 모르는, 처음 본 음식이 식욕을 돋운다

- Gruber MJ. 외 2인, States of curiosity modulate hippocampus-dependent learning via the dopaminergic circuit, *Neuron* 2014; 84(2): 486~496.

14. 과식하게 만드는 음식이 맛있는 음식이다

- Piernas C. 외 1인, Food portion patterns and trends among U.S. children and the relationship to total eating occasion size, 1977~2006, *J Nutr* 2011; 141(6): 1159~1164.
- Nielsen SJ. 외 1인, Patterns and trends in food portion sizes, 1977~1998, *JAMA* 2003; 289(4): 450~453.
- Marchiori D. 외 2인, Smaller food item sizes of snack foods influence reduced portions and caloric intake in young adults, *J Am Diet Assoc* 2011; 111: 727~731.

15. 매운 음식은 식탐을 일으킨다

- Kim KS. 외 3인, Capsicum plaster at the Hegu point reduces postoperative analgesic requirement after orthognathic surgery, *Anesth Analg* 2009; 108(3): 992~996.

- Janssens P. 외 2인, Capsaicin increases sensation of fullness in energy balance, and decreases desire to eat after dinner in negative energy balance, *Appetite* 2014; 77: 44~49.
- Ludy M-J. 외 1인, The effects of hedonically acceptable red pepper doses on thermogenesis and appetite, *Physiol Behav* 2011; 102(3-4) : 251~258.
- Møller P. Gastrophysics in the brain and body, *Flavour* 2013; 2: 8.
- 김석영 외 3인, 고추를 첨가한 매운국이 체온, 혈압, 식욕 및 섭취열량에 미치는 영향, 『한국영양학회지』 2003; 36(8): 870~881.
- 김석영 외 1인, 젊은 한국여성에서 붉은 고추의 섭취량, 캡사이신 역치, 영양소 섭취량 및 신체 계측치 간의 관련성, 『한국영양학회지』 2005; 38(1): 76~71.

제7장 음식 중독의 예방과 치료

1. 가공식품과 맛있는 음식이 넘쳐 나는 식탁

- Ahn YY. 외 3인, Flavor network and the principles of food pairing, *Scientific Reports* 2011; 196: 1~7.
- Kearney J. Food consumption trends and drivers, *Phil trans R Soc B*; 2010: 365; 2793~2807.
- McCrickerd K. 외 1인, Sensory influences on food intake control: moving beyond palatability. *Obes Rev* 2016; 17(1): 18~29.
- Milton K. Nutritional characteristics of wild primate foods: Do the diets of our closest living relatives have lessons for us?, *Nutrition* 1999; 15(6): 488~498.

• Park CW. 외 1인, The distribution of fat in dried dairy particles determines flavor release and flavor stability. *J Food Sci* 2014; 79(4): R452~R459.

2. 어떤 음식의 맛에 중독되어 있나

• Akerblom HK. 외 4인, Environmental factors in the etiology of type 1 diabetes, *Am J Med Genet* 2002; 115(1): 18~29.
• Bengmark S. Integrative medicine and human health - the role of pre–, pro– and synbiotics. *Clinical and Translational Medicine* 2012; 1: 6~18.
• Bengmark S. Advanced glycation and lipoxidation end products—amplifiers of inflammation: the role of food. *JPEN J Parenter Enteral Nutr* 2007; 31(5): 430~440.
• Jin C. 외 1인, Innate sensors of pathogen and stress: linking inflammation to obesity, *J Allergy Clin Immunol* 2013; 132(2): 287~294.
• Poulsen MW. 외 7인, Advanced glycation endproducts in food and their effects on health. *Food Chem Toxicol* 2013; 60: 10~37.
• Vistoli G. 외 5인, Advanced glycoxidation and lipoxidation end products(AGEs and ALEs): an overview of their mechanisms of formation, *Free Radic Res* 2013; 47 Suppl 1: 3~27.
• White DL. 외 1인, Red meat, dietary heme iron, and risk of type 2 diabetes: the involvement of advanced lipoxidation endoproducts. *Adv Nutr* 2013; 4(4): 403~411.
• John Ronnins, 안의정 옮김, 『음식혁명 – 육식과 채식에 관한 1000가지 이해와 오해』, 시공사, 서울, 2001.
• 박정훈, 『잘먹고 잘사는 법』, 김영사, 서울, 2002.

3. 어떤 음식을 먹어야 하나

- Stubbs RJ. 외 1인, Energy density, diet composition and palatability: influences on overall food energy intake in humans. *Physiol & Behav* 2004; 81: 755~764.
- Di Cagno R. 외 6인, Pasta made from durum wheat semolina fermented with selected lactobacilli as a tool for a potential decrease of gluten intolerance. *J Agric Food Chem* 2005; 53(11): 4393~4402.
- Sah BN. 외 3인, Effect of probiotics on antioxidant and antimutagenic activities of crude peptide extract from yogurt. *Food Chemistry* 2014; 156: 264~270.
- Giulia Enders, 배명자 옮김, 『매력적인 장여행－제 2의 뇌, 장에 관한 놀라운 지식 프로젝트』, ㈜미래엔, 서울, 2014.

4. 맛을 느끼도록 배운다

- de Wild V. 외 2인, Efficacy of repeated exposure and flavour－flavour learning as mechanisms to increase preschooler's vegetable intake and acceptance, *Pediatr Obes* 2015; 10(3): 205~212.
- Holley CE. 외 2인, 'Why don't you try it again?' A comparison of parent led, home based interventions aimed at increasing children's consumption of a disliked vegetable, *Appetite* 2015; 87: 215~222.
- Laureati M. 외 2인, School－based intervention with children. Peer－modeling, reward and repeated exposure reduce food neophobia and increase liking of fruits and vegetables, *Appetite* 2014; 83: 26~32.
- Wadhera D. 외 2인, Teaching children to like and eat vegetables, *Appetite* 2015; 93: 75~84.

5. 음식 중독을 치유할 수 있는 생활태도와 식사법

- Kenney EL. 외 1인, United States adolescents' television, computer, videogame, smartphone, and tablet use: Associations with sugary drinks, sleep, physical activity, and obesity, *J Pediatr* 2017; 182: 144~149.
- Pearson N. 외 4인, Individual, behavioural and home environmental factors associated with eating behaviours in young adolescents, *Appetite* 2017; 112: 35~43.
- van Kleef E. 외 2인, Just a bite: Considerably smaller snack portions satisfy delayed hunger and craving, *Food Quality and Preference* 2013; 27: 96~100.

맛있는 음식이란 무엇인가

초판 1쇄 발행•2017년 11월 15일

지은이•김석영
펴낸이•이상경
부　장•박현곤
편집장•김종길
편　집•김종길, 이수현
디자인•김성은

펴낸곳•경상대학교출판부
주소•경남 진주시 진주대로 501
전화•055) 772-0801(편집), 0802(디자인), 0803(도서 주문)
팩스•055) 772-0809
전자우편•gspress@gnu.ac.kr
홈페이지•http://gspress.gnu.ac.kr
페이스북•https://www.facebook.com/gnupub
블 로 그 •https://gnubooks.tistory.com
등록•1989년 1월 7일 제16호

지앤유 는 국립 경상대학교출판부의 교양도서 브랜드입니다.

•책값은 뒤표지에 있습니다.

이 도서의 국립중앙도서관 출판시도서목록(CIP)은 서지정보유통지원시스템 홈페이지(http://seoji.nl.go.kr)와 국가자료공동목록시스템(http://www.nl.go.kr/kolisnet)에서 이용하실 수 있습니다.
(CIP제어번호: CIP2017029113)